THiNKr
新思

U0303452

新 一 代 人 的 思 想

Das Zeitalter der Unschärfe

量 子 群 英

物理学史最伟大的一代
如何揭开量子世界的秘密

[德] 托比亚斯·许尔特（Tobias Hürter）　著

李昂　译

中信出版集团 | 北京

图书在版编目（CIP）数据

量子群英：物理学史最伟大的一代如何揭开量子世界的秘密 /（德）托比亚斯·许尔特著；李昂译 . -- 北京：中信出版社，2023.12
ISBN 978-7-5217-5881-8

I. ①量… II. ①托… ②李… III. ①量子论－普及读物 IV. ① O413-49

中国国家版本馆 CIP 数据核字（2023）第 136267 号

Das Zeitalter der Unschärfe: Die glänzenden und die dunklen Jahre der Physik 1895-1945 by Tobias Hürter
Copyright © 2021 Klett-Cotta - J.G. Cotta'sche Buchhandlung Nachfolger GmbH, Stuttgart
Simplified Chinese Translation is published by arrangement with Literarische Agentur Michael Gaeb, Berlin,
through The Grayhawk Agency Ltd.
Simplified Chinese translation copyright © 2023 by CITIC Press Corporation
ALL RIGHTS RESERVED
本书仅限中国大陆地区发行销售

量子群英——物理学史最伟大的一代如何揭开量子世界的秘密
著者： [德] 托比亚斯·许尔特
译者： 李 昂
出版发行：中信出版集团股份有限公司
（北京市朝阳区东三环北路 27 号嘉铭中心 邮编 100020）
承印者： 北京盛通印刷股份有限公司

开本：880mm×1230mm 1/32 印张：11.25 字数：261 千字
版次：2023 年 12 月第 1 版 印次：2023 年 12 月第 1 次印刷
京权图字：01-2023-3989 书号：ISBN 978-7-5217-5881-8
定价：59.00 元

目 录

序　言

　　试想一下，有一天你发现，你所生活的世界的运作方式，与你以前所认为的完全不同。房屋、街道、树木和云朵都只是幕布，被你不知道的力量所操控。

　　这正是一百年前物理学家们的境遇。他们不得不接受一个事实：在他们看待世界的概念和理论背后，有一种更深层次的现实。这种深层现实对他们来说是如此奇怪，以至于他们开始为谈论"现实"本身是否还有意义而争论。

　　物理学家们如何陷入这种境况，以及他们如何在其中挣扎，就是本书的故事。而到本书的最后，世界将变成一个不同的世界：物理学家不仅将重新认识它，还将深刻地改变它。

被照亮的裂纹

巴黎，1903 年 6 月的一个夏夜，在第 13 区克勒曼大道的一个花园，光线从窗户落到草坪上。一扇门打开了，欢快的声音传了出来，然后一小群人走上了碎石小径。在他们中间有一个穿着黑色衣服的女人，那是 36 岁的物理学家玛丽·居里。她那经常紧绷着的脸终于放松了，露出高兴的表情。她正在举办一场派对，以庆祝她获得博士学位。

玛丽正处于她职业生涯的巅峰期。她是法国第一位被授予自然科学博士学位的女性，并且是以 "très honorable" 的最优等级毕业的，同时她也是第一位获诺贝尔奖提名的女性。

在玛丽的身旁，她的丈夫皮埃尔满心自豪地笑着。围绕着她的还有她的姐姐布罗尼娅、她的博士生导师加布里埃尔·李普曼、她的同事让·佩兰和保罗·朗之万，以及她的几个学生。新西兰物理学家欧内斯特·卢瑟福也参加了这场聚会，他正在与妻子度蜜月——这是个迟来的蜜月，他们三年前就结婚了。卢瑟福和玛丽·居里是竞争对手，两人都在研究原子的构造，并且观点迥异。

但这一争端在这个晚上被搁置在一旁，毕竟这是个庆祝的日子。

通往玛丽的这个庆祝之夜的道路，始于一个离法国首都很远的地方，19世纪60年代的华沙。波兰此前已被普鲁士、俄国和奥地利等大国瓜分，华沙处于俄国沙皇的高压统治之下。任何波兰人都不得以"波兰"称呼他们的故乡。1867年11月7日，玛丽亚·斯可罗多夫斯卡在那里出生，她是一对教师夫妇的五个孩子中最小的一个。这家人反对俄国人的占领。父亲尽力培养女儿们独立思考的能力。当曼娅（家里对玛丽亚的昵称）四岁时，患有肺结核的母亲离开家里，以免传染给家人。她尽量少和家人联系，在与病痛长期斗争后最终去世了——这种疾病在当时还是不治之症。

曼娅用了十年的时间才恢复对生活的热情。起初，她在学习中寻求解脱，埋头苦读。通过不懈的努力，她以全班第一的成绩从帝国中学毕业。15岁时，她在自己施加的压力下精神崩溃了。她那失去妻子的父亲把她送到乡下休养。在那里，她设法放下了书本，发现了音乐、聚会，学会了调情和彻夜地跳舞。她开始在一所接受女学生的波兰地下大学学习，并且轻轻松松就让成绩超过了所有同学。为了帮助大她两岁的姐姐布罗尼娅承担去巴黎学医的费用，她在华沙附近的一个甜菜商家里做家庭教师，并爱上了这家人中已成年的儿子，23岁的数学专业学生卡西米尔。这段恋情让他的父亲着实感到震惊。起初，卡西米尔试探性地抵抗父亲，但在几年的徘徊之后，他终于屈服了，让曼娅孤零零地陷入失落之中。她心中深受创伤，对所有男人充满了愤怒："如果他们不愿娶贫穷的年轻姑娘，就让他们见鬼去吧！"

1891年，曼娅跟随她的姐姐来到巴黎。布罗尼娅已经结婚了——造化弄人，她的丈夫也叫卡西米尔。夫妇俩都是医生，都充

皮埃尔和玛丽·居里夫妇在实验室，摄于1904年前后。他们在静电计的基础上开发了一种测量铀射线的新方法

满了共产主义的理想。他们在自己的公寓里执业，免费为有需要的病人治疗。现在自称玛丽的曼娅难以忍受嘈杂的环境，租了一个阁楼，搬了进去。在寒冷的冬夜里，为了保暖，她所有的衣服都要裹在身上。为了省钱，她很少烧煤取暖，只靠茶叶、水果、干面包和巧克力填肚子——但这都没有关系！她自由了。在19世纪与20世纪之交的巴黎，女性完全得不到平等的对待。"Étudiante"一词既可以指女学生，也可以指男学生的情人。但女性在这里至少可以不受干扰地学习。玛丽学习起来废寝忘食。白天，她喜欢在讲堂、实验室和图书馆里度过，晚上则与书为伴，聆听传奇科学家亨利·庞加莱的演讲。她又一次把自己累垮了，倒在了图书馆里。布罗尼娅把玛丽带回家，给疲惫不堪、营养不良的她吃肉和土豆，直到她恢复体力。她一康复就又冲回到她的书本里，最终又一次以全班第一的成绩毕业。

接下来呢？女性可以得到许可去学习，但没几个男性研究人员愿意身边有女同事。玛丽很幸运地获得了一笔奖学金，得以对不同钢材的磁性展开研究。她对操控实验室的设备一头雾水，一位熟人便将她引荐给一位磁学专家：皮埃尔·居里。他腼腆而善于思考，看上去比实际年龄35岁要年轻。他向她展示了如何使用他参与研发的静电计。尽管玛丽在因卡西米尔而心碎之后发誓再也不会恋爱，但她的决心动摇了，她和皮埃尔成了一对伴侣。

但是对钢材的磁学研究并不适合玛丽，有比这令人兴奋得多的事情等待着被探索。威廉·康拉德·伦琴刚刚在德国南部的维尔茨堡意外地发现了神秘的X射线，即伦琴射线，当时他把手放在一根电子管前，这种射线穿过了他的手。1896年元旦前后，他向他的科学家同行们传播了一张图片，图上是他妻子手的完整骨骼结构，婚戒也在图上面。以前没有人见过这样的东西。X 射线图像在科学界和社会上引发了轰动。

同年，亨利·贝可勒尔在巴黎发现了一种辐射（也是偶然发现的），他称之为"rayons uraniques"，即铀射线，因为它是从铀的样本中发出的，那个样本放在一个抽屉里的一块照相底片上。但贝可勒尔对这些射线的了解也就只有这么多了，他无法解释它们是如何产生的。他怀疑并希望它与磷光现象有关，因为他和之前的几代科学家都热衷于研究这种现象。他发现的射线引起的轰动远不及伦琴的，而且他那些模糊的照片与印在报纸头版并能吸引集市和狂欢节人群的 X 射线照片相比，多少有些苍白。

然而，玛丽·居里对贝可勒尔的发现非常着迷。她意识到，这个问题是绝不可能通过贝可勒尔屈指可数的几个实验来解决的，他并不是一个真正的工作狂型科学家。她在皮埃尔的静电计的基础上开发了一种测量铀射线的新方法，而且她敢于反驳强大的贝可勒尔。她称这种射线为"radioactif"而不是"uranique"，因为她确信它们并非铀元素独有的。为了证明这一点，她着手检测新的放射性元素，并在未来几年内发现了两种元素：钋和镭。

此外，玛丽·居里声称这种"无法理解的铀辐射是原子的一种性质"。这是她在 1898 年所写的，挑战了当时的科学思想。研究者在原子领域没有多少进展，各种理论层出不穷。化学家眼中的原子是物质的不可分割且不可变的基本单位，它们在化学反应中脱离其化学键，重新与其他原子结合。而近来物理学家眼中的原子则像小台球一样穿过真空，并在气体中碰撞产生压力和热量。还有哲学家眼中的原子，自德谟克利特的时代以来，他们就认为原子是宇宙中永恒的基本组成部分。然而，没有一种统一的理论将这些关于原子的不同概念联系起来，各种理论唯一的共同点是都称其为"原子"。而现在，玛丽·居里却声称，这些原子**内部**是有活动的。

这怎么可能呢？原子产生辐射的机制是什么？实验显示，它似乎不受化学过程、光线、温度、电场和磁场的影响。那是什么触发了它？玛丽·居里凭直觉有一个极为大胆的猜想：辐射不是被触发的。辐射产生的过程是由自身开始的，也即自发的。在 1900 年巴黎举办世界博览会之际，为国际物理学大会撰写的一篇论文中，她写下了一个颇有预见性的句子："辐射的自发性是一个谜，一个令人深感惊奇的课题。"放射性辐射是自发产生的，没有任何的缘由。居里以此撼动了物理学的基础，即因果关系的原则。她甚至考虑推翻能量守恒定律，这一物理学的铁律。根据这条定律，能量永远不可能凭空消失，也不可能无中生有。解开居里之谜的人是新西兰物理学家欧内斯特·卢瑟福。他提出了"放射性变化"理论：当一个原子进行放射性辐射时，它就会从一种化学元素变成另一种化学元素。这个理论让科学的另一个教条式的支柱也动摇了。这样的转变被认为是不可能的，而这种理论则被认为是炼金术士和江湖骗子的歪理邪说。甚至玛丽·居里也曾长期抵制卢瑟福的理论，但最终事实证明他们都是对的：居里说放射性是自发的，事实的确如此；卢瑟福关于放射性变化的理论也得到了证实。错的是原来的物理学。

居里夫妇在拉丁区——法国首都学术区——将一间高等物理化工学院的废弃棚子改造成了他们的实验室。风从缝隙中呼啸穿过，地板从未完全干过。以前，学生们在这里解剖尸体，直到他们搬到一个更加卫生的地方。现在验尸台已经让位给了各种奇怪的设备：玻璃烧瓶、电线、真空泵、天平、棱镜、电池、气体燃烧器和坩坍。德国化学家威廉·奥斯特瓦尔德曾"迫不及待地请求"居里夫妇允许他参观他们的窝棚实验室，在去过之后将其称为"马厩和土豆窖的混合体"。"要不是我看到工作台上的化学仪器，我会以为这是一场恶作剧。"在这里，在这间像是炼金术士用的实验室里，居里夫妇做出了 20 世纪初最重要的一些发现。他们没有想到，在他们漏风的窝棚里，他们将彻底改变物理学解释我们周遭世界的方式。

在他们的窝棚里，居里夫妇想制备一种直到不久前他们的许多科学家同行仍认为不可能存在的物质：纯镭。他们不会变戏法，必须从某种原材料中提取镭。在漫长的实验中，玛丽发现了沥青铀矿。他们需要大量这种矿物，但在巴黎搞不到，就算搞得到他们也没钱买。皮埃尔在欧洲各地打听，听说在波希米亚森林深处的约阿希姆斯塔尔矿区中有沥青铀矿，那个矿区以出产"塔勒"（thaler，后来转音为 dollar）银币所用的金属而出名。他得知那里开掘出大量沥青铀矿，但被当作废料，于是他设法说服矿主给了他 11 吨这种矿物。运输则由埃德蒙·詹姆斯·罗斯柴尔德男爵资助，他因父亲是著名银行家而腰缠万贯，但他对艺术、科学和赛马的兴趣远超过了对他父亲的银行业务的兴趣。

1899 年春天，当小山一样的沥青铀矿被送到窝棚前的院子里时，玛丽拾起一把"混合着松针的褐色灰尘"，贴到了自己的脸上。现在可以开始了。

这是个不折不扣的体力活：玛丽拖着沉重的水桶，把试剂倒来倒去，用铁棒在冒泡的坩埚里不停搅拌。沥青铀矿必须用酸、碱盐以及上千升的清水冲洗。为了提纯，居里夫妇还开发了一种叫作"分步结晶"的技术。他们反复煮沸原料，让其冷却并结晶。轻的元素比重的元素结晶速度快，所以居里夫妇可以通过这种方式逐渐积累镭。这需要精细的测量和巨大的耐心，但无论工作如何辛苦，他们都非常高兴。每晚在从实验室走回家的路上，他们都想象着纯镭的样子。随着他们提取的镭的混合物纯度越来越高，晚上从玻璃烧瓶中发出的光芒也越来越强。1902 年的夏天，努力终于得到了回报，他们获得了十分之一克的镭。玛丽成功地测定了该元素的原子量，并在元素周期表上把它放到了第 88 号的位置。

但家里有个人不那么开心：他们的女儿伊雷娜，她在居里夫妇建立窝棚实验室的两年前出生。她没什么机会看到爸爸妈妈，他们回到家时也已经是筋疲力尽了。爷爷尤金一直照料着伊雷娜，这个小女孩身上带着所有分离焦虑的迹象。只要她的妈妈玛丽准备离开房间，她就会紧紧抓住妈妈的裙子哭起来。有一天，她问爷爷为什么妈妈很少在身边。于是，爷爷拉着她的手，带她走进了窝棚实验室。伊雷娜对"这个无比悲哀的地方"深感震惊。她注定又是一个思念母亲的女儿。30 年后，伊雷娜·约里奥-居里将因其对放射性的研究获得诺贝尔奖，成为继其母亲之后第二位获此殊荣的女性。而她的女儿海伦也将成为一名核物理学家。

在 1903 年 6 月的克勒曼大道的那个晚上，玛丽·居里不知道她的家庭即将遭遇不幸。她为这次聚会特意准备了一件新衣服，用黑色布料做的，这样在实验室留下的污渍就不那么明显了。还有她那腹部隆起的曲线。几周后，她和皮埃尔一起骑自行车去旅行。他们喜欢骑自行车穿越乡村，甚至骑自行车去度蜜月。但现在玛丽已经怀孕五个月了，她的身体已无法承受自行车在碎石路上的颠簸。她流产了。为了逃避悲伤，她比以往更加卖命地投入工作，直到她再次崩溃。她无法前往斯德哥尔摩接受她和皮埃尔因发现放射性而与亨利·贝可勒尔一起获得的诺贝尔奖，斯德哥尔摩的舞台完全属于虚荣的贝可勒尔。他在走上舞台的时候，身着绿底绣金长礼服，胸前佩戴着勋章，身侧挂着一把军刀。

在玛丽博士毕业聚会的那个夏夜，当她与皮埃尔手挽手从沙龙的门里走出来时，客人们向他们举杯致敬。这对夫妇走出了闪耀的灯光，此刻只属于他们二人。在星空下，皮埃尔伸手插进他的马甲口袋，取出一个装着溴化镭的玻璃瓶。瓶中的光辉照亮了他们那酒后通红且满是幸福的脸颊，还有皮埃尔手指上被烧伤、布满裂纹的皮肤——这既是辐射病的最初征兆（它将有一天夺去玛丽的性命），也是居里夫妇所探索的知识中隐藏着的力量的最初迹象。

无奈之举

1900 年 10 月 7 日是一个星期天，而且注定是一个无聊的星期天。马克斯和玛丽·普朗克夫妇邀请了住在附近的海因里希和玛丽·鲁本斯夫妇到他们位于格吕讷瓦尔德的柏林上层公寓里喝下午茶。鲁本斯是柏林大学的实验物理学教授，普朗克是理论物理学教授。令女人们恼火的是，男人们都忍不住要谈论他们的工作。鲁本斯描述了他在物理技术研究所实验室的最新测量结果，说他和他的同事们所记录的曲线与此前公认的所有公式都是矛盾的。他还谈到波长、能量密度、线性和比例的问题。普朗克多年来一直在脑海中推敲的拼图碎片开始形成一个新的图案。晚上，在客人离开很久之后，他坐在办公桌前，把他脑子里想出来的东西写在纸上：与所有测量数据准确对应的辐射公式，普朗克和很多人多年来一直在寻找的公式。大约在午夜时分，玛丽·普朗克被她丈夫在钢琴上弹奏的路德维希·凡·贝多芬的《欢乐颂》吵醒。这是他表达自己喜悦的方式。天还没亮，他就在一张明信片上写下了他的公式，并寄给了鲁本斯。

清晨在格吕讷瓦尔德的森林中散步时，42 岁的马克斯·普朗克向他 7 岁的儿子埃尔温宣布："我有了一个和牛顿一样重要的发现。"他并没有夸大其词。

普朗克不是一个天生的革命者。相反，他是普鲁士公务员的缩影，总是穿着整齐的深色西装外套和浆过领子的衬衫，系着黑色的领结，戴着夹鼻眼镜来矫正近视。又高又圆的光头下方是目光锐利的双眼，在其背后则是一副谨慎的头脑。他认为自己有"和平的天性"。"我的格言始终是，"他向一个学生坦言，"事先要考虑好每一步，而一旦我拿定主意，就不会让任何事情阻拦我。"这便是他面对新思想并使其与他极端保守的世界观相一致的方法。"无法想象这样一个人会发动一场革命。"一位学生这样评价普朗克。他和其他所有人很快就将得知这是多么错误的想法。

马克斯·卡尔·恩斯特·路德维希·普朗克于 1858 年出生在德意志北部港口城市基尔，但基尔当时由丹麦王国统治。他出自一个学术世家。他的祖父和曾祖父是受人尊敬的神学家，他的叔叔戈特利布·普朗克则参与编纂了德意志的民法典——这是一部具有开创意义的法典，至今仍基本有效，而且是全世界许多国家民事立法的模板。他的父亲约翰·尤利乌斯·威廉·普朗克也是一名法学教授，1870 年被巴伐利亚国王路德维希二世授予骑士十字勋章，从此可以按贵族的方式自称"冯·普朗克"[①]。他们都是尽职尽责的爱国者，对宗教律法和世俗法律充满敬意。马克斯在这样的熏陶下长大，因而也不例外。

---

① 冯（von），字面意思是"来自，出自"，在德语名字中，中间名字如果是冯，则代表其贵族身份。——译者注

马克斯·普朗克刚满9岁时，全家搬到了慕尼黑，住在布里安纳大街33号的一个大公寓里。他的父亲成了路德维希·马克西米利安大学（慕尼黑大学）的民事诉讼法教授，而马克斯自己从中学一年级开始就读于马克西米利安中学，当时这所名校刚刚搬到路德维希大街14号的新校址，那里之前是一座女修道院。

他不见得是班上65名学生中最优秀的，却肯定是个严格自律的学生。在"道德行为"和"勤奋"方面，他每次都是满分，而且在以大量死记硬背为基础的普鲁士教育体系要求学生具备的一些最重要的能力方面拥有天赋。学校的一份报告称马克斯完全有机会成为一个"出色人才"，接着还说"老师和同学都喜欢他，而且他的头脑超出了这个年纪通常的水平，思维清晰，逻辑性强"。吸引青年普朗克的不是慕尼黑的啤酒馆，而是歌剧院和音乐厅。早在孩提时代，他就展现出了很高的音乐天赋，会拉小提琴和弹钢琴，经常在唱诗班独唱假声男高音的部分。他在周日礼拜的时候演奏管风琴，还独自作曲，甚至创作了一整部轻歌剧《林中爱情》，在大学合唱团的一场庆典上演出。

16岁时以优异的成绩通过了高中毕业考试后，他考虑成为一名协奏钢琴家。但当他向一位教授询问学习音乐的前景时，他得到了严厉的回答："如果你连这个问题都要问的话，那还是去学别的吧！"选择古典学怎么样呢？马克斯抉择不定。他的父亲把他送到物理学教授菲利普·冯·约利那里，后者想方设法劝说这位毕业生不要学习物理。他这样向马克斯描述当时物理学的状况："它是一门非常精深的、几乎完全成熟的科学，很快就会达到最终的稳定形式，而现在能量守恒定律的发现可以说是让它臻于顶峰了。在某个角落可能还有一粒灰尘或一个气泡需要检查检查或者分分类，但整个系统是相当完备的。理论物理学明显正在接近几何学几个世纪前就已达到的完美状态。"

持这种态度的不止约利一人。物理学家们坚信，在20世纪到来之际，他们很快就能使他们的学科达到完美状态。"重要的物理学基本定律和事实都已全部发现，"美国物理学家阿尔伯特·迈克耳孙在1899年宣布道，"而且它们现在是如此牢靠，以至于它们被新发现所取代的可能性微乎其微。我们未来的发现必须在小数点后的第六位上寻找。"

经典电磁学的开创者詹姆斯·克拉克·麦克斯韦早在1871年就警告说不要有这种自满的情绪："现代实验的特点——主要由测量构成——是十分突出的，以至于有一种观点似乎已经传播开来，即在几年内所有重要的物理常数都将被粗略估算出来，此后科学工作者唯一可干的工作就是把估测值的小数部分计算得更精确些。"麦克斯韦强调，"仔细测量的辛劳工作"带来的真正回报不是更高的精确度，而是"发现新的研究领域"和"发展新的科学思想"。随后的科学发展证明了麦克斯韦的预言是正确的。

约利当时不可能知道，正是这个历史性的错误，将使他在物理学史上只占据一个次要的地位。他也不可能知道，坐在他面前的16岁的普朗克就是未来那个揭露他的错误的人。普朗克那时也不知道这一点。对普朗克而言，测量和计算小数点后的几位数字进而完善已有的成果听起来并不那么糟糕。无论如何，它听起来都比那音乐教授的回答更有希望。于是，他在1874—1875年的冬季学期开始上大学学习数学和自然科学。

一来到慕尼黑大学，普朗克就发现自己确实如菲利普·冯·约利当时所预测的那样感到无聊。约利的研究项目包括用一个自制的弹簧天平来对液氨的比重进行当时最为精确的测定，以及用一个重达 5 775.2 千克、直径近 1 米的铅球验证牛顿的万有引力定律——这一切都算不上是革命性的。

普朗克在慕尼黑大学的物理系待了三年后，实在感到无聊，于是来到了柏林。柏林大学是物理学的大本营，那里有古斯塔夫·基尔霍夫和赫尔曼·冯·亥姆霍兹等著名教师。

在普鲁士于 1870—1871 年的普法战争中战胜了法国后，统一的德国出现了，柏林则成为这个欧洲新兴强国的首都。法国人的赔款资助了哈弗尔河和施普雷河交汇处的这座大都市的发展，使之可以与巴黎和伦敦相媲美。从 1871 年到 1900 年，柏林人口从 86.5 万增长到超过 200 万，成为欧洲第三大城市。许多移民来自东方，主要是逃离俄国大屠杀的犹太人。

执政者除了怀有将柏林变成欧洲大都市的雄心壮志，也想让柏林大学成为欧洲大陆上最好的大学。德国最出众的物理学家赫尔曼·冯·亥姆霍兹从海德堡大学被延揽过来。亥姆霍兹是老派的博学者，还是一位合格的军医和著名的生理学家。作为检眼镜的发明者，他极大地提高了科学对人眼功能的认识。

当时很少有其他科学家拥有亥姆霍兹那样广阔的视野。这位50 岁的学者知道自己的价值，谈下来的薪水比标准薪资高出许多倍。他还获得了宏伟的新物理研究所，1877 年普朗克在柏林大学主楼（位于菩提树下大街，在歌剧院对面，以前是一座宫殿）上第一堂课的时候，研究所的大楼还在修建之中。对普朗克来说，这就像走出一个狭窄的房间，进入一个宽阔的大堂。

但即便是在大堂里面，事情也会变得无聊起来。基尔霍夫授课就是照本宣科，让普朗克觉得"枯燥乏味"。亥姆霍兹则备课不充分，表述不清，并一再计算错误。但是普朗克以前上中学时那股学习的劲头还在，他开始自学并阅读鲁道夫·克劳修斯关于热力学和熵的著作——熵是一种新的物理量，用来衡量无序程度，也是走向革命的第一步。

20岁时，普朗克通过了物理学和数学的结业考试。一年后，他提交了博士学位论文《论热力学第二定律》。又过了一年，他交出了另一篇论文《各向同性体在各种温度下的平衡状态》，获得了特许任教资格，这是在德国高校担任教授所需的一种博士后资质。他分别以"最优等成绩"（summa cum laude）和"高度令人满意"的评价获得了这两个头衔。普朗克的学术生涯前景似乎十分光明。

普朗克成为慕尼黑大学的一名编外讲师，并回到父母身边生活，这是一段"可以想象得到的最舒适惬意的生活"。然而，当他在出生地基尔得到一个教授职位的时候，这种情况很快就要结束了。2 000马克的年薪刚好够他组建一个自己的家庭，现在只缺一个合适的妻子。普朗克与一个校友的妹妹玛丽·默克结婚，她来自一个富裕的银行家族。这对夫妇在两年时间里有了三个孩子。

正当马克斯·普朗克准备作为一个顾家的男人安顿下来的时候，命运又一次介入了。患病已久的古斯塔夫·基尔霍夫在柏林去世，弗里德里希·威廉大学（柏林大学）的数理物理学教席出现了一个空缺。大学的任命委员会正在寻求一位"具有牢固的学术权威并且正值壮年"的候选人。统计力学的奠基人路德维希·玻尔兹曼和电磁波的发现者海因里希·赫兹都拒绝了柏林大学的邀请。马克斯·普朗克是第三个选择。但是，他年仅30岁，是否已经足够成熟，能够胜任国家最重要的教授职位之一？柏林物理学家委员会中的一些人对此表示怀疑，他们的平均年龄通常在60岁左右。

经过另一位教过他的老师赫尔曼·冯·亥姆霍兹的几番斡旋后，普朗克被录用，但最初只是副教授。

因此，普朗克必须证明自己。他现在坐在他的老师坐过的位子上，他的另一位老师赫尔曼·冯·亥姆霍兹的身边，着手处理基尔霍夫尚未完成的任务：黑体问题。

几个世纪以来，陶工和铁匠都知道，所有受热的物体，无论其材质如何，都会随着温度的升高而连续发出各种颜色的光芒。如果你把拨火棍放在火中，它首先会发出微弱的暗红色，然后随着温度的升高，逐渐变成较浅的樱桃红色，再变成黄色。温度更高时，铁棍会更白更亮，直到它逐渐呈现出蓝色。这种特有的颜色序列始终保持不变，无论是在什么地方，也无论是什么物体，都是从燃烧的煤炭的红色到太阳的黄色再到熔化的钢铁的蓝白色。

实验物理学家一次又一次地测量了这种辐射的光谱。通过改进温度计和照相底片，他们发现可见光之外的光谱上也有这个规律，在较冷的一端是红外线，在较热的一端是紫外线。他们正在小数点后一位一位地增进我们的认识。

需要有一个公式，来准确地描述温度和色谱之间的关系：这正是黑体问题。之所以起这个名字，是因为它基于一个理论上的理想化物理实体，它会吞噬所有入射的电磁辐射。1859年，物理学家古斯塔夫·基尔霍夫从科学的角度提出了黑体问题，当时他是海德堡的教授和矿泉水光谱分析方面的权威。但他和其他理论家却在寻找黑体公式的过程中屡屡失败。威廉·维恩发现了一个能合理地再现光谱高频部分的公式，詹姆斯·金斯推导出了一个用于长波的公式[1]。

----

① 波长与频率成反比。——译者注

但这两个公式互不兼容，都在各自所能够解释的范围的另一端失败了。

黑体问题并不是物理学家们面临的唯一难题。X射线、放射性和电子都是近期才被发现，原子是否存在也引发了激烈的争论。与此相比，黑体问题看似微不足道，但它也正是关于发光体的竞争不能休止的原因。

解决该问题并非仅仅是一种智力上的挑战，事实上，它还是一件关系国家利益的大事。在1871年才宣布成立的德意志帝国，当时的德国人希望通过解决黑体问题，使国内照明工业在与英国和美国的竞争中获得优势。从物理角度看，灯丝只不过是一个发光的火钳。1880年1月，托马斯·爱迪生获得了他的白炽灯专利，这种灯优于当时普遍使用的煤气灯。随之而来的是一场世界范围的照明市场主导权之争。德国的公司试图开发出比美国和英国的竞争对手更高效的白炽灯。

在电气工程领域的竞争中，年轻的德意志帝国处于领先地位。当时，维尔纳·冯·西门子发明了直流发电机。1887年，德意志帝国政府在西门子的资助下成立了位于柏林郊区的帝国物理技术研究所（Physikalisch-Technische Reichsanstalt），其计划是研究黑体辐射，以使德国的灯泡成为世界上最好的灯泡。

最后，在1896年，汉诺威技术大学的编外讲师弗里德里希·帕邢（Friedrich Paschen）认为他已经找到了黑体公式。但他在帝国理工学院的竞争对手却用精确的测量方法反驳了他。他们的辐射物理实验室拥有世界上最完善的设备，那里充满了白炽灯、铜线圈、温度计、光度计、光谱仪和带大指针刻度的测光仪，还有纵横交错的重型电缆线束，中间是一个用气体和液体加热的绝缘空心圆柱体：

黑体。

当马克斯·普朗克成为基尔霍夫在柏林大学的继任者时,他必须证明基尔霍夫的位子他坐得稳。他必须在这所首都大学的重大学术事业中证明自己,指导并考查数百名学生,撰写学术报告,出席会议。他的讲座和他的前任一样枯燥无味,毫无新意。他们都是"尽管头脑清晰,但显得有点不近人情,几乎可以说是无聊",一位名叫莉泽·迈特纳(Lise Meitner)的学生抱怨道。"普朗克不是什么好笑的人物。"另一名学生说。

从 1894 年开始,普朗克把他所有的时间都用于研究基尔霍夫没有解决的黑体问题。他对"黑体辐射"是"绝对存在"这一事实非常入迷,"由于寻找绝对的东西对我来说似乎总是最崇高和最有价值的研究任务,我急切地着手进行研究"。他以一个纯粹的理论家所拥有的武器来攻关:用纸、笔和他的大脑。但他在那个周日晚上终于写下了他要找的公式后,他已经面临着下一个挑战:他不能理解自己的发现。将近两周后的 10 月 19 日,在斯普利河畔马格努斯大厦举行的德国物理学会周五座谈会上,当费迪南德·库尔鲍姆(Ferdinand Kurlbaum)的发言结束,普朗克站起来时,他除了公式本身,没有任何东西可以分享。

最困难的工作仍然摆在普朗克的面前。他必须解释并证明他所猜测的公式是正确的。物理学家不仅想知道什么是正确的,还想了解**为什么**它是正确的。在得出这个幸运的发现之后的几个星期里,普朗克试着用物理原理推导出这个公式。他是一个老派的物理学家,对路德维希·玻尔兹曼的统计力学等新奇的方法不以为然,甚至不相信原子理论。但以经典物理学的思维,他不能理解自己的公式。那晚他用手轻巧地在纸上写下的这个叫 h 的神秘常数的含义是什么？这是一个很小的常数，只有 0.000000000000000000000000000655（小数点后有 26 个零的数字）。但无论他怎么努力，它就是不会降到零。

在一次"无奈之举"中，普朗克逼迫自己接受了黑体由原子组成的结论。他求助于玻尔兹曼的统计方法，这种此前被他拒绝的方法，由此推出了他的公式，但也得出了"能量从一开始就被迫存在于某些量子中"的奇怪结论。先是原子，现在又来了"量子"！普朗克希望这个幽灵似的东西很快消失，但他的公式则继续留存。他认为量子只是"一个纯粹形式上的假设，我其实并没有多想，只是认为我无论如何也要得到一个积极的结果"。仅仅是一种计算技巧。绝不是什么能轰动世界的东西。暂时不是。

1894 年 12 月 14 日，下午 5 点，普朗克再次在周五座谈会上演讲，演讲题目是"论正常光谱中的能量分布规律理论"。海因里希·鲁本斯、奥托·卢默和恩斯特·普林斯海姆等研究人员坐在他前面的木凳子上。"先生们！"普朗克向他们打招呼，然后用一贯拗口的长句说道：

> 几周前，我有幸提请你们注意一个在我看来适合于表达辐射能量在正常光谱中所有区域分布规律的新公式，我当时说，依我看来，这个公式的可用性不是仅基于我能够展示给你们看的几个数字与测量结果十分吻合（在此期间，鲁本斯和库尔鲍姆先生已经对超长波长范围内的结果有过直接的确认），而是主要基于该形式的简单结构，特别是基于这样一个事实，即它为受辐射的单色振荡谐振器的熵对其振荡能量的依赖性给出了一个非常简单的对数表达式，这似乎保证了无论在什么情况下该

公式都比迄今为止提出的任何其他的公式得出一般性解释的可能性要大，除了维恩公式，但维恩公式并没有得到实验的证实。

他之前已经宣布了这个公式，现在他又可以证明它的合理性。很快，他提到了推导过程中的关键一步："但我们认为——这是整个计算中最重要的一点——能量是由数目非常确定的相等部分组成的，并使用自然常数 $h = 6.55 \times 10^{-27}$ 尔格·秒。"量子是存在于世界中的，只是没有人注意到它们。热烈的掌声从木椅上响起。

普朗克和他的听众都没有想到，后来的物理学家会把那个下午称为"量子物理学的诞生时刻"。多年来，普朗克和其他一些物理学家，如英国的瑞利男爵和詹姆斯·金斯，以及荷兰莱顿的亨德里克·安东·洛伦兹，都想摆脱量子。他们相信能量是连续的，相信存在以太①。他们相信牛顿和麦克斯韦。但所有这些都将倒下，唯有量子仍将存在。

---

① 以太，以前的科学家假想的电磁波的传播介质，后已被证明不存在。——译者注

专利技术员

　　瑞士伯尔尼，1905 年 3 月 17 日，星期五。稍后，建于中世纪的时钟塔（Zytglogge）将被敲响，报时 8 点。一个穿着格子西装的年轻人，匆匆忙忙地从克拉姆街 49 号的二楼走下陡峭狭窄的楼梯，穿过铺着碎石板的拱廊。他的手里拿着一个信封，一些路人可能会对他脚上的那双绣有花纹的破旧绿拖鞋感到奇怪。这个年轻人没有注意到他们的目光，他必须赶紧去邮局。他手中信封里的内容将改变世界，他的名字是阿尔伯特·爱因斯坦。

　　爱因斯坦三天前刚满 26 岁，十个月前成为一名父亲。他和妻子米列娃，还有他们的儿子汉斯·阿尔伯特，住在二楼的一间一居室的公寓里。

　　在专利局，爱因斯坦担任"三级技术员"的职务。这可不是他理想的工作，但他很高兴能得到这份工作。此前他未能获得博士学位，无法得到大学助教职位，妻子的分娩过程充满波折，在专利局申请职位的过程也漫长曲折。爱因斯坦为了养活妻儿和支付房租，不得不勉强做了一段时间的私人教师。他给建筑师、工程师和被大学录取的学生教授物理学和数学。他的一个学生来自瑞士的法语地区，在其笔记本上写道："他短小的头骨显得无比宽大。肤色是暗淡的浅棕色。在性感的大嘴上方留着一条细长的黑色小胡子。鼻子略呈鹰钩形。深棕色的眼睛闪耀着深邃而柔和的光芒。声音很吸引人，就像大提琴的颤音。他说的是准确的法语，略微带有外国口音。"此外，爱因斯坦还在伯尔尼大学旁听病理学的课程。物理学讲座对他来说太无聊了。他试图让自己成为一名编外讲师，但大学拒绝了他的特许任教资格申请。他连博士学位都没有，成就也不足以让他不写特许任教资格论文就能破例当编外讲师。"猪圈"是爱因斯坦口中的大学。"我不会在那里研究。"因此，他成为"一名伟大的教授"的第一次尝试失败了。

总的来说，过去的几年对爱因斯坦来说是很糟糕的。1896年，17岁的他进入苏黎世联邦理工学院，此前他在入学考试中失败了，不得不转而通过瑞士的高考入学。与此同时，他父亲的公司破产了。爱因斯坦得不到经济支持，却生活在瑞士最大且最富庶的城市苏黎世，银行和商业的中心都在这里。意大利亲戚每月帮他提供100法郎。他对自己的物理学业管理得很糟糕。在"初级物理实践课程"中，他受到训斥，成绩很差，而且他经常无故缺席，因为他更喜欢在家里研究经典的电磁学理论，它们出自詹姆斯·克拉克·麦克斯韦和海因里希·赫兹。另外，路德维希·玻尔兹曼、赫尔曼·冯·亥姆霍兹和恩斯特·马赫的新作品也在他的学习之列。

爱因斯坦特别喜欢马赫，这位维也纳的物理学家倡导一种新的科学思维方式，从事物的根本开始重新思考物理，而不是从未经证实的假说和形而上学的猜测开始。在马赫看来，一切都必须建立在直接可观察的现象之上。速度、力和能量等物理概念必须以感官经验为基础。诸如绝对空间和绝对时间之类的观念，是自牛顿以来的教条，也是自康德以来对感官经验所做的非感官预设，都是形而上的垃圾，是马赫想要清除的东西。没有绝对的时间。只有伯尔尼时钟塔的指针和钟声。

当被问及原子是否存在时，马赫常反问："有人见过它吗？"他认为，答案一定是"没有"。但这种情况正在改变。在亨利·贝可勒尔和居里夫妇观察和研究的"铀射线"中，原子的存在被揭示出来，而爱因斯坦不是那种对他所见之物矢口否认的人。

爱因斯坦自认是"一个平庸的学生"，在五个人中以第四名的成绩通过了期末考试。物理学教授海因里希·弗里德里希·韦伯雇用了所有的毕业生作为助手，除了爱因斯坦。两次攻读博士学位的尝试都失败了，因为教授们认定他的博士论文"不合格"。爱因斯坦本人后来称它们为"我的两篇毫无价值的新手论文"。

爱因斯坦的女友，塞尔维亚人米列娃·马里奇（Mileva Marić），是最早学习物理学的女性之一。她没有通过最后的考试，又为爱因斯坦怀上了孩子，而后补考失败，于是生下了他们的女儿莉赛尔（Lieserl）。米列娃和阿尔伯特向朋友和亲戚隐瞒了这个非婚生女儿的存在，他甚至都还没看到他的女儿，就将她送人领养。爱因斯坦从苏黎世来到了伯尔尼。而后，米列娃追随而来，他们结婚了——这违背了爱因斯坦母亲的意愿。在当时，这并不是人们口中的"靠谱的情况"。

当爱因斯坦最终得到专利局的工作时，至少他对金钱的担忧已经成为过去。每年 3 500 法郎的"丰厚工资"足以满足中产阶级家庭的生活。但此时压力才真正开始出现。每个工作日早上 8 点，他都要到邮电局楼上的"办公室"报到，检查 8 个小时的专利。然后，

阿尔伯特·爱因斯坦在维也纳做讲座，摄于 1921 年

他要去至少一个学生那里当家教，一开始他甚至还必须去上办公室主任的补习课，因为他对机械工程和工程图纸所知甚少。

虽然爱因斯坦与物理学研究的中心隔绝，但没有人会责怪他现在集中精力去从事瑞士公务员的工作。恰恰是这种远离学界的环境才使爱因斯坦不断地成长。他需要与物理学的框架保持距离，来形成自己的想法。然而，他不是孤独的天才，远不是他自认为的"独狼"。自从和爱因斯坦在苏黎世一起生活以来，米列娃一直是他聪明、和善的聊天伙伴和共同思考者，有时她的见解和爱因斯坦的几乎无法区分。

在一个被称为"奥林匹亚科学院"的固定朋友圈里，爱因斯坦和一群好友定期聚会，畅谈物理和哲学，而不必在意学界的约束。受邀参加聚会者除非有充分的理由，否则不得缺席，而爱因斯坦在邀请函上的签名是"阿尔伯特·尾骨骑士"（Albert Ritter von Steissbein）——这以开玩笑的方式体现了他在讨论时是多么坐得住。

此外，爱因斯坦还定期参加伯尔尼自然科学协会在斯托申酒店的会议室每两周举行一次的晚间研讨会。名誉教授、中学教师、医生和药剂师在那里进行学术讨论。1903 年 12 月 5 日，爱因斯坦也发表了一次演讲。他的题目是"电磁波理论"。后来，它被称为"相对论"。"这项工作目前只是概念性的。"爱因斯坦说。然后，协会的讨论转向了兽医学的话题。

当爱因斯坦读到马克斯·普朗克 1900 年关于黑体问题的论文时，他是第一个认识到这一发现的重要性的人："这就像脚下的地面被突然间抽走，没留下任何坚实的基础可以立足。"如果光都是如同普朗克的工作所表明的那样，是由"量子"组成的，那他怎么还能相信麦克斯韦的光的波动说？爱因斯坦决定向不确定的那片领域迈出一步，相信普朗克的话。

自詹姆斯·克拉克·麦克斯韦以来的几十年里，科学家一直将光视作某种形式的波。但普朗克在解决黑体问题时，被迫得出了一个与他的科学直觉相反的结论：能量是以一份份的形式吸收和发射的。能量不是均匀流动的，而是以非常具体的最小单位量子来发射或吸收的。但他和所有其他物理学家一样，仍然相信电磁辐射由稳定的振荡波组成。难道还有其他可能性吗？当辐射和物质相互作用时，这些恼人的一份份的能量必须以某种方式产生。爱因斯坦具有普朗克所缺乏的革命精神。爱因斯坦称，光（实际上所有的电磁辐射都是如此）并不由波组成，而是由类似粒子的量子组成。

这个大胆的声明写在爱因斯坦 1905 年 3 月 17 日上班途中携带到邮局的手稿中。收信人是《物理学年鉴》的编辑，这是世界上最重要的物理学杂志。该手稿题为《关于光的产生和转化的一个启发性的观点》。爱因斯坦知道他提出的看法比普朗克的更加激进。把光看成粒子流，近乎异端邪说。

在接下来的 20 年里，除了爱因斯坦，几乎没有人会相信光量子理论。他从一开始就知道，这将是一场艰苦的斗争。他用"启发性"一词承认，他认为他的观点不是一个彻底阐述的理论，而只是一个可用的假说，用以帮助我们理解光的令人困惑的行为。通过这种方式，爱因斯坦使他的同行更容易了解甚至接受他的观点。这是一个关于光的新理论的路标。但即使是这样，他的同行们也觉得太过了，他们没有能力以麦克斯韦之外的任何方式思考光。他们需要几十年的时间才能触及爱因斯坦早在 1905 年就已经在他那书桌前通往的维度。

而这仅仅是这名伯尔尼三级技术员在 1905 年给物理学界带来惊天大消息的开端。5 月，爱因斯坦的一封信寄到了他的朋友康拉德·哈比希特那里，后者几个月前从伯尔尼搬到格劳宾登州，在一所乡村学校教数学。这封信显然写得很匆忙，笔迹潦草，墨迹斑斑，修改之处不少。爱因斯坦甚至连日期都忘了写。信的开头是一串侮辱性的称呼，爱因斯坦称哈比希特是一条"冰冻的鲸鱼"和一个"干瘪封闭的灵魂"，对他感到"七成愤怒，三成怜悯"。这就是爱因斯坦表达他的感情的方式。他想念哈比希特，想念他们在"奥林匹亚科学院"一起讨论的日子。

　　爱因斯坦随后承诺为他的朋友寄去四篇论文，他希望这些论文能在年底前发表。第一篇是关于光量子的。第二篇是他的博士论文，他在其中描述了一种测量原子大小的新方法。在第三篇中，爱因斯坦解释了布朗运动：像花粉这样的微粒在液体中的无规则运动，科学家们已经为之困惑了 80 年。"第四篇论文是概念性的，"爱因斯坦写道，"是用修改过的时空理论来讨论动体的电动力学。"作为一名业余的物理学家，爱因斯坦实现了他从读过恩斯特·马赫的著作开始就有的目标：重新发明空间和时间概念。马克斯·普朗克为《物理学年鉴》评审了爱因斯坦的投稿论文，他给这个理论起了一个名字，这个名字后来几乎成为爱因斯坦的代名词——"相对论"。

　　但爱因斯坦在给哈比希特的信中所说的"非常具有革命性"的不是相对论，而是他的光量子理论。这是他唯一一次用"革命性"这个词来描述他的作品。这篇论文的同行评审者，普朗克，正是量子概念的提出者，但他仍然认为这个想法只不过是一个临时的辅助计算方法，他完全不同意爱因斯坦的光的粒子理论，但他同意发表这篇论文。普朗克想知道，这个伯尔尼业余物理学家是谁，他怎么就突然想出了这些宏大而晦涩的理论。

　　爱因斯坦在给哈比希特的信中列出的这些作品，就足以让他在科学史上永久地占有一席之地。爱因斯坦在几个月内利用业余时间写出了它们。以前从来没有哪个科学家身上爆发过这样的创造力。然后他又写了第五篇论文，他在给哈比希特的信中没有提到这篇文章。在其中，他得出了 $E=mc^2$ 的公式。

　　1906 年 1 月，爱因斯坦获得了苏黎世大学的博士学位，随后伯尔尼专利局将他提升为审查员，或如他所说的"专利奴隶，二等"。他的年薪被提升到 3 800 法郎。1907 年年初，爱因斯坦在给一位朋友的信中写道："我过得很好；我是一位体面的瑞士联邦职员，薪水可观。除此之外，我还骑着我的数学物理学木马，时不时拉拉小提琴——二者都是我在照顾两岁的儿子之余享有的额外爱好。"

1906 年，巴黎

夺命马车

玛丽和皮埃尔·居里已经成为明星。报纸上刊登了关于"物理实验室里的田园诗"的家庭故事。与此同时，人们对镭的兴趣正在发展成为一种全球性的炒作。据说镭可以治疗癌症、清洁牙齿和激发性欲。在高级宴会上，由镭制成的装饰闪闪发光，身上涂有含镭颜料的舞者在夜总会里表演。世界各地的镭工厂如雨后春笋般涌现，为争夺沥青铀矿的供应而战。美国钢铁工业家、运动员埃本·拜尔斯每天喝一瓶镭水来增强自己的活力，结果在痛苦中死于下颌癌变。

居里夫妇还研究了镭的生理效应。他们把装有镭盐的橡胶胶囊放在皮肤上，并记录辐射对皮肤的影响。首先，出现红斑，然后是水疱和溃疡。在一个实验中，皮埃尔将一个放射性相当弱的样品留在他的手臂上十小时。伤口需要四个月才能愈合。玛丽和皮埃尔出现了后来被证明是辐射病的最初症状。他们手上的皮肤会开裂并发炎。皮埃尔几乎无法入睡，他的骨头痛得十分严重。放射性物质沉积在他们穿的衣服里和他们写的纸上。一百多年后，它们仍然让盖革计数器嘀嗒作响。

　　1906 年的一天，皮埃尔在与玛丽发生争执后离开了家。愤怒和痛苦的他蹒跚地穿过街道。在多菲内街一个繁忙的十字路口，他不慎跌倒在一辆马车下面，一个后轮碾爆了他的头颅，他当即身亡。丧夫之痛对玛丽造成了沉重打击。她搬到了他的坟墓附近。从那时起，她就再也没有在哪张照片里微笑过。皮埃尔去世两年后，她得到了他的物理学教席，并成为第一个在索邦大学任教的女性。1911 年，她再次获得诺贝尔奖，这次是化学奖，表彰的是她制取纯镭的工作。这一次，没有任何庆祝。

飞翔雪茄的告终

　　柏林，1909 年夏天。成千上万的柏林人涌向普鲁士军队在滕珀尔霍夫菲尔德的阅兵场。他们或骑自行车，或乘坐地铁，或者步行前来。这个时代的人们最喜欢的就是见证世界上新的科技奇迹。

　　拥挤的人群中，很少有人注意到一座金字塔形木塔上面放着的一个奇怪装置。他们没有看到奥维尔·莱特在美国拆解并装箱，用船送到欧洲，又在柏林重新组装的飞行器。1909 年 9 月，木塔顶部的装置将莱特和他的机器推往空中，他在柏林人雷鸣般的欢呼声中实现了离地 172 米的世界高度纪录。

　　几天前，奥维尔·莱特也在观众之列。他站在德皇身边的看台上，观察德国人的飞行器：齐柏林飞艇。齐柏林伯爵本人坐在里面进行操控，整个飞行器像一根巨大的雪茄。他比莱特飞得更高更远，但与莱特兄弟的精致飞行器相比，齐柏林飞艇显得又慢又笨重。伯爵慢悠悠地朝看台压低艇首，向观众和皇帝致意。莱特礼貌地鼓起掌来。齐柏林飞艇属于过去。莱特兄弟的飞机属于未来。接下来的世界大战也将在空中打响。

1911 年，布拉格

爱因斯坦的花语

　　1911 年 4 月，阿尔伯特·爱因斯坦在布拉格的德意志大学的新办公室里安顿下来。他刚从苏黎世搬到这里。他的窗户外面是一个美丽的公园，可以看到古老的树木。令爱因斯坦感到惊讶的是，早上只有女性在那里散步，而下午只有男性。他后来才知道，这个公园是当时所谓"疯人院"的一部分。"你在那边看到的是那种不研究量子理论的疯子。"爱因斯坦告诉他的访客。量子理论似乎影响着他自己的心理健康，光的二象性和他自己引入世界的量子论困扰着他。它们真的存在吗？最终，他不再为此绞尽脑汁了。在1911 年 11 月的第一次索尔维会议上发表了题为"辐射理论和量子"的演讲后，他决定把令人抓狂的量子问题搁置一旁，转而专心研究对他精神健康副作用较小的问题。他必须离开阴暗的布拉格。在独立得出狭义相对论方程的法国数学家亨利·庞加莱的推荐下，苏黎世联邦理工学院向爱因斯坦提供了一个教授职位。1912 年 7 月，他以教授的身份回到了曾经拒绝给他助教职位的大学。

　　但他这一次也没有停留很长时间。仅仅一年后，爱因斯坦就在苏黎世的火车站接待了物理学家马克斯·普朗克和瓦尔特·能斯特。他知道他们来访的原因；他们想把他带到德国首都，但他还不知道他们到底能给他什么。普朗克告诉他，每年 12 000 马克，这是普鲁士教授的最高工资，额外附加普鲁士科学院的荣誉津贴 900马克。爱因斯坦心动了。但他犹豫不决，因为还有其他地方也在邀请他，于是他提出给他一天的考虑时间。当普朗克和能斯特乘坐登山火车到里吉山旅行时，爱因斯坦重新考虑了他们的邀请。他在两人动身前告诉他们，当他们回来时，他会通过花的颜色来表示是否接受。红色代表接受，白色代表拒绝。当他们再次见到爱因斯坦时，他手里捧着一束红花。

丹麦男孩初成年

1911 年 9 月，一个不到 26 岁的年轻丹麦人来到了英国的大学城剑桥。他浓密的眉毛下有着青涩的眼神，下垂的嘴角显得似乎有一丝悲伤的气息萦绕着他。当他吃力地思考时，一双大手垂在身体两侧，脸也会耷拉下来。这样，他看起来就"像个傻瓜"，一位同事说。当他用慢条斯理的语气说话时，听起来就更是如此。

然而，外表是有欺骗性的。尼尔斯·玻尔具有强大的力量，无论是身体上还是精神上。冬天，他滑雪、滑冰；夏天，他踢足球，这是一项新潮的运动，当时正从英国席卷欧洲大陆。玻尔是他父亲创办的 AB 哥本哈根俱乐部（Akademisk Boldklub）的一名门将。而且他是他那一代人中最具天赋的科学家之一。他只是要证明这一点——向世界和对自己。

玻尔的科学生涯有一个失败的开始。他刚刚写完关于金属中的电传导的论文。他假设电子携带电荷穿过金属，并在里面自由地"乱撞"——就像气体中的原子一样。这个模型并没有那么经得起推敲。尽管如此，他还是被授予了博士学位。在丹麦，没有人对电子有足够的了解，能够反驳他。

玻尔开始怀疑 19 世纪认为电子是微小的带电台球的观念。他来到剑桥，向研究电子的大师约瑟夫·约翰·汤姆孙学习。汤姆孙时年 55 岁，人称 J.J.，是詹姆斯·克拉克·麦克斯韦创办的著名的卡文迪许实验室的负责人，也是艾萨克·牛顿曾任教的剑桥大学三一学院的教授。15 年前，正是汤姆孙发现了电子。也许汤姆孙可以帮助这个年轻的丹麦人，在一个著名的期刊上发表他的论文？

玻尔雄心勃勃，希望发现原子的运作原理。到当时为止，科学家们除了知道原子存在之外，对原子几乎没有任何了解。剑桥正是适合玻尔的地方，因为汤姆孙有着同样的目标。只是如果不用拘泥于英国人的礼仪就好了。

汤姆孙是一位受人尊敬的实验室主任，但其在实验和人际关系方面的笨拙也是出了名的。到达后不久，玻尔就大胆地向伟大的汤姆孙指出了他在《气体导电》一书中的一些错误和不准确之处，随即又说它们都很容易纠正。他是以友善而带着鼓励的蹩脚英语说出这些话的，但很快就意识到他刚刚犯了一个错误。他不想教训汤姆孙，他坚持说，他来到这里只是想学习。但为时已晚。汤姆孙被冒犯到了，玻尔则因为汤姆孙根本没有兴趣得知他的计算方法是否有误而感到失望。

稍后，玻尔给了汤姆孙一份手稿，请求他审阅。几天后，他看到汤姆孙摸都没有摸这份手稿，于是找他谈起此事。但这也不合礼节。汤姆孙告诉玻尔，像他这样的年轻人不可能像自己那样对电子有那么多的了解。

玻尔在顽固的英国人面前败下阵来。从此时开始，汤姆孙一看到玻尔就绕道走。在三一学院餐厅的长桌上，没有人愿意在那个表情忧郁的丹麦人旁边坐下。直到过了几个星期后才有人再跟他说话。"非常有趣，"玻尔后来描述他在剑桥的生活时说，"但完全没用。""非常有趣"是玻尔的标准用语，当他的同行在胡说八道、无端猜测或鼓吹可疑的科学假说时，他就会以这样的方式结束谈话。"非常有趣"——玻尔现在不想和剑桥大学有任何关系。至少他现在有时间阅读查尔斯·狄更斯的厚重小说，而他那糟糕的英语水平也在明显地改善。

1911 年 2 月，这个一脸悲情的丹麦人确实有理由难过了：他的父亲年仅 54 岁便去世了。克里斯蒂安·玻尔是一位受人尊敬的生理学家，研究呼吸时肺部的气体交换。尼尔斯·玻尔在他父亲的实验室里第一次尝到了科学的滋味。他独自承受着这份悲恸，不免想念他的未婚妻玛格丽特·诺伦，一位老朋友的妹妹。他们一年前在哥本哈根的"黄道"（Ekliptika）辩论会上认识，不久后便决定立即结婚。尼尔斯会给玛格丽特写情书，至少每天一封。在其中一封信中，尼尔斯引用了一首歌德的诗：

> 宽广的世界和广阔的生活。
> 漫长的岁月，诚实的奋斗。
> 一直在寻找，一直在发现。
> 从未关闭，时常成立。
> 最古老的以忠实的方式保存。
> 仁慈的构成新思。
> 思想明朗，目的纯正。
> 是的，走了很长的路。

在一次晚宴上，孤独的尼尔斯·玻尔遇到了一个 40 岁的男人，他有着偏分的灰白头发和小胡子，说着奇怪的方言：欧内斯特·卢瑟福是一个移民到新西兰的苏格兰农民的儿子，是曼彻斯特大学的教授，还是诺贝尔化学奖得主和世界顶尖的实验物理学家。他身材高大，声音洪亮，当实验失败时，他就用这样的声音大声咒骂。卢瑟福是个直率的人，这很吸引玻尔。卢瑟福也曾在 J.J. 汤姆孙手下学习，现在他正与他以前的老师比赛。第一个发现原子构造的会是谁？

玻尔意识到，曼彻斯特才是真正适合他的地方，而不是剑桥。卢瑟福比汤姆孙更了解原子，他做的实验也更令人兴奋。卢瑟福没有漠然地对待玻尔，而是以友善的态度迎接他并鼓励他。"他几乎就像我的第二个父亲。"玻尔后来提到卢瑟福时这样说。他甚至给六个儿子中的第四个儿子取了卢瑟福的名字"欧内斯特"。

1912 年 3 月，玻尔终于设法从剑桥搬到了曼彻斯特，决心学习如何做放射性的实验。然而，即使在曼彻斯特，他也没能成为一个更好的实验者；他虽然算不上是"完全没用"，但是也差得不远了。

放射性是了解原子结构的关键。卢瑟福与他尊敬的竞争对手玛丽·居里都抱有这一信念，但他在其他方面基本不同意她的意见。几年前，卢瑟福在卡文迪许实验室阐释了 α 辐射的性质。它由比电子重得多的粒子组成，这种粒子带与电子相反的电荷，且电荷数量是电子电荷的两倍。在卢瑟福和汉斯·盖革（盖革计数器就是以他的名字命名的）捕捉到这些 α 粒子并将其电中和后，他们意识到得到的粒子是氦原子。因此，在 α 衰变中，一个较重的原子通过释放出一些物质——这些物质很像最轻形式的氦原子——而转化成一个较小的原子。但仍然没有人确切地知道原子是什么。

卢瑟福意识到，可以把 α 粒子像炮弹一样射向其他物体，探究它们是由什么组成的。他与盖革一起，用来自放射源的 α 粒子轰击薄薄的金箔。这听起来很精彩，实际情况却远非如此。卢瑟福让他的同事们在黑暗的实验室里坐上几个小时，直到他们的瞳孔放大到足以计数 α 粒子撞击磷光屏时产生的微小闪光。

他们对自己观察到的情况惊奇不已。大多数 α 粒子飞过金箔，就像它不存在一样。有些粒子的方向则改变了几度，就像擦边球一样。最令他们感到惊讶的是，一些 α 粒子根本就没有穿过金箔。它们朝着来时的方向反弹回去了。卢瑟福后来说，这是"我生命中最令人难以置信的事件，就像你对着一块纸巾发射一枚重型榴弹，而它反弹回来击中你一样"。卢瑟福意识到，这些 α 粒子一定是被比自己更重的东西弹开了。他的结论是：原子有小而致密的"原子核"，几乎原子所有的质量都集中于此。原子的其余部分是相当空的。卢瑟福喜欢把原子核比作"大教堂里的一只苍蝇"。

这个想法是正确的，但卢瑟福仍然缺乏正确的理论证据。J.J.汤姆孙仍然坚信他的无核"葡萄干布丁"模型，根据该模型，原子中的电子被嵌入均匀分布的质量中，就像点心中的葡萄干。卢瑟福没有办法改变他的想法。他是一名实验室物理学家，他对公式和理论的处理就像汤姆孙对实验的处理一样笨拙。

卢瑟福的一个助手叫查尔斯·达尔文，是那位伟大的进化论生物学家的孙子，也是卢瑟福小组中唯一的理论学者。当尼尔斯·玻尔来到曼彻斯特时，达尔文正试图从理论上理解卢瑟福的发现。达尔文怀疑大多数 α 粒子被金箔中的电子纠缠住了，并在这个过程中失去了能量。只有在特殊情况下，α 粒子才会与这些假定的核子之一相撞并反弹回来。通过这种方式，达尔文想找出原子的结构。他想象着电子在原子组成的空间中无序地呼啸而过。

这行不通。当达尔文调整他的模型以了解 α 粒子如何在不同的材料中被纠缠住时，出现了说不通的结果。原子的大小是错误的。玻尔看到这些结果，想起了他自己的博士论文。他怀疑这两个理论站不住脚的原因是一样的：电子的运动并不像他和达尔文假设的那样自由。它们附着在原子核上。玻尔考量着不同的模型。他认为电子是在弹簧上跳动的小球，或是作为微型行星围绕着像太阳一样的原子核运转。这只是一个思想游戏，但玻尔确信一件事：电子必定是在运动，否则原子就会散开。可另一方面，如果它们是在运动中，那它们必然会发出电磁辐射，并逐渐停下来。自相矛盾！

然后玻尔迈出了大胆的一步。为了稳定他模型中的原子，他决定不允许电子在原子中以任意的能量移动。它们的能量只能以固定的值发生变化：每次只发生一个"量子"的变化。他是如何想出这个方法的？这仍是他的秘密。也许是历史的重演，玻尔做出了与马克斯·普朗克一样的"无奈之举"，虽然二者的背景完全不同。玻尔知道普朗克 11 年前用来得出辐射公式的诀窍，他也知道爱因斯坦的光量子。他开诚布公地承认，他不能证明自己的看法是正确的，就像普朗克不能证明他的理论一样。能量子的概念仍然是空中楼阁，仍然笼罩着神秘的光环。

但这个想法是可行的。玻尔现在可以更好地理解 α 粒子的"制动机制"了。他急急忙忙地写了一篇科研论文草稿，在曼彻斯特只待了三个月后，又匆匆回家与玛格丽特结婚。1912 年 8 月 1 日星期四，他们在玛格丽特的家乡西兰岛的斯劳厄尔瑟结婚——不是在宏伟的中世纪教堂，而是在市政厅。玻尔不相信上帝，他拒绝举办宗教婚礼。斯劳厄尔瑟的市长在度假，所以玛格丽特和尼尔斯在警察局长的见证下向对方宣读了他们的结婚誓词。整个仪式仅持续了两分钟。

玻尔很高兴不用再亲自写作了。他发现他很难同时写作和思考，他更喜欢说话。从此时开始，他把许多论文口述给他那有语言天赋的妻子玛格丽特，由她来纠正他那磕磕巴巴的英语。原本她想成为一名法语教师，但现在她成了他的秘书。甚至蜜月还没完，她就开始替他工作了。这对夫妇前往剑桥和曼彻斯特，尼尔斯向玛格丽特展示了他的工作场所。在曼彻斯特，他们得以向欧内斯特·卢瑟福展示尼尔斯解开原子谜团的论文。这给卢瑟福留下了深刻的印象。

在接下来的几个月里，人们会发现玻尔的原子模型是多么富有成效。有了它，他可以解决物理学家几十年来一直试图破解的一个谜题：氢的光谱线。早在大约一个世纪以前，人们就观察到了当太阳光在用棱镜分解成彩虹的颜色时，这些颜色被数百条黑线相隔，他们探索出复杂的公式来描述这些线条的模式。对光谱线的分析本身已经成为科学的一个分支——但没有人知道这些光谱线是如何形成的。

玻尔现在可以用自己的原子模型几乎信手拈来地解释光谱线。正如万有引力将行星束缚在太阳周边一样，电的吸引力将电子固定在其轨道上。与行星不同，电子可以跳到更高或更低的轨道上——但前提是它们在这个过程中获得或失去的能量符合量子条件。在玻尔的手中，光谱线的科学成为电子跃迁的科学。

对氢的光谱线的解释是很漂亮的，但也许这只是个幸运的猜测？玻尔用一个惊人的预测说服了怀疑者。氦是周期表中的第二个元素，在地球上很罕见，却是太阳的一个主要组成部分。它首次在太阳的光谱线中被探测到。它的名字来自希腊语 helios，"太阳"。在太阳火热的光辉中，氦原子可以失去它的两个电子中的一个。另一个电子可以从一个轨道跳到另一个轨道——就像氢原子的电子那样。玻尔用他的模型预测，氦光谱的频率是氢光谱的 4 倍。一位英国实验者在他的实验室里精确测量，发现系数为 4.0016。他得出结论，玻尔的模型一定是错误的。

玻尔很快就做出了回应。出于简化的原因，他假设电子的质量与原子核的质量相比小得可以忽略不计。当他把已知的质量填入他的公式时，他得出的系数是 4.00163，他实现了在理论和实验之间前所未有的精确匹配。这产生了轰动。一个年轻的丹麦人有了一个伟大的发现，这个消息很快就传开了。

这就是尼尔斯·玻尔创立核物理学的过程。他的模型回答了长期存在的问题，但也引发了新的问题。电子是如何决定是否跳跃，以及跳跃到哪个轨道的？量子世界的事件似乎再一次以自发的方式发生，因果关系的原则似乎再一次被中止。几年后，量子跃迁之谜仍未解，阿尔伯特·爱因斯坦在寄给马克斯·玻恩的信中写道："因果关系也让我很头疼。"这不是爱因斯坦一个人的担忧。物理学家们正在充满热情地沿着玻尔的原子模型的道路向前探索，他们同时也心照不宣：里面有些东西是错误的。

玻尔本人也看到，他的模型不可能是全部的真相。他估计，连一半的真相都算不上。但这是通往真相的线索，而这正是他所要寻找的，因为他倾向于像一个侦探一样思考。他喜欢侦探小说，会废寝忘食地阅读凶杀悬疑故事。在旅行中，玻尔夫妇有时会带着整整一手提箱的侦探小说。尼尔斯·玻尔心知肚明，第一个嫌疑人从来就不是真正的凶手。

1912 年，北大西洋

"永不沉没"的倾覆

　　1912 年 4 月 10 日，"泰坦尼克号"，这艘被全世界称赞为不会沉没的巨型汽船，从南安普敦港开始了处女航，向纽约进发。在大洋彼岸的加勒比海地区，这年春天的天气异常温暖，这增强了墨西哥湾暖流的力量。与此同时，拉布拉多寒流正带着数百座冰山从北冰洋向南漂移。在这两股洋流交汇的地方，形成了一片冰山屏障，"泰坦尼克号"的航线正从那里穿过。4 月 14 日至 15 日的夜晚，北大西洋上空星光灿烂。"泰坦尼克号"船体所使用的合金在寒冷的水中变得很脆。当船被拉布拉多寒流从格陵兰岛西部的冰川带来的一座冰山刮到时，冰山在水线以下的右舷船体上撕开了几个洞。在三小时的悲剧中，"泰坦尼克号"沉没了，随之倒下的是认为科学和技术绝对可靠的信念。2 201 名乘客和船员中仅有 711 人幸存。

　　意大利物理学家古列尔莫·马可尼，无线电报的发明者和诺贝尔奖获得者，不必与其他乘客争夺救生艇上的位子。他拒绝了与家人一起免费参加首航的邀请，因为他有很多工作要完成，而且急着要赶往纽约。因此，他在仅仅三天前已乘另一艘汽船启程，横跨大西洋。十分幸运。

　　尽管如此，马可尼在这场悲剧中仍扮演了一个关键角色。他建造了"泰坦尼克号"的无线电系统，船上的两名无线电操作员杰克·菲利普斯和哈罗德·布里德是他公司的雇员。他们向其他船只广播 SOS 求救信号和"泰坦尼克号"的位置，在船长免除他们的职责后，他们仍继续进行广播，直到水流入广播室。布里德幸存了下来，菲利普斯溺水身亡。英国邮政局局长后来说："那些幸存者是被马可尼先生……和他奇妙的发明拯救的。"电磁波的理论拯救了生命。还有谁敢质疑它？

一位艺术家来到慕尼黑

当尼尔斯·玻尔向《哲学杂志》提交第一篇描述他的原子模型的论文时，在维也纳住在同一个男子宿舍里的艺术画家阿道夫·希特勒和失业的商人鲁道夫·豪斯勒正乘火车从奥地利前往慕尼黑，以逃避兵役。到达之后，他们在城市里游荡，寻找一个可以居住的地方。施莱斯海默大街上的一家裁缝店的门上挂着一个标志，写着"小房间出租"。希特勒敲响了这家店的门。裁缝的妻子安娜·波普开了门，让他看了看三楼的房间。希特勒立刻接受了。希特勒和豪斯勒搬了进去，与波普夫妇住在一起，每周租金 3 马克。希特勒每天画一幅水彩画，有时是两幅。他晚上在酒馆里向游客出售他的城市景观画。他与热闹的艺术界没有接触，也不接待任何访客。晚上，他阅读抨击政治的文章。当裁缝的妻子建议他停止阅读政治书籍，多画画时，他回答说："亲爱的波普夫人，您知道您在生活中什么是需要的或不需要的吗？"

与此同时，奥匈帝国开始了对逃避征兵者的搜寻。1913 年 8 月 22 日，维也纳警方发布了一份通缉令："阿道夫·希特勒，最后居住地为梅尔德曼大街的男子宿舍，目前下落不明，正在继续调查。"

8月17日，弗兰茨·约瑟夫皇帝任命皇储弗兰茨·斐迪南大公为"武装部队的监察长"，从而扩大了他的权力。皇储的劲敌、总参谋长弗朗茨·康拉德·冯·贺岑道夫伯爵要求对塞尔维亚和黑山进行预防性战争。弗兰茨·斐迪南拒绝了。和平仍旧延续着——但这只是暂时的。

1914 年，慕尼黑

巡回演讲

　　1914 年 7 月，尼尔斯·玻尔再次出访，与他的原子论一起，而没有带上妻子。他的旅程将他带到哥廷根和慕尼黑。哥廷根是纯粹数学和数理物理学的大本营，人称"数学王子"的卡尔·弗里德里希·高斯 19 世纪时就曾在那里工作。然而，自高斯时代以来，哥廷根几乎没有任何进一步的成就，它的名声已经开始有些瓦解了。这个传统的城市对玻尔来说并不是一个轻松的地方。在他的原子模型传到哥廷根后，权威们无不挥手拒绝。这个模型对他们来说太"大胆"和"深奥"了。但现在玻尔本人用他那柔和的声音、深思熟虑的说话方式和笨拙的德语来介绍自己的模型了。至少他取得了一点进步：反应不再全是负面的了。数学家大卫·希尔伯特的助手阿尔弗雷德·朗德称该模型为"无稽之谈"。刚刚成为教授的马克斯·玻恩在纸上看到模型时觉得完全无法理解，在听了玻尔的介绍后，他的判断比较温和："这个丹麦物理学家看起来很像是一个真正的天才，他一定有他的道理。"

　　玻尔在慕尼黑则比较轻松。在这里，46 岁的理论物理学教授阿诺尔德·索末菲是学界的权威，他留着两端尖翘的轻骑兵军官的小胡子。虽然在哥廷根待了几年，但索末菲仍保留了他的研究精神和年轻时的好奇心。他是最早支持爱因斯坦狭义相对论的科学家之一，当时他那一代的其他物理学家仍然不愿意重新诠释空间和时间。他在听说玻尔原子模型的消息后，写信告诉玻尔，虽然他抱有一定的怀疑态度，但这个模型的预测能力"无疑是一项伟大的成就"。在慕尼黑，索末菲热情地接待了这位来自丹麦的客人，并鼓励他的学生研究玻尔新开创的原子物理学。

从1912年到1914年，德国物理学家詹姆斯·弗兰克和古斯塔夫·赫兹[1]用电子轰击原子的实验，史称弗兰克-赫兹实验。他们在一个玻璃真空管中用电场加速电子，并让它们飞过一团汞蒸气。他们测量电子在与汞原子的碰撞中失去多少能量。1914年5月，阿尔伯特·爱因斯坦成为最早意识到弗兰克和赫兹的测量结果证实了量子假说的人，从而支持玻尔的原子模型。

但在这几个月里，一个事件使物理学完全淡入了背景。1914年6月28日，塞尔维亚民族主义者枪杀了奥匈帝国皇帝的侄子兼皇储弗兰茨·斐迪南和他的妻子索菲。他的伯父弗兰茨·约瑟夫一世皇帝并不太伤心。他认为弗兰茨·斐迪南不适合处理皇室事务，这一点从后者决定为爱结婚的事实中已经可以看出。索菲以前是女侍臣，在皇帝看来，她的地位远远低于皇储，所以他在长期的抵抗之后才允许了这桩婚事，条件是索菲不能"成为未来的皇后"，而

---

[1] 此人为德国物理学家，量子力学的先驱，1925年诺贝尔物理学奖获得者。他是电磁波发现者海因里希·鲁道夫·赫兹的侄子和研究超声技术的物理学家卡尔·赫尔穆特·赫兹的父亲。——译者注

只能成为"未来皇帝的妃子",而且这对夫妇的后代必须采用妻子的姓氏,因此没有继承皇位的权利。在顽固的弗兰茨·斐迪南死后,皇帝的侄孙卡尔成为新的继承人,他的思想明显更加传统。

刺杀弗兰茨·斐迪南的行为很快就受到了惩罚。奥地利人被激怒,攻击了塞尔维亚。这扰乱了使欧洲保持平衡的国际条约网络,一个又一个国家动员了军队。七月危机席卷了整个欧洲大陆。以德意志帝国和奥匈帝国为中心的同盟国面对的是由英国、法国和俄国组成的协约国,意大利不久也将加入后者。

1914 年 7 月,尼尔斯·玻尔与他的弟弟哈拉尔德一起从慕尼黑前往蒂罗尔,在山上徒步旅行。在报纸上,他们读到了越来越令人担忧的关于即将爆发战争的报道。所有的旅行者都匆匆回家,而玻尔兄弟也意识到,现在不是徒步旅行的时候。在德国对俄国宣战前半小时,他们越过边境回到德国。在一列拥挤到不得不站在走廊上过夜的火车上,他们从慕尼黑前往柏林,在那里,战争的热情强烈地冲击着他们。"那时的热情简直是无穷的,"尼尔斯·玻尔后来回忆说,"人们因为又要开战了而尖叫欢呼。在德国,这种狂热在任何与军事相关的事情上都十分常见。"他们坐火车到瓦尔讷明德,那里有最后一艘渡轮前往中立、安全的丹麦。

战争迫使玻尔在德国物理学界的首次亮相戛然而止。他回到了哥本哈根,在那里他没有自己的实验室,也几乎没有时间进行研究。相反,他必须给医科学生讲授物理,必须在黑板上写字,而重新亲自书写对他来说很难。在讲堂里,玛格丽特无法再替他代笔。

战争开始了,丹麦政府无暇理会玻尔的建立一个理论物理研究所的请求。因此,他十分感激地接受了卢瑟福的邀请,回到了曼彻斯特。对玻尔来说,这几乎就像回家一样。在他的父亲去世后,卢瑟福对他而言"几乎就像我的第二个父亲"。

但在此期间发生了很多变化，没有什么是和三年前一样的。卢瑟福的实验室似乎已经废弃了。许多研究人员都在外面打仗。詹姆斯·查德威克在战争爆发时正利用奖学金在柏林从事研究，在战争期间一直被扣为战俘。亨利·莫斯莱，卢瑟福最有天赋的学生之一，在英国和奥斯曼帝国之间的加利波利战役中被狙击手击中。跟随卢瑟福进行散射实验的汉斯·盖革成了德国炮兵的一名军官，在"毒气部队"中为毒气战做准备。在法国，玛丽·居里和她的女儿伊雷娜为士兵建造了移动 X 射线站。

卢瑟福也几乎没有时间去思考原子的问题。他开发了一套声呐系统来对付攻击英国军舰和商船的德国潜艇。玻尔又一次独自站了出来。对于试图了解世界的人来说，战争不是一个有利的时机。

玻尔发现这种孤立无援的境地极为艰难。他以前一直依靠与同事们讨论来研究和理解世界，那些非正式的研讨会几乎从不间断。他依赖与其他科学家的对话，需要边说边想，抛出看法并加以纠正，思维不断跳跃，时而离题，时而停下来思考。他和新婚妻子开始度过一段幸福但科学上缺少创见的时光。玛格丽特在曼彻斯特找到了家的感觉。她发现，这座工业城市虽然不像剑桥那样迷人，但人们更加友善。

尽管发生了战争，但科学活动并没有完全停滞。在与国际物理学界完全隔绝的慕尼黑，索末菲仔细地研究了玻尔的原子论。论文和专业期刊在互相敌对的国家之间以隐蔽的渠道流通。即使国家之间正在激战，思想仍然可以传播。而即使隔着战壕，玻尔也能给其他物理学家带来启发。

在曼彻斯特，玻尔产生了一个想法，即有的电子是沿椭圆——

而不是圆形——轨道绕原子核运动的。这可能解释了为什么氢的光谱线有时会分裂成几条细线。但当他试图通过计算证明这个想法时，他卡住了。

作为一个物理学家，玻尔是世界级的，但作为一个数学家，他却是很差劲的。哪怕只是随便翻一翻，也能发现他的研究论文中的方程式屈指可数。相反，他从一般概念和假设出发，进行更多哲学层面的思考，量化论证和正式推导都很少。在职业生涯的大部分时间里，他都要依靠一批在数学上有天赋的助理，来将他非凡的物理见解转化为形式上的论证。这种工作方式促成了玻尔周围逐渐形成的神秘光环。他看待事物的方式极为独特，一眼就能发现关键问题和难点在哪里，以及如何找到答案。但他自己往往无法算出这个答案。许多年后，维尔纳·海森伯在回忆一次与他的谈话时说："玻尔向我证实，他并没有用经典力学研究出复杂的原子模型，它们是以图像的形式直接凭直觉出现的，根据的是他的经验。"

因此，玻尔无法完全阐述他的椭圆轨道的想法。他发表了一篇文章，只粗略地介绍了一下他的想法。这篇文章不知怎么就辗转流传到了慕尼黑，落到了擅长理论物理、富有想象力的阿诺尔德·索末菲手中。索末菲受过最好的德国传统训练，精通数学方法及其在力学和电磁学问题上的应用，所以是迈出下一步的合适人选。

如果说玻尔是原子的哥白尼，那么索末菲就是它的开普勒。他计算了这个微型的量子化行星系统的复杂力学机制，得出了一个令人信服的论点——即使是电子的椭圆轨道也被限制在一定的数值内。一个轨道的椭圆度，被分割成量子，它的高度也是如此。通过这样的技巧，索末菲可以进一步解开光谱线的模式。

玻尔很高兴看到他的原子模型被证明如此富有成效。"我想我从来没有读过比你这篇杰作更让我开心的东西了。"他在给索末菲的信中写道。物理学家们开始谈论玻尔-索末菲原子模型，这也许是科学史上第一个真正的全球性成就。原子核来自新西兰人卢瑟福，构造原理来自在英国遇到了卢瑟福的丹麦人玻尔，更精准的细节来自德国的索末菲。不过，它也是新旧物理学以及经典力学和量子力学的大胆融合，虽然也许富有成效，但很可能也是错误的，正如玻尔本人所认识到的那样。

1916 年，他回到了哥本哈根，这次是为了留下来。他不再是曾经的那个害羞的学生了。丹麦政府在他坚持不懈的敦促下做出了让步，在他曾经听过新生课程的大学里，设立了他自己的课程，甚至是自己的研究所。在开始时，这只包括一个小办公室，由玻尔与他的第一个助手、荷兰人亨德里克·克拉默斯共享。1919 年，这里为他的秘书增加了第三张桌子。但玻尔有更大的计划。他正在哥本哈根的一条小街布莱格达姆斯维奇（Blegdamsvej）为自己的研究所大楼筹集资金。1921 年，这栋三层楼的双开门打开了，门口上方写着"大学理论物理研究所"（UNIVERSITETS INSTITUT FOR TEORETISK FYSIK）几个大字。入口大堂的右手边是个大礼堂，还有一个图书馆和一个小食堂。

在战争年代，许多物理学家在世界各地徘徊，寻找一个安全、安静的地方。玻尔在家乡找到了它。他现在是世界上为数不多的理论物理学教授之一，并很快成为丹麦的名人。在 20 世纪 20 年代，有 60 多位理论家访问了玻尔研究所，并在那里停留了较长的时间。许多人待了好几年。他们来自世界各地——来自美国，来自苏联，来自日本。他们中的大多数人都很年轻。玻尔亲自负责他们访问期间的资金问题。他建立了一种新的合作模式，远远超出了物理学的范畴。物理学家们不仅一起工作，他们还住在一起，一起吃饭，一起踢足球。玻尔和他们一起去滑雪，去爬山，看电影。他最喜欢看的是美国西部电影。

当年轻的荷兰物理学家亨德里克·卡西米尔前往哥本哈根向玻尔学习时，卡西米尔的父亲想知道玻尔是否真的全国闻名，于是将一封信寄往"卡西米尔, c/o 尼尔斯·玻尔，丹麦"①。这封信甚至先于卡西米尔到达。父亲感到很欣慰，他的儿子肯定能受到良好的照顾。

玻尔仍然没有成为一个更好的演讲者。他在演讲中还是结结巴巴，从一个想法跳到另一个想法："呃，还有，还有，还有……但，但……"对他来说，演讲并不意味着解释已经思考完成的东西，而是一边说一边思考。

---

① c/o 是 care of 的缩写，在邮件和包裹上使用时，指的是将寄给某人的邮件和包裹寄至另一人的收件地址，可以理解为"留心转交"。以此处为例，这封信的实际收件人是卡西米尔，不过是寄到了玻尔的收件地址。——编者注

擅长理论，不擅长婚姻

苏黎世，1914 年 2 月，34 岁的阿尔伯特·爱因斯坦感觉到他正面临一个动荡的时代，无论是他的思想还是他的生活。他写信给他在柏林的 38 岁的表姐和情人埃尔莎·洛温塔尔："我没有机会写作，因为我忙于真正的大事。日日夜夜，我都在更加深入地思考过去两年中逐渐发现的事情，这意味着在物理学的基本问题上取得了闻所未闻的进步。"几天后，他继续说："我年幼的儿子患有百日咳、中耳炎和流感，非常虚弱。医生要求，一旦他的病情允许，就带他去南方住一段时间。这是件好事。因为米扎必须和他一起走，而我将独自在柏林待上一段时间。"米扎，就是他的妻子米列娃。这件事对爱因斯坦夫妇的婚姻很不利。"我对待我的妻子就像对待一个不能被解雇的员工。"阿尔伯特告诉他的情人。

1914 年 3 月 29 日，一个下雨的星期天，爱因斯坦乘火车抵达柏林。从他身上你根本看不出他是来德国首都久留的。他轻装上阵，踏上月台，手里提着小提琴盒，脑子里有一个半成品的理论。它后来被称为"广义相对论"，并使爱因斯坦成为世界上最著名的科学家。

然而，未来的荣耀仍然只是一个有可能的前景而已。在科学界，他被认为是下一个哥白尼，但除此之外几乎没什么人知道他。普鲁士科学院的核心成员马克斯·普朗克和弗里茨·哈伯为把爱因斯坦带到柏林而努力了很长时间。与以前在苏黎世不同的是，他在柏林的时间完全属于他自己，可以专注于他的研究。他可以在大学里教书，但他不是一定要授课。爱因斯坦期待着这样一种生活，"作为一个没有任何义务的学者，几乎像一个活着的木乃伊"。他先是有两个星期的时间和埃尔莎一起享受生活。然后，米列娃带着两个儿子来到了柏林。

在爱因斯坦来到柏林后最先见的人中，有一位是颇具影响力的企业家和银行家利奥波德·科佩尔。除了阻遏社会民主思潮的发展外，他的基金会还资助新成立的威廉皇帝科学促进会，并支付爱因斯坦的工资。科佩尔还想出资建立一个威廉皇帝物理研究所，由爱因斯坦担任所长。但这需要时间。目前，哈伯在安静的达勒姆郊区的威廉皇帝物理化学和电化学研究所为爱因斯坦设立了一个办公室。在那里，爱因斯坦找到了他所需要的东西：安定与宁静。毕竟他的工作不亚于推翻牛顿的经典力学。

爱因斯坦多年来一直在准备颠覆传统的物理学。1907年秋天，他意识到"所有的自然规律都可以在狭义相对论的框架内处理——除了万有引力定律"。他在很长一段时间里都不明白其中的原因，直到有一天，他得到了"突破"，这是他坐在伯尔尼专利局办公室的办公桌前，让自己的思绪游离时产生的。爱因斯坦想象着一个人从房子的屋顶上掉下来。在自由落体的过程中，他感觉不到自己的重量，尽管他仍然身处地球的引力场中，但他"完全没有重量了"。这个思想实验使他得出了他的引力理论。

这不禁让人想起，1666 年，23 岁的艾萨克·牛顿坐在他父母的花园里，看到一个苹果从树上掉下来时，灵感一闪而过——他想到了将苹果往下拉的力量一定就是让月亮始终处于围绕地球的轨道上的力量。唯一的区别是，在爱因斯坦那里，观察者本身会坠落，在牛顿那里，只有苹果会坠落。

多年来，爱因斯坦一直在尝试用数学将他从思想实验中获得的认知转化为公式。外界对他的想法几乎一无所知，只有一些传闻称爱因斯坦正在做一件惊天动地的事情。

马克斯·普朗克更希望爱因斯坦帮助他发展量子理论，甚至更好：帮他摆脱量子。他建议爱因斯坦不要再追求他的引力革命，因为无论如何他都不会得到结果的。

普朗克对爱因斯坦预言说："就算你真有了成果，也没有人会相信你。"保守的普朗克问道："当我们已经有一个久经考验的引力理论时，新的引力理论有什么意义？"

爱因斯坦知道原因。尽管牛顿的万有引力定律到目前为止与观测结果相符，但它们与他的狭义相对论的原则相矛盾，根据该原则，任何影响的传播速度都不能超过光速。在牛顿的理论中，引力在任意长的距离上都无延迟地作用于物体之间，其速度是无限大的。爱因斯坦想把引力理解为一种场，就像已经理解的电和磁一样。他想象地球会产生一个引力场，类似于电场或磁场，然后这个场会影响到苹果、人和行星。唯一的区别是，与电磁力不同，引力总是相互吸引的，而不是相互排斥的，这使情况变得更加复杂。

爱因斯坦在 1907 年就已经在伯尔尼专利局中产生了这个关键的想法。在自由落体中，物体的惯性正好补偿了由重力引起的加速度。与之对应的是，加速，例如坐在汽车中，感觉完全像重力。惯性质量等于重力质量：这个"等价原理"是爱因斯坦多年来一直在研究的理论，当他踏上柏林的月台时，他已经取得很大进展了。

爱因斯坦计算出，空间中的光线被它们经过的天体偏转的程度比牛顿理论预测的要大。因此，如果你精确地测量光的偏转，你就可以检验爱因斯坦的理论是否比牛顿的好。爱因斯坦试图通过分析已有的拍摄日食的照相底片来实现这一目标。当太阳被月亮遮住时，星星就在它旁边变得清晰可见。但图像质量太糟糕了。

1914 年 8 月 14 日，在加拿大北部、欧洲北部和亚洲部分地区可观察到日全食，这为爱因斯坦提供了更好的机会。天文学家埃尔温·弗罗因德利希是少数认真对待爱因斯坦理论的科学家之一，他于 4 月带着各种设备出发前往俄国。但后来战争爆发，弗罗因德利希没有拍摄到日食，反而被俄国俘虏。

与此同时，爱因斯坦夫妇的婚姻正在崩塌。阿尔伯特对米列娃说话的语气变得越来越大男子主义。"你要保证我在房间里的三餐准备妥当，"他书面指示她，"你要放弃与我的一切私人关系。如果我要求，你要立即停止对我说话。"对他的妻子，他使用了他自己在普鲁士所鄙视的独裁语言。1914 年 7 月底，阿尔伯特和米列娃分居了。她带着儿子们搬回了苏黎世，他搬到了维尔默斯多夫的一个小公寓。阿尔伯特给他的爱人埃尔莎写信。"我没法来看你。我们这段时间必须非常谨慎。"从他的新公寓到埃尔莎的家只有一刻钟的步行路程。

正巧就是现在，爱因斯坦来到了柏林，这时德国首都的民族主义情绪和战争热情正极为高涨，而他最无法忍受的就是与军国主义相关的一切，以至于他放弃了德国公民的身份，在瑞士生活了多年，先是作为一个无国籍人士，然后作为一个瑞士公民，其间持有过奥地利护照。现在，他回到了他的祖国，这一切让他感到陌生。他成了普鲁士的一名公务员。

"难以置信的事情现在已经开始在欧洲疯狂地发生了，"爱因斯坦在给他的朋友保罗·埃伦费斯特的信中说，"在这种时候，你会看到人类实际上是个多么可悲的野蛮物种。我在我平静的沉思中，安详地思索着，只感到一种怜悯和憎恶的混合。"他主张建立国际联盟，并加入了新祖国联盟，该联盟主张通过相互理解和民主改革来实现和平。

但由于他反对战争的立场，爱因斯坦变得很孤独。许多同行都沉浸在民族主义的氛围中。甚至连他的朋友奥地利物理学家莉泽·迈特纳在1916年与他一起度过一个晚上后也感到惊讶："爱因斯坦拉着小提琴，就政治和战争发表了令人大笑的天真和奇特观点。"马克斯·普朗克呼吁他的学生进入战壕，与"卑鄙小人的滋生地"做斗争。50岁的瓦尔特·能斯特自愿去当救护车司机。弗里茨·哈伯利用他出色的化学技能开发化学武器，并成了为毒气战做准备的主要科学家之一。当哈伯准备在西线进行第一次大规模毒气攻击时，爱因斯坦正在给哈伯12岁的儿子赫尔曼补习数学。在这次攻击中，150吨的氯气被投向法军阵地上毫无防备的士兵，造成1 500人死亡。袭击发生后不久，哈伯的妻子用他的军用手枪自杀了，但哈伯继续开发毒气武器，并将他拥有1 500多名员工的整个研究所都投入这个项目中。

1914年10月14日，德国主要日报和国外其他报纸上刊登了一份《致文明世界！》的呼吁书，在其93位联名者中，包括了普朗克、能斯特、伦琴和维恩。签名者抗议"我们的敌人用谎言和诽谤来玷污德国在其被迫进行且事关生死存亡的艰苦斗争中的正义事业"。他们否认德国对战争负有责任，否认德国侵犯了比利时的中立权——甚至在德国宰相都已承认了这点的情况下。"相信我们！"他们写道，"相信我们会作为一个文明的民族将这场战斗进行到底，对我们这个民族来说，歌德、贝多芬、康德的遗产就像炉灶和土壤一样神圣。"爱因斯坦希望他的赞助人普朗克不要加入这样的声音。他在信中抱怨道："即使是世界各国的学者，行为也像是在八个月前被切去了大脑一样。"

在许多同行看来，爱因斯坦正在进行一场双重的无望之战：反对战争，提出新的引力理论。此外，他还面临着危险的竞争：哥廷根的传奇数学家大卫·希尔伯特也在研究一种新的引力理论。"物理学对物理学家来说太难了。"希尔伯特说。这是在向爱因斯坦这样的物理学家公然挑衅。

爱因斯坦一开始对此感到慌张，但他很快就进入了一种创造性的狂热状态。他谨慎地通过同事打听希尔伯特的研究进展。希尔伯特可能是更好的数学家，但爱因斯坦的物理想象力更强。他把引力场想象成时空构造弯曲的表现，把它比作"一块悬浮（静止）在空中的布"。天体弯曲时空的方式，就像球体陷入悬浮的布中一样。现在必须把这个想法表达成公式，而即便是以爱因斯坦的数学能力，解决这个问题也极为吃力。天才的进步不是靠灵感的闪现，而是靠努力、勤奋和毅力。他一点一点地拼合出他的引力场公式，并在科学院的一次会议上提出了他的理论的一个版本。他毫不谦虚地自夸道："凡是理解了这个理论的人，几乎无法抗拒它的魅力。"

在一周后的下一次会议上，他又用一个扩展的版本给科学院成员带来了惊喜。又过了一周，他再次带来更惊人的发现。有了他的理论，他就能解释离太阳最近的行星——水星轨道的令人费解之处，即所谓的"近日点进动问题"。这表明爱因斯坦走在了正确的道路上。一周后，在1915年11月25日的会议上，爱因斯坦对他的引力场公式再一次进行了补充——最后一次。经过八年的艰苦奋斗，该理论已经完成。他说："这标志着广义相对论这座逻辑大厦的竣工。"他没有提到希尔伯特的贡献。

大卫·希尔伯特在五天前，即1915年11月20日提交了他的方程以供发表，但他的论文在后来才出现。一场平局。爱因斯坦向希尔伯特请求和解："我们之间存在着某种不愉快，我不想分析其原因。我再次怀着丝毫不减的善意想起您，请您也试着对我回以同样的善意。客观来看，当两个真诚的人在这个肮脏的世界中有所成就，却不能取悦对方，这何尝不是一种遗憾。"希尔伯特接受了和平的橄榄枝，但他终生坚持自己是提出引力方程的第一人。

1916 年，德国

战争与和平

1916 年，战争的第三年。一条无形的裂缝贯穿了德国，分裂了家庭，分化了朋友。物理学家弗里德里希·帕邢和奥托·卢默曾经共同在帝国物理技术研究所的光学实验室进行过实验。现在已经结束了。卢默对战争充满了热情，帕邢则希望和平。

在物理学家中，威廉·维恩、约翰内斯·斯塔克和菲利普·勒纳是狂热的民族主义者。维恩写了一份"抨击英国在物理学方面的影响"的呼吁书。1914 年 8 月，勒纳出版了一本关于"大战时的英国和德国"的小册子，他在其中写道："如果我们能彻底摧毁英国，我不会认为那是对文明的罪过。因此，不用考虑英国所谓的文化。不要在莎士比亚、牛顿、法拉第的坟墓前畏缩不前！"在这方面，勒纳并不孤单。他说的是许多德国教授的想法。

出生于德国的阿尔伯特·爱因斯坦教授的想法则不同。他在柏林歌德协会出版的一本名为《歌德故乡，1914—1916》的"爱国纪念册"上发表了一篇文章。这本厚厚的书汇集了保罗·冯·兴登堡、瓦尔特·拉特瑙、丽卡达·胡赫、西格蒙德·弗洛伊德等人的贡献。

其中有很多爱国主义的恫吓和好战的论调。只有少数人表达了谨慎的担忧，比如剧作家埃尔莎·伯恩斯坦以其笔名恩斯特·罗斯默表示："上帝创造了死亡，人类创造了谋杀。"爱因斯坦说得更明确：

> 人们可以问自己一个问题：为什么在和平时期，国家压制了几乎所有粗野的表现，但这却并未使人在战争期间失去大规模屠杀的能力和冲动？在我看来，原因如下。当我观察一个善良、正常的公民的头脑时，我看到的是一个光线适中、舒适的空间。在房间的一个角落里，有一个精心保养的神龛，主人对它非常自豪，会高声提醒每一个来访者注意它的存在：上面用大字写着"爱国主义"一词。但打开这个神龛是种忌讳。事实上，房子的主人几乎不知道，他的神龛里充满为了兽性、仇视和大规模谋杀而准备的道德道具，他会尽责地拿出这些道具，在战争中加以利用。亲爱的读者，你不会在我的客厅里找到这样一个神龛。如果你愿意用一架钢琴或是一个小小的书架取而代之，觉得它们比"爱国主义"的神龛（你能忍受它，仅仅是因为从小就习惯了它的存在）更适合放在那个角落，我会非常欣慰。

另一些物理学家则热情地打开了这个爱国主义的神龛。1919年，菲利普·勒纳听到了德意志工人党第一任领导人安东·德雷克斯勒和阿道夫·希特勒的演讲。他在 1920 年 2 月参加了"党的第一次群众大会"，并表现得极具热情。1926 年，勒纳前往海尔布隆的一个党组织活动，面见了希特勒。1928 年，希特勒来到勒纳在海德堡的公寓拜访了他——对勒纳来说，这是他一生中最难忘的事件之一。

爱因斯坦的倒下

艰苦的脑力劳动、单身汉的生活方式和战争的阴霾使爱因斯坦的健康受到影响。1917 年 2 月，他因严重的腹痛而晕倒，被诊断为肝衰竭。在接下来的两个月里，他的病情持续恶化，体重下降了 25 千克。这是一系列疾病的开始，包括黄疸、胆结石和危及生命的胃出口处的十二指肠溃疡，它们将在未来几年内折磨他。还不到 38 岁，他就为自己那"羸弱的身躯"严重担忧。医生要他"喝矿泉水并严格控制饮食"。他说得很轻松。整个普鲁士都在挨饿。在经历了糟糕的收成和"芜菁之冬"①之后，连土豆都供不应求。有用血和锯末做的替代面包，用萝卜做的替代果酱，用牛脂做的替代黄油，用栗子做的替代咖啡，用灰烬做的替代香料，以及大量其他的替代物：用泥沙做的替代肥皂，用纸做的替代衣服——德国成为一个替代国家。当局建议用烤乌鸦来代替鸡肉。猫、老鼠和马最后都被搬到燃料也不足的灶台上。1915 年，全国有 8.8 万人死于饥饿，到第二年，这一数字上升到 12 万人。

---

① 芜菁之冬特指第一次世界大战期间德意志帝国在 1916—1917 年冬天的饥荒。——译者注

然而，与其他许多柏林人相比，爱因斯坦仍然很富裕。他的瑞士亲戚给他寄来食品包裹。埃尔莎负责照顾他。为了放松，他与他的"小后宫"一起旅行，这里面包括了埃尔莎和她的女儿们。1918年夏天，他来到波罗的海旁的阿伦斯霍普渔村。在那里，他不工作，不使用电话，不看报纸，只是躺在阳光下，光着脚在沙滩上短距离、相当悠闲地散步。疼痛的症状停止了，在1918—1919年的冬季学期，爱因斯坦已然可以回到大学工作了。他在周六上午讲授关于相对论的课程，但很快又不得不因"革命的需要"而取消。1918年10月3日，德意志帝国政府向美国总统伍德罗·威尔逊请和。威尔逊要求德国实现民主化。

　　和平与民主对于爱因斯坦来说是两个好消息。但对许多德国人来说，这是一个冲击，他们直到最后都认为自己是胜利者。军队被严重削弱，并且疲惫不堪。11月4日，基尔的水手们起义。随后，这场起义发展成了一场遍及德国的革命，并于11月9日蔓延到了柏林。工人委员会和士兵委员会成立并呼吁大罢工。帝国议会大楼前的示威者要求立即结束战争。在爱因斯坦的相对论课程被取消的那个星期六，共和国宣布成立。第二天晚上，德国皇帝退位并逃往荷兰。爱因斯坦带着欣喜若狂的心情给他在瑞士的亲戚寄去了明信片："天大的事情已经发生！……在我们的国家，军国主义者和内阁的好运已被彻底地消除了。"

　　阿尔伯特·爱因斯坦与马克斯·玻恩及心理学家马克斯·韦特海默一起，乘电车前往帝国议会，他的口袋里揣着一份给"同志们"的演讲稿。帝国议会大楼外的武装革命者认出了他，并让他穿过了人群，走到新就任的总统弗里德里希·艾伯特面前。爱因斯坦呼吁释放被革命学生会监禁的大学校长，但他没有机会发表他的演讲。

1918 年，柏林

大流行

美国堪萨斯州的哈斯克尔县是一个人口稀少的地区。沙暴席卷了荒芜的平原。住在这里的大多是农民，其中很多人养鸡。1918年2月，医生罗林·米纳接到了多得异乎寻常的出诊请求。他从一个农场赶到另一个农场，治疗那些突然出现严重流感症状的人。咳嗽，发烧，肺部有杂音。米纳医生很惊讶：许多病人都很年轻，而且一直都很健康。这不是通常的流感。米纳向卫生部门发出警告，但他从未得到答复。

3月，当大西洋彼岸的德军开始对法国发动春季攻势时，流感浪潮抵达哈斯克尔军事基地。一名为准备在欧洲参战的新兵提供食物的厨师生病了。新兵们乘坐狭窄的船只穿越大西洋，然后躺在战壕里悲惨的卫生条件下，在泥土中，在寒冷中，在潮湿中，与害虫和老鼠做伴。他们的免疫系统没有为变异的流感病毒做好准备，后来生物学家将这种病毒归类为 H1N1 型。每天都有许多露营士兵被感染，每十个人中就有一人死亡。他们中的一些人最终被德国俘虏。这就是病毒到达前线另一边的方式。很快，它使 90 万德国士兵失去了战斗力。双方的军医都做不了什么。

到了春末，1918 年 5 月 27 日，人们在报纸上第一次看到关于该病毒的报道。西班牙媒体报道说，马德里出现了"一种具有流行性的奇怪疾病"，国王阿方索十三世都感染了。这就是这种病获得"西班牙流感"之名的原因，尽管它并非源自西班牙。只有西班牙的报纸公开报道疫情，因为西班牙没有参加战争，没有战争宣传，没有军事审查。

该病毒正以不同的名称在世界各地传播。英国人称其为"佛兰德斯热"，因为他们的士兵就是在那里感染的。波兰人称之为"布尔什维克病"，德国人称之为"闪电病"，因为病程很急。西班牙人说它是"葡萄牙病"，塞内加尔人说它是"巴西病"。《纽约时报》称其为"德国流感"，因为它似乎主要感染的是德国人。每个国家都觉得是其他国家带来这种灾祸的。

休假回家的士兵将病毒带回德意志帝国，在那里遇到了饥饿和士气低落的人群。第一次高峰是相对温和的，大多数感染的人都能存活下来。但秋季的第二次高峰对马上就要成为共和国的德国造成了更大的冲击。在几个月内，每天都有数十万人患病。40 万人死亡，仅在柏林就有 5 万多人。全世界有 5 000 万人死于这种流感病毒，是第一次世界大战伤亡人数的两倍。

没有人能够感到安全。哲学家和经济学家马克斯·韦伯在慕尼黑去世，画家埃贡·席勒在维也纳去世。在布拉格，作家弗兰茨·卡夫卡因肺结核而身体虚弱，患上流感后卧床数周，却活了下来。

流感、饥荒、双线苦战，这一切对德国来说已经难以承受了。1918 年 11 月 11 日，法国和德国代表在巴黎东北 90 千米的贡比涅森林签署停战协议。在四年多的炮火轰鸣之后，战场突然安静了下来。这次投降让许多德国人感到震惊。他们甚至不知道帝国国防军处于防守状态。夏天的时候不是还报道在西线有所斩获吗？保罗·冯·兴登堡元帅说了一句不幸的话："德国军队被人在背后捅了一刀。"这种声称德国战败是因为后方的厌战群体"在背后捅刀子"的迷思成了不久之后德国挑起另一次世界大战的一大诱因。

1918 年 11 月，巴伐利亚发生了一场共产主义革命。库尔特·艾斯纳成为总理，废黜了国王，并宣布成立巴伐利亚自由邦。在柏林，罗莎·卢森堡和卡尔·李卜克内西宣布成立社会主义共和国。1919 年年初，三人均被杀害。失败的革命后是反革命。1920 年 3 月，右翼的卡普政变失败。鲁尔区的工人们奋起反抗，先是抵御政变，然后自己夺取政权。孩子们在街上飞掷石头甚至开枪。志愿军和帝国国防军用武力镇压了这次起义。宣布了戒严令，有士兵向人群开枪，还有很多人被处决。被捕时有武器的人被立即枪决，即使他们已受伤。

1922 年 6 月，德国温和的犹太政治领袖瓦尔特·拉特瑙遭到暗杀。新成立的巴登当局下令关闭大学，以示哀悼。但在海德堡，菲利普·勒纳拒绝降半旗，也没有取消他的研讨会。他说，一个死去的犹太人，不值得让他的学生放假。这使勒纳受到了纪律处分，但处分又很快被撤销了。

德国警察已难以维持社会秩序，因为协约国在《凡尔赛和约》中为德国军队和警察的规模设定了上限。而这是由于协约国担心武装警察很快就能变成士兵。

在世界各地，许多人因战争、饥饿和流感而失去了亲朋好友。这些灾难使一些人不再那么相信科学和技术一定会带来进步。相反，招魂术和迷信正在蓬勃发展。寡妇、孤儿和失去孩子的父母都渴望与死者接触。灵媒的两个最突出的代表是英国人阿瑟·柯南道尔爵士和奥利弗·洛奇爵士，前者创造了侦探大师夏洛克·福尔摩斯的形象，后者是研究无线电波的物理学家。洛奇的儿子在比利时被弹片击中身亡。柯南道尔的儿子在法国受了重伤，死于肺炎。在流感大流行和战争结束后，两人周游英国和美国，向人们展示如何与来世联系并与死者交谈。柯南道尔说，在 1919 年的一次通灵中听到他儿子的声音是"我精神体验的最高时刻"。

　　科学家们学会了谦恭。"科学未能保护我们。"《纽约时报》写道。任何认知都有不确定性——这将是下一个伟大的物理学理论的核心。

1919 年，几内亚湾

月亮遮挡太阳

　　阿尔伯特和米列娃·爱因斯坦的婚姻于 1919 年 2 月 14 日在苏黎世地区法院告终，理由是"性格不合"。在此之前，阿尔伯特已经催促离婚五年，米列娃一直抗拒，直到阿尔伯特答应给她更高的赡养费。他承诺把诺贝尔奖的全部奖金都交给她。他尚未获得该奖项，但爱因斯坦确信他很快就会获奖。6 月 2 日，他与表姐埃尔莎·洛温塔尔结婚。他 40 岁，她大他 3 岁。同时，他还与埃尔莎的女儿伊尔莎开始有了婚外情，伊尔莎称他为"阿尔伯特父亲"——这是爱因斯坦无数风流韵事中最新的一幕，但不会是最后一幕。

　　埃尔莎不知道接下来几个月发生的事情将彻底改变这对新婚夫妇的生活。爱因斯坦将享誉全球。

　　1919 年 2 月，在阿尔伯特和米列娃·爱因斯坦离婚后不久，英国皇家学会派出了两支考察队，一支前往巴西北部的索布拉尔村，另一支前往西属几内亚海岸外的普林西比岛。他们要观察 5 月 29 日的日全食。天文学家们已经计算出，这两个地方是极佳的观测地。1919 年 5 月 29 日上午，观测队的队长阿瑟·爱丁顿与他的队员坐在普林西比岛的一个椰子种植园中。当天下着大雨，直到中午时分，在日食已经开始之后，云层才逐渐散开。尽管如此，研究人员还是拍到了两张有用的照片，而他们在索布拉尔的同事则设法拍到了八张。回到英国后，爱丁顿在照相底片上测量了被月亮遮挡的太阳让星星发出的光线所产生的偏转程度。他证实，观测结果正如爱因斯坦用他的引力理论预测的那样。

爱因斯坦一夜之间成为世界明星。英国皇家学会主席 J. J. 汤姆孙告诉一家英国报纸，相对论"开辟了一个科学理念的新大陆"。爱因斯坦在战后的德国也受到了赞誉，关于他和相对论的文章随处可见。《柏林画报》将他与哥白尼、开普勒和牛顿相提并论。伦敦的《泰晤士报》刊登了《科学的革命／新宇宙理论／牛顿思想被推翻》的头条新闻。伦敦守护神剧院的综艺剧场邀请爱因斯坦参加为期三周的客座演出，但他拒绝了邀请。一个年轻女子看到爱因斯坦后晕倒了。"一切都是相对的"成为流行文化、咆哮的二十年代[①]和美国化的口号。

但是，欢呼声中也夹杂着批评，既有善意的也有恶意的。"还没有人成功地用可理解的语言解释爱因斯坦的理论到底有哪些内容。"J.J. 汤姆孙这样告诉记者。

第一次世界大战期间，由于大规模死亡、宣传谎言、社会苦难和传统生活方式的消失，欧洲出现了一种深刻的不安全感，这种不

---

① 这是指第一次世界大战后的 20 世纪 20 年代。美国人和欧洲人在这个时期普遍因生活重回正轨而精神昂扬，社会也重新繁荣，因此这十年又称为"兴旺的二十年代"。——编者注

安全感凝结在相对论中。这形成了一个反面的运动：民族主义的"德国物理学"。它的首要代表是诺贝尔奖获得者菲利普·勒纳，他以现代理论物理学是"犹太的"为由而加以拒斥，并梦想建立一种纯"雅利安的"科学。爱因斯坦，这个犹太人，理论家与和平主义者，体现了他们所反对的一切。

爱因斯坦在德国的讲座经常以混乱告终。当他向来自东欧的犹太难民免费开放他的讲座时，反犹太的学生在他的讲座中引发骚动。"我要砍掉那个肮脏的犹太人的脖子。"其中一个人喊道。爱因斯坦开始收到带有死亡威胁的信件。

但他仍然毫不畏惧。反犹主义者的敌意首先使他意识到自己的犹太血统，而他以前并不关心自己的血统。20世纪20年代，他与犹太复国主义组织有了第一次接触，尽管他并不赞同他们的所有目标。建立犹太民族的国家从来不是他关心的问题。他主张文化上的犹太复国主义，相信巴勒斯坦应该成为与阿拉伯人和平共处的受迫害犹太人的安全避难所，并帮助散居国外的犹太人获得更多的自信，成为一种象征。爱因斯坦致力于建立耶路撒冷的希伯来大学，该大学于1925年成立。1929年，他公开支持妇女有堕胎的权利，支持同性恋合法化，并要求"对性教育不再有秘密"。要是他能对他生活中的女人们更好一些就好了。

一个读柏拉图的男孩

慕尼黑，1919 年春。当阿瑟·爱丁顿在加勒比海等待日食发生的时候，"一战"老兵弗朗茨·里特·冯·埃普与符腾堡自由军团一起向慕尼黑挺进，以粉碎新成立的巴伐利亚苏维埃共和国。这个共和国是巴伐利亚社会主义共和国总理库尔特·艾斯纳被一个贵族枪杀后宣布成立的，艾斯纳当时正要宣布辞职。

不仅是慕尼黑，整个德国都处于动荡之中。1919 年 1 月，在第一次选举之后，国民议会从柏林撤回到魏玛。议员们担心首都的动乱，想寻找一个安静、安全的地方来起草宪法。他们选择了约翰·沃尔夫冈·冯·歌德在魏玛的故居。在那里他们建立了魏玛共和国。

现在，这个年轻的共和国正努力为巴伐利亚带来秩序。政府军包围了慕尼黑。当枪声在城市中回荡，路障燃烧的烟雾在街道上飘荡时，一名 17 岁的高中生正躺在施瓦宾区的屋顶上，在春日的阳光下阅读柏拉图的《蒂迈欧篇》，正是在这段对谈中，苏格拉底声称万物皆数。这个男孩的名字叫维尔纳·海森伯。

维尔纳·卡尔·海森伯于 1901 年出生在弗兰肯大学城维尔茨堡，比他的哥哥埃尔温小一岁半。他们的父亲奥古斯特来自威斯特伐利亚的一个工匠家庭，原本姓"海斯恩伯"（Heissenberg），后来因为民政登记员的笔误变为了"海森伯"（Heisenberg）。奥古斯特一直在努力工作，他在当地的老高中里教拉丁语和希腊语，但他有更高的目标，想成为大学教师。作为俾斯麦统治下的德国的忠实公民，他体现了新教的价值观：勤奋、守纪、节俭、自制、理性、热爱阅读和音乐。海森伯夫妇在周日会去教堂做礼拜，不是因为他们有宗教信仰，而是出于一种责任感。在奥古斯特严格的外表下，是一个喜怒无常的人物，海森伯的家人经常遭受他的"暴风雨"。父亲在儿子们之间制造了隔阂，他们将成为一生的竞争对手。埃尔温在学校里所有的科目和体育项目上都超过了维尔纳，只有一个例外——数学。

1910 年，他们的父亲奥古斯特接受了慕尼黑大学的邀请。维尔纳在路德维希大街的马克西米利安中学上学，几年前他的祖父还是这里的校长。想要逃离这个家族并不容易。

维尔纳在数学方面表现十分出色，还上高中的时候就在大学里听课了，偶尔甚至为数学老师代课。当第一次世界大战结束时，维尔纳正在准备他的高考。在一本物理学的书中，他注意到了对原子的描述，它们是实体小球，通过小钩子和小环圈相互连接和断开。这不可能是正确的。很明显，这种描绘是插画家想象的产物，而不是科学知识。如果原子是物质的最小组成部分，那么钩子是由什么构成的？柏拉图会不会是对的，将这个世界维系在一起的是数学吗？但是反过来说，这种猜测不也只是一个没有经验基础的想象吗？

战争和战败的结局使海森伯的雄心壮志暂时遭到了遏制。现在是生存的问题，科学必须等待。海森伯在巴伐利亚高地的农场里做农活。苏维埃共和国被镇压后，他自愿作为骑兵步枪队的侦察兵服了役，并加入了新成立的民族主义青年运动，他们在战争的苦难之后在大自然中寻求新生，后来与纳粹的青年组织关系密切。在围绕施塔恩贝格湖和穿越弗兰肯的长途徒步旅行中，他与朋友们讨论原子、几何学和爱因斯坦的相对论。

海森伯18岁时就知道他想成为什么：一个数学家。对他来说，这是一门能让他理解世界的科学。浪费的时间已经够多的了，现在他急于有所进展，想跳过大学的基础课。对他来说，那些只是他早已经在学校掌握了的小孩子的东西。

在奥古斯特·海森伯的请求下，慕尼黑数学家费迪南德·冯·林德曼与他的儿子进行了一次谈话。林德曼是以证明化圆为方不可能而载入史册的数学家，他是一个脾气暴躁的老头，留着白胡子，带着老旧的观点。他相信数学垄断了美的特权，任何打算认真研究数学的人都必须完全认可这一永恒的真理。

谈话在真正开始之前就走向不好的方向。羞涩的青年海森伯进入林德曼阴暗的老式书房时，他没有立刻注意到一只黑色的小狗坐在书桌上，正用厌恶的眼神盯着他。海森伯注意到狗的时候被吓了一跳，狗也被吓了一跳。海森伯嗫嚅着提出了他的请求，问林德曼教授是否可以带自己去参加他的研讨会。小狗开始对他大叫，林德曼也不能使它平静下来。林德曼问海森伯最近读了哪些书。狗继续吠叫着。海森伯告诉林德曼，他以极大的热情阅读了数学家和物理学家赫尔曼·魏尔关于广义相对论的著作《空间·时间·物质》（*Raum, Zeit, Materie*）。一本物理书！"就数学而言，您已经被毁了。"林德曼结束了谈话。这个 18 岁的青年竟敢贬低数学，将数学应用于可感知的世界，林德曼认为他不配得到自己的支持。海森伯离开房间时，还能听到小狗的吠叫声。

海森伯和数学的缘分到此为止了。失望之余，他咨询了父亲，父亲建议他尝试学习数理物理学而不是纯数学。父亲再次利用他的关系，安排他的儿子去拜访阿诺尔德·索末菲，后者在他那明亮而宽敞的办公室接待了海森伯。索末菲有着普鲁士军官的严厉表情，身材矮小，肌肉发达，有一个大肚子，小胡子以军人的风格定形。他刚刚出版了一本名为《原子结构和光谱线》的书，这本书很快就成为新兴原子物理学的"圣经"。对他的学生来说，索末菲对这个领域的热情极具感染力。在索末菲的办公室，海森伯没有发现狗，而发现了他在林德曼身上没有看到的一切：赏识和仁爱。

最伟大的会面

　　柏林，1920 年 4 月 27 日。在从火车站赶往大学的路上，尼尔斯·玻尔的心里充满了混杂着兴奋与期盼而又略有不适的感受。德国首都的街道有一种忧郁的气氛，货运马车前的马匹憔悴不堪。时不时有一辆冒着烟的小汽车在鹅卵石道上颠簸而过。战争中伤残的人们漫无目的地在城市中蹒跚而行：有些拄着拐杖，有些衣袖空荡荡地垂在身旁。妇女和儿童向过往的行人兜售着香烟、火柴和袜子。战后的艰难困苦使德国人变成了一个全民皆商的民族。空气里满是苦难的味道：挨饿的人哪里顾得上洗澡。现在德国还能进行任何物理学研究，真是个奇迹。期刊成了稀有品，而书籍对许多研究人员来说更是负担不起的奢侈物品。

　　玻尔见到了两个一直等待他到来的人：阿尔伯特·爱因斯坦和马克斯·普朗克。这两个人从外表看上去毫无共同之处，但都以自己的方式表现出友好。普朗克有着普鲁士式的不苟言笑和彬彬有礼，而站在他旁边的爱因斯坦有一双大眼睛，头发乱糟糟的，裤子在脚踝处显得略短了一点。

战争年代对马克斯·普朗克来说是痛苦的悲剧。他的儿子死在前线，两个双胞胎女儿死于难产。科学填补了他的家人离世后留下的空缺。他和同行们一起成立了德国自然科学基金会，从政府、工业界和国外募集资金并将其分配给科学家共享。普朗克在1919年的一篇报纸文章中写道："只要德国的科学还能像现在这样进步，德国就不可能脱离文明国家的行列。"

普朗克邀请玻尔在访问柏林的日子里在他家寄宿，玻尔欣然接受了邀请。很快，这三个人就转向了他们共同关心的话题上：物理学。玻尔心中那种焦虑的感觉开始消散。

与许多欧洲物理学家不同，玻尔作为一个中立国的公民，没有在战后怨恨他的德国同行。相反，他试图尽快恢复破裂的关系。虽然德国物理学家仍然被排除在国际会议之外，但玻尔主动邀请阿诺尔德·索末菲到哥本哈根。就在这之后，他自己也收到了马克斯·普朗克的邀请，于是前往柏林。

玻尔在哈伯兰大街的公寓拜访爱因斯坦时，带来了黄油和其他食物作为礼物。不是替代黄油，而是真正的黄油！爱因斯坦十分感激玻尔"从中立国带来的美妙礼物，上面还滴着牛奶和蜂蜜"。埃尔莎·爱因斯坦说："看到这样的美味佳肴就会陶醉。"

然后他们开始谈正事，谈论辐射、量子、电子和原子。玻尔和爱因斯坦没有找到解决方案，但他们在哪些难题有待解决上达成了一致。在当时该领域的知识如此混乱的情况下，暂时不能有什么更高的期待了。

玻尔在柏林以他最喜欢的方式生活着：从早到晚谈论物理学。与他在哥本哈根的研究所负责人的职责相比，这是一个可喜可贺的变化。他特别喜欢大学里年轻的物理学家们为他安排的午餐。詹姆斯·弗兰克、古斯塔夫·赫兹和莉泽·迈特纳组织了一次野餐，因为他们知道玻尔喜欢在外面呼吸新鲜空气。化学家和诺贝尔奖获得者弗里茨·哈伯将他的乡村别墅提供给大家使用。马克斯·普朗克提供了食物，这些食物是年轻的研究人员买不起的。迈特纳等人希望这次野餐"没有大人物"参加，这样，他就能和玻尔单独交流了。这是在他在德国物理学会举办讲座之后向他提问的一个机会，那场讲座让他们有些沮丧，他们感觉几乎什么都没明白。但后来哈伯和爱因斯坦坐到了野餐垫上，于是又变成"大人物"与玻尔讨论波和粒子的问题了。

爱因斯坦非常明白玻尔说的是什么，但他并不同意。和几乎所有其他人一样，玻尔不相信爱因斯坦的光量子真的存在。像普朗克一样，他已经接受了辐射是以小包的形式发射和吸收的。但玻尔和普朗克坚持认为，辐射本身并不是量子化的。光是一种波的证据太确凿了，让人无法相信光粒子的存在。在每个学校实验室都能检测到的干涉图样呢？在全世界用于通信的无线电波如何解释？不，玻尔确定，光和其他电磁辐射由波组成。而这意味着光不是粒子。也许有时把它们想象成小包会有帮助，但这不过是一种临时性的思考方式。

然而，玻尔在物理学会的讲座并不纯粹是关于现实的本质，也是关于声望的。阿尔伯特·爱因斯坦就在听众中。玻尔考虑到他的感受，回避了关于辐射性质的问题。爱因斯坦关于自发辐射和受激辐射，以及电子在能级之间转换的工作，在1916年就给玻尔留下了深刻的印象。爱因斯坦在玻尔被卡住的地方取得了进展，他已经证明了原子的行为表现出随机性和概率性的特征。

爱因斯坦仍在苦恼，他既不能预测电子何时从一个能级落到另一个能级，又不能给出光量子发射的方向。尽管如此，他仍然相信自己能够找到一种方法修复这种破坏因果原则的理论。玻尔现在在演讲中反驳了他，认为没有办法准确预测这种发射现象发生的时间和方向，而且是永远不可能的。这两个人互相尊重，现在却发现彼此处于对立的位置。随后的几天里，在他们一起漫步于柏林或是在爱因斯坦家享用一顿饭时，两人都试图说服对方改变立场。

阿尔伯特·爱因斯坦以前从未见过小他六岁的尼尔斯·玻尔，但自从他阅读了 1913 年玻尔关于原子结构和光谱线的第一篇论文，他就一直十分钦佩玻尔。玻尔在那篇论文中巧妙而坚决地将"量子条件"嫁接到了卢瑟福的原子结构行星模型上。爱因斯坦后来说："这种并不牢靠和相互矛盾的理论基础竟然足以使一个像玻尔这样具有独特的本能和敏感性的人发现光谱线和原子的电子壳层的重要规律，以及它们对化学的意义，在我看来这就是个奇迹——而且至今对我来说它仍然是一个奇迹。这是思想领域中最高水平的音乐性表现。"

当玻尔离开柏林时，他留下了一个开心的爱因斯坦。爱因斯坦在玻尔离开后给玻尔的信中写道："在我的生命中，很少有哪个人能像您这样仅仅在我身旁就能给我带来快乐。我现在正在拜读您的伟大作品，而且，每当我在某个地方被卡住时，我就有幸看到您那张友好的男孩般的脸庞在我面前出现——微笑着解释。"他在给莱顿的朋友保罗·埃伦费斯特的信中则写道："玻尔来过这里了，我和你一样喜欢他。他就像一个敏感的孩子，总是恍惚地沉浸在自己的理论世界之中。"

玻尔也被爱因斯坦迷住了，只是他在以蹩脚的德语给爱因斯坦写回信时，没办法以那么华丽的辞藻表达自己的感受。"能与您见面并交谈是我最重要的经历之一，您在我访问柏林期间处处替我着想，我对此的感激无以言表。您不知道，能有这样渴望已久的机会，当面听您对我所关心的问题表达看法，对我来说是多么大的激励。我永远不会忘记我们从达勒姆到您家路上的谈话。"

爱因斯坦早在同年 8 月就回访了玻尔，在从挪威旅行回国的路上在哥本哈根停留了一下。在后来的日子里，两人再也没有这样和平地相处过。

尽管爱因斯坦没有从玻尔那里获得什么新知识，但他还是学到了一些东西："主要是你如何直觉地接近科学事物。"爱因斯坦认识到有两种物理学家：追根究底者和高超演绎者。他把玻尔和他自己归为追根究底者，是那种钻研本质原理的人。马克斯·玻恩和阿诺尔德·索末菲是高超演绎者，善于推算公式，但对哲学化地思考并不感兴趣。"我只能进一步拓展量子力学，"索末菲在给爱因斯坦的信中写道，"哲学化的工作必须由您完成。"

爱因斯坦之所以钦佩玻尔的原子理论，一个最重要的原因是他自己没能提出来一个。在 1905 年他的创造力那次惊人的爆发后，他就失去了目标。他怎么才能超越自己已经取得的成就呢？他现在应该对什么感兴趣呢？对了，还有那些神秘的光谱线，但爱因斯坦认为没有办法用物理学家当时掌握的知识来解释它们，所以他就让它们无解。相反，他再次转向了他的相对论——并提出了 $E=mc^2$ 的公式。几年后，他再次尝试，认为自己几乎找到了答案。"目前我对解决辐射问题抱有很大的希望，"他在给一位朋友的信中说道，"而且是在没有光量子的情况下。我非常好奇，想看看结果如何。"他又随口补充道："我们必须放弃目前形式的能量原理。"爱因斯坦认为辐射问题是如此重要，以至于他愿意放弃能量守恒定律。但即使付出了这个代价，他也没有得到解决方案。几天后，他窘迫地表示："寻找解决辐射问题的方法又失败了。恶魔跟我开了一个肮脏的玩笑。"

然后，玻尔在爱因斯坦失败的地方成功了：他提出了一个解释光谱线的方法。在爱因斯坦看来，这"就是个奇迹"。"他一定有着最高级的头脑，极富批判性和远见，却从不忽视大局。"爱因斯坦对玻尔赞叹不已。在 1916 年的夏天，玻尔的原子模型激发了他描述光在原子中发射和吸收的想法，他自己称之为"绝妙构想"。这个构想让他简单地推导出了普朗克定律，不是随便什么旧有的推导，而是"真正的推导"，爱因斯坦如是说。现在他确信：光量子真的存在。

但这种洞察是有代价的。为了从玻尔的原子模型中发展出普朗克的公式，爱因斯坦不得不放弃经典物理学的严格因果原则。他考虑了三个过程，在这些过程里原子中的电子可以在低能级和高能级之间跃迁。在自发辐射中，电子落了下来，并在此过程中发射出一个光量子。反之，它可以吸收一个光量子并跳到更高的能级。在受激辐射中，一个光量子使一个电子进入激发态，然后该电子跳到一个较低的能级并发射出另一个光量子。这就是后来的激光技术的基本过程：通过受激辐射实现光的放大。

这些过程的奇怪之处在于，它们并不总是有一个原因。有时它们是自发的。有时就算是有一个诱因，也什么都没有发生。爱因斯坦只能为它们计算出概率——类似于玛丽·居里对放射性衰变的计算。令他担忧的是因果原则，它自古以来支配着物理学。亚里士多德就确定："一切事物都是由某些原因产生的，源于某些事物，并以某种形式出现。"而电子跃迁却能没有任何理由就发生。

四年后，爱因斯坦仍然对此感到困扰。他在 1920 年 1 月写给马克斯·玻恩的信中说："因果关系也让我非常烦恼。光量子的吸收和发射是否可以在完备的因果条件下被理解，还是说会留下一个统计残余？我必须承认，我没有勇气确定这一点。但我非常非常不情愿放弃完备的因果关系。"爱因斯坦犹豫不决。他想走向量子的新物理学，但他仍然不愿放弃经典物理学。

　　此时，1920 年，阿尔伯特·爱因斯坦经历了另一次创造力危机，今天可能会被描述为"中年危机"。他已经提出了光量子的概念，创立了狭义和广义相对论，经历了艰难的离婚，在战争中幸存下来，并遭受了几次重病的冲击。尽管他仍然称自己是一个"相当健硕之人"，但他现在必须控制饮食。41 岁的他正在思忖，未来是否还有更多东西正等着他，还是说现在的成就便是全部了。

　　在柏林和哥本哈根会面之后的两年里，玻尔和爱因斯坦都继续与光量子搏斗，但他们是各自为战。这项工作对他们两个人都造成了伤害。"有这么让我分心的事情是件好事，"爱因斯坦在 1922 年 3 月写给保罗·埃伦费斯特的信中说，"否则量子问题早就把我逼进疯人院了。"而在同年 4 月，玻尔在给阿诺尔德·索末菲的一封信中哀叹道："近年来，我经常在科学上感到非常孤独，我尽自己最大的努力系统地发展量子理论的原理，得到的理解却很少。"是时候让这两个伟大的头脑再次争论了。

1922 年，哥廷根

儿子找到父亲

　　哥廷根，1922 年 6 月一个阳光明媚的下午。两个人正走在海恩山上，全神贯注地交谈。即使从远处看，也可以看出他们有多么不同。一个人走起路来精力充沛，不得不一次又一次地停下自己的脚步，以免另一个人跟不上。而另一个人则好像在每走一步之前都要仔细考虑一下。

　　岁数大一些的年近 40，头发已经开始变白。他穿着普通的西装，一直歪着头，表情严肃，在突出的眉骨上方有高高的额头。他走路时一副若有所思的样子，说德语时带有浓重的丹麦口音。另一个可能是他的儿子，年龄只有他的一半多一点，20 来岁，金色的短发、明亮的蓝眼睛和稚气的脸庞使他看起来更加年轻了。他显然已经习惯了爬山。

　　他们走在一起的样子，让人觉得他们是父子或老朋友。但其实他们是第一次见面。

　　年长的那位是尼尔斯·玻尔，几个月后他将获得诺贝尔物理学奖。他正在哥廷根举行一系列讲座，分享他对原子的认识。

82　　量子群英

对玻尔来说，在第一次世界大战后的几年里前往德国并不是件容易的事。丹麦在战争中一直保持中立，现在却正与德国争夺边境上的石勒苏益格地区。在德国，旅行很困难。由于要支付战争赔款，煤炭供应不足，而且质量很差。火车行驶缓慢，在燃料耗尽时，可能会在空旷的轨道上停上几个小时。

玻尔不需要费这么大的劲。他不再需要四处奔波，向其他物理学家学习；相反，现在人们来找他学习。1921 年 3 月 3 日，哥本哈根开设了大学理论物理研究所，简称为玻尔研究所。规模不断扩大的玻尔一家已经搬进了新建的研究所楼下的一个七居室公寓，那里靠近美丽的大众公园（Fælledparken）。玻尔研究所成了受危机和战争困扰的欧洲的一个安宁之所。

这些年的德国虽然处境凄凉但相对平静。德国人正在遭受赔款和全球经济危机之苦。但至少目前没有战争，而且通货膨胀还没有严重到人们不得不用手推车推着钱去买面包和牛奶的地步。食物将将够大多数人免于饿死。玻尔和海森伯会面几天后，德国犹太裔外交部长、实业家和作家瓦尔特·拉特瑙被右翼激进派学生枪杀——这是纳粹主义恐怖即将到来的预兆。

慕尼黑的物理学学生维尔纳·海森伯有的钱虽然不至于使他饿死，但还是太少了，无法让他每天都吃饱。虽然他的家境在慕尼黑已经算是优渥了，但他们仍无法负担他们极具天赋的儿子去哥廷根的费用。海森伯的博士生导师阿诺尔德·索末菲自掏腰包替他支付了火车票，并安排海森伯在他朋友那里过夜。

在这样一个时期，玻尔的德国之旅也是一种政治声明。和爱因斯坦一样，他鄙视军国主义和德国想要称霸的野心。但他也反对一些同行将德国科学家排挤出国际学界。毕竟复仇并不能带来和平。

世界大战结束后不久，玻尔就恢复了他与德国的联系。就是在这样的背景下，他前往哥廷根举办了"玻尔节"。这是他的一系列讲座的名称，参考了同一时间该市举行的"亨德尔节"。上百名物理学家从德国和欧洲其他各地来到这里，无论是年迈的还是年轻的，无论是理论家还是实验家，他们都想听到玻尔亲自介绍他对原子结构的看法。这些物理学家中有奥托·哈恩、莉泽·迈特纳、保罗·埃伦费斯特、汉斯·盖革、古斯塔夫·赫兹、乔治·冯·赫维西和奥托·斯特恩。

玻尔用电子围绕原子核的排布来解释周期表上元素的顺序。他描述了"电子壳层"，它们像洋葱的外壳一样围绕着原子核。每个壳层都为特定数量的电子提供了空间。具有相同化学性质的元素在最外的壳层中带有相同数量的电子，玻尔解释说。化学已成为物理学。

玻尔揭示了自然界在数字上的和谐之处，这是前所未见的。根据他的模型，钠原子的 11 个电子分为 3 层，从内到外分别有 2 个、8 个和 1 个电子。在铯原子中，55 个电子排布在 6 个壳层中。由于在这两种元素中，最外层都被一个电子占据，因此它们具有相似的化学性质。玻尔用他的原子理论预测的除了这一切，还有更多。他预测当时还未发现的原子序数为 72 的元素将类似于在周期表中与其位于同一列的锆和钛，而不是类似于其旁边的"稀土"金属元素。

玻尔在哥廷根预测了该元素的化学特性后不久，他被来自法国的消息震惊了。据说，巴黎的一组研究人员进行的一项实验表明，72 号元素还是属于稀土元素。这个消息让玻尔不安。他先是怀疑自己的结果，然后又怀疑法国的实验。他的朋友、匈牙利化学家乔治·冯·赫维西，与荷兰物理学家德克·科斯特一起在哥本哈根进行了一次验证实验。他们生产了更多的纯净的 72 号元素，并证明了法国人的错误：该元素类似于锆，而不是稀土。应其发现者的要求，人们很快就根据玻尔的故乡哥本哈根的拉丁文名称哈夫尼亚（Hafnia）将其命名为"铪"（hafnium）。

　　并非所有聚集在哥廷根礼堂的人都对玻尔的成就充满热情。推导、公式在哪里，硬核的数学在哪里？但每个人都被他的想法所打动。玻尔很高兴。"我在哥廷根的整段时光对我来说是一次美妙而富有教益的经历，"他在返回哥本哈根后写道，"我对来自各方的友谊感到多么高兴，是难以言表的。"他不再感到孤独、被低估和被误解——过去几年在他心中逐渐扎根的那种感受已经得到了一定程度的安抚。他探索的量子理论正在揭示世界的内在机制。但几乎没有人注意到这一点。玻尔需要他人的反馈和响应，他不是像爱因斯坦那样自给自足的天才。尽管他能够在战区之外安全度过战争时期，但第一次世界大战给欧洲物理学家带来的隔绝仍然困扰着他。

　　在这个夏日的早晨，玻尔做了他的第三次演讲。礼堂的前排座位是为哥廷根科学界的贵宾们保留的，夏日的阳光穿过偌大的窗户洒在上面。

　　海森伯不得不在最后面听玻尔的讲解，坐在那里的人几乎听不到玻尔的轻声细语。在他的天真驱使下，他竟敢在玻尔的讲座结束后举手，站起来对玻尔的观点表示怀疑。大厅里霎时寂然无声，人们纷纷转过头来。"不是那样的，"玻尔听到这个年轻的德国人说，"我已经做了数学计算。"海森伯的话是关于光谱线的，一个原子物理学家最喜欢的话题。如果让白光穿过各种元素的蒸气，然后用玻璃棱镜进行色散，就会出现特征性的黑线。物理学家可以根据这些线条的模式可靠并明确地识别出他们所处理的元素是什么。但这些线条是如何形成的呢？答案一定与原子的结构有关，这就是物理学家们试图解决的难题。

玻尔现在声称，有了他的原子模型，他就可以解释光谱线在电场中的分裂，即所谓的"二次斯塔克效应"，这是几年前由德国物理学家约翰内斯·斯塔克发现的现象。更准确地说，是玻尔可以让别人来帮他做出解释。玻尔喜欢将这样的苦差事交给他的同事，这次是交给了他的荷兰助手亨德里克·克拉默斯。克拉默斯计算了原子与光在电场下的相互作用，如玻尔设想的那样，并把计算结果发表在了一篇论文上。海森伯知道这篇论文，他曾在索末菲的研讨会上研究过它——并且发现了其中的错误。

计算不是玻尔的强项。他承认海森伯发现了一个有问题的地方，并大度地做出了回应。讲座结束后，他邀请海森伯一起去散步。

在两个人前往海恩山的路上，玻尔并没有用太多的时间闲聊，而是直奔主题。他说，人们不应该把他在九年前提出的原子模型看得太重要，而是应该认真思考这样一些问题：为什么原子如此稳定，为什么同一元素的原子会完全相同，并在所有化学和物理过程中保持不变。在玻尔看来，这就像是一个奇迹。从传统物理学的角度来看，这是不可理解的，这需要一种新的物理学。

海森伯简直不敢相信自己的耳朵。玻尔刚刚质疑了他自己的原子模型吗？这可是全世界的物理学家都在使用的模型啊，这是在大学里教授的，在博物馆里展出的模型啊！但玻尔真的是在质疑自己的原子模型。不仅如此，玻尔还质疑了以模型来描述原子的可能性。玻尔说，把原子当作一个微型的太阳系，这样的想法可能确实是不错的，但这样的图景充其量只能是一种辅助。而且在最坏的情况下，它们还有一种欺骗性，让我们误以为自己已经理解了一些实际还不理解的东西。关键的问题在于，原子如何在所有碰撞和化学反应中保持稳定，以及为什么同一元素的两个原子是完全相同的。从经典物理学的角度来看，这完全是个谜。没有哪个微型太阳系能在原子所经历的所有碰撞和化学反应中保持稳定。在物理学家已知的范畴内，根本没有任何系统能做到这一点。

海森伯，这个习惯了在慕尼黑的索末菲研讨会上第一个听懂一切的人，聚精会神地听着，只是时不时地插上一个问题。他说，他想知道量子理论究竟意味着什么。在所有计算、所有对光谱线和量子数的预测之外，量子理论对物理现实有什么样的意义？所有这些奇怪的公式又意味着什么？

"意义，"玻尔回答说，"语言可以通过许多种方式来表达意义。"他一边说着，一边陷入了哲学思考。"如果一粒灰尘由数十亿个原子组成，那么人们如何能从理性上把它当作一个小东西呢？"当涉及原子时，我们只能把语言当作诗歌。正如诗人并不太关心真正的现实，而是关心意象和心灵的联系，量子物理学的模型也只会有这样的意义：以我们不充分的思维和表达方式所能允许的限度，尽量去了解和描述原子。我们凭什么觉得，以认识人、树和建筑的世界为目的而发展出来的思维方式，也能适合于原子的世界？"我们头脑中形成的原子图像毕竟是从经验中推断出来的，或者如果你愿意的话，也可以说是猜测出来的，而不是从任何理论计算中获得的，"玻尔说，"我也希望这些图像能描述原子的结构，但也仅此而已了，这已经是经典物理学的清晰语言所能做到的极限了。我们必须清楚地认识到，语言在这里只能以类似于诗歌的方式被使用，它不是要精确地呈现事实，而是要在听众的脑海中创造图像，建立与心灵的连接。"

这样的见解对于海森伯来说是很难让人信服的。几十年前，维也纳物理学家路德维希·玻尔兹曼曾竭力指出，原子并非自古典原子论者的时代以来便普遍认为的那样只是一种抽象的幻想，也并非仅是一种比喻，而是具体的东西，它虽比我们坐的椅子小，但它是同样真实的。1906 年，玻尔兹曼自杀。他无法说服他的同行相信原子的存在，这是让他绝望的精神状态雪上加霜的一个因素。然而，在他死后，越来越多的物理学家接受了原子论。

而现在玻尔声称，物质世界的最小构件不过是一种说法，一种巧妙但终究不充分的比喻？基本上是这样的，但这里存在一个以前关于原子的论争中没有的转折之处。玻尔绝不否认原子的存在，但他说，物理学家不能指望按照原样去描述它们。也许对于原子来说根本就没有"原样"。我们对物理世界、对物质、对事物及其位置和运动的传统直觉，在极微观的范围内都会被打破。但我们只有这些直觉，正是通过它们我们学会了理解世界。我们不能直接把它们弃置一旁。

玻尔那冷静的解释使海森伯感到不安。到目前为止，他与老师索末菲和其他同事讨论的公式，只是一种工具，用于计算和做出可通过实验验证的预测。现在，他被告知应该质疑那些预测所要描述的世界本质。他回想起三年前在施瓦宾的屋顶上读《蒂迈欧篇》，当时普鲁士政府军正在与慕尼黑革命者激烈地作战。他的想法比以往任何时候都更坚定：通过寻找真理和美来揭示世界基本组成部分的奥秘。

"量子理论到底意味着什么？"海森伯想从玻尔那里搞明白，

"在所有复杂的计算背后，在光谱线和量子数的背后，隐藏着什么样的世界？这些公式背后的物理原理是什么？"玻尔没有给他一个明确的答案，就算有答案当然也不可能三言两语解释清楚。不，原子的经典模型不可能是正确的。但它们也不是完全错误的，它们是我们目前所拥有的最好的辅助概念工具。关键是要找到一些模型，用它们尽量解释我们确定的关于原子的事实。仅仅一个模型是不够的，需要几个模型，它们要相互补充，但也相互矛盾。你可以把电子想象成一个粒子或者一种波。两者都是正确的，但又不尽然。在某些方面，电子表现得像一个粒子，而在其他方面则更像一个波。我们的直觉可能会抗拒电子的这种双重性质，但这就是世界本来的样子。

这两位物理学家在罗恩咖啡馆里恢复了一下体力，然后爬到海恩山的山顶，从那里可以看到整个城市的景色。海森伯问道："难道人类是无法理解存在的本质的？我们不可能真正认识原子吗？""是的，"玻尔回答说，"但与此同时，我们首先得研究'理解'这个词的含义。"

这种谈论物理学的方式对海森伯来说是全新的。他的老师索末菲，这位来自慕尼黑的瘦弱的小个子教授，像是来自普鲁士旧日的人物，留着小胡子，脸上总是带着微笑，是无数新一代物理学家的老师和导师。他总是强调，物理学家应该进行计算和实验，把哲学思考留给别人。

海森伯逐渐发现，玻尔的思维方式与聚集在哥廷根的几乎所有其他物理学家都截然不同。哥廷根是数理物理学大本营，数学奇才和技巧娴熟的实验者比比皆是。玻尔的优势在于其他方面：他的直觉。他用直觉感知世界的结构。这个丹麦人并不计算，而是沉思，与文字搏斗——像诗人一样。后来他自称是"唯一在哲学意义上理解物理学的人"。

在海森伯看到公式的地方，玻尔看到的是现象。海森伯感觉到，玻尔并没有通过逻辑推理或者求解微分方程，而是通过"灵感和直觉"来获得见解。他后来描述道："他说话很谨慎，比索末菲谨慎得多。几乎在每一个精心组织的句子背后，都能看到长长的思想线条。他只是明确地说了开头，而结尾则总消失在一种忽明忽暗的哲学形态之中。我觉得这种方法非常令人兴奋。"而现在玻尔告诉海森伯他打算破解原子之谜。他说到这一点时，仿佛在谈一个诗人的任务，就像试图为从未言说的事物找到合适的词语。

对海森伯来说，这就像是重新认识了物理学。在这次散步的三个小时里，海森伯后来回忆说，"我的科学发展道路才真正开始"。尼尔斯·玻尔和维尔纳·海森伯之间的友谊开始了，从此孕育出了新量子理论的一些最关键的突破。这段友谊将持续19年之久，最终破裂。

当他们两个人从罗恩咖啡馆出发前往海恩山山顶的时候，玻尔已认识到了他的这位同伴的非凡才能。他欣赏海森伯对知识无法抑制的渴求。他当即询问了海森伯的计划，邀请他来哥本哈根做研究，甚至还抛出了奖学金的许诺。海森伯完全没有想到会得到如此的赏识。他有机会前往哥本哈根，去跟随伟大的玻尔，他的科学之父！这段行程对他来说有着非常特殊的意义，因为他伟大的竞争对手，沃尔夫冈·泡利，也正在前往哥本哈根的路上。

沃尔夫冈·泡利和维尔纳·海森伯是阿诺尔德·索末菲最有才华的两个学生，而年长一岁半的泡利总是比海森伯领先一步。在海森伯开始他的研究时，泡利就已经坐在索末菲的研讨会上了。泡利代表索末菲给海森伯的作业打分，并建议他参加哪些讲座和研讨会。泡利在前年秋天以"最优等成绩"获得了博士学位，海森伯则艰难地勉强通过了考试。紧接着，因心力衰弱而免于兵役的泡利在汉堡开始了他的第一份工作。他被认为是德国物理学界的神童。

两人年龄相近，足以激励彼此达到最佳的状态，但又由于性格差异太大，无法成为朋友。泡利喜欢彻夜狂欢，喝酒，打架，然后整个上午都在睡觉；海森伯则更喜欢在大自然中活动，在清晨的露水中往山上走。"早上好啊，大自然的使徒。"这是泡利对海森伯通常的问候。"中午好。"海森伯往往这样回上他一句。泡利从不放过任何一个叫海森伯"傻瓜"的机会。"这对我帮助很大。"海森伯后来说。

现在，他有机会在哥本哈根比泡利更早地跟随量子理论的大师亲自做研究。但老索末菲对海森伯另有其他计划。他首先被要求在哥廷根跟随马克斯·玻恩学习。泡利在上一个冬季学期就在那里，而现在则获准到哥本哈根跟随玻尔。海森伯不得不再次耐心等待，但他最终会超越泡利。1932 年，30 岁的海森伯获得了诺贝尔物理学奖，而泡利则直到 1945 年，45 岁时才获得该奖。

玻尔节上缺少一个人物：阿尔伯特·爱因斯坦。他目前正在为自己的性命而担忧。德国的政治气氛正变得越来越紧张，民族主义报纸公开呼吁谋杀刚担任外交部长几个月的犹太实业家瓦尔特·拉特瑙。1922 年 6 月 24 日，也就是在玻尔节后的第二天，拉特瑙在光天化日下被右翼激进分子枪杀，当时他正开着车从格吕讷瓦尔德的别墅前往部里。这是自第一次世界大战后右翼极端分子实施的第 354 起政治谋杀，而同一时期的左翼极端分子实施了 22 起谋杀。爱因斯坦和拉特瑙私交甚密，他们经常一起讨论政治。他也是警告拉特瑙不要接受如此重要的政府职位的人，他现在担心自己会成为"355+x"号被害者。爱因斯坦很清楚，他也在反动派敢死队的刺杀名单上，于是就做了他建议拉特瑙做的事：他退出公众视线，暂停了他的课程，取消了所有讲座，结束了他在国际联盟知识合作委员会的工作。"我们的情况是这样的，"他在给日内瓦的信中写道，"犹太人最好在所有公共事务中都明哲保身。"他甚至考虑过放弃在普鲁士科学院的职位，回到基尔当一名专利职员。但他不再是一个普普通通的物理学家了，而是一个德国科学界的标志性人物以及一个活生生的犹太人典型——这是一个潜在危险的结合。

这种困境至少给了爱因斯坦时间去读玻尔的作品，他很是陶醉："这是思想领域中最高水平的音乐性表现。"事实上，在玻尔的作品当中，艺术至少和科学占比一样多。他从各个领域——光谱学、化学——收集线索，然后把一个个壳层、一个个原子拼在一起，整个周期表就像一个大拼图。他的出发点是，他坚信，虽然原子的微观世界受量子力学规则支配，但从那些规则中推导出来的一切都必须与我们在宏观世界观察到的现象相一致，而宏观世界受经典物理学定律支配。他把这种基本原则称为"对应原则"。所有关于原子世界的想法，如果不符合宏观世界的经典物理学，都是被禁止的。通过这个原则，玻尔在原子物理学和经典物理学这两个看似不可调和的世界之间架起了一座桥梁。有些人则认为对应原则是在哥本哈根之外起不了作用的魔法棒，正如玻尔的荷兰助手亨德里克·克拉默斯后来所说。一些人徒劳地挥舞着魔法棒。阿尔伯特·爱因斯坦则认出了一个像他自己一样的魔术师。

然而，这一年最大的认可仍在等待着尼尔斯·玻尔：1922年10月，诺贝尔奖委员会授予了他诺贝尔物理学奖，以表彰他对原子结构的发现。一封又一封的祝贺电报摞在他的桌上。阿尔伯特·爱因斯坦也因其对光电效应的解释而获得 1921 年度的诺贝尔物理学奖（晚了一年，1922 年颁发）。但是当来自斯德哥尔摩的电报送到柏林的公寓时，爱因斯坦并不在家。他和埃尔莎正在前往巡回演讲的路上，并已于 10 月 7 日在马赛登船前往日本。这是一个逃离乌烟瘴气的德国的好机会。刺客们不太可能在船上行动。爱因斯坦高兴地注意到，船上几乎只有英国人和日本人，"一群安静的好人"。如果不是因为他敏感的胃和对海浪的反应，这本来可能是些令人放松的日子，爱因斯坦早已准备了很多的书和工作。爱因斯坦夫妇在科伦坡、新加坡、中国香港和上海停留。在一些港口，当地人演奏了德国国歌以欢迎他们，这让爱因斯坦感到相当不舒服，因为它勾起了他想要逃离的不愉快的回忆。11 月 17 日，爱因斯坦夫妇在神户下船，乘坐火车穿越日本——包括广岛，这座城市将在 23 年后被原子弹夷为平地，而原子弹正是在爱因斯坦的公式的帮助下研发出来的。直到 1923 年 3 月，他们才回到柏林。

颁奖仪式于 1922 年 12 月 10 日在白雪皑皑的斯德哥尔摩举行，爱因斯坦未出席。在这一天，对玻尔来说一切都不是很顺利。他把演讲的笔记忘在了酒店的房间里，不得不即兴演讲。但是，这个意外却转变成了一件幸事，因为他的讲话风格反而变得比一些老听众预期的更清晰、更有趣——直到有人把他的笔记从酒店拿到他的面前。然后，他自己松了一口气，却让观众懊恼不已，因为他恢复了一贯的喃喃自语的讲话风格。

在与声称爱因斯坦是瑞士人的瑞士外交官发生争执后，德国的特使鲁道夫·纳多尔尼代表爱因斯坦接受了这个奖项，这促使柏林学院向斯德哥尔摩发去电报："爱因斯坦是德意志帝国的德国人。"

当纳多尔尼在颁奖仪式后的宴会上举起酒杯时，他讲道："这是我国人民的喜悦，他们中的一员再次为全人类取得了成就。"在经过爱因斯坦的国籍之争后，纳多尔尼又表示，他希望"多年来一直为这位学者提供居所和工作场所的瑞士，也能分享这一喜悦"。

尽管爱因斯坦在 1896 年放弃了他的德国公民身份，并在五年后取得了瑞士公民身份，但他在普鲁士科学院任职时成为德国公务员，因此又自动地成了德国公民——而他自己却不知道。这种事情对他来说是无所谓的。他曾经说过，他不在乎自己属于哪一个国家，选择国籍对他来说就像选择保险合同一样。但他的继女伊尔莎要求诺贝尔奖委员会将他的奖章送到柏林的瑞士大使馆，因为他是瑞士公民。委员会最终通过让瑞典驻德国大使亲自向爱因斯坦颁发奖章，从而解决了这个难题。

险失学位

　　1923 年，慕尼黑。德国因在第一次世界大战中战败正遭受着战争赔偿的严重影响，研究物理在这个国家几乎是不可想象的。恶性通货膨胀使德国民众感到沮丧。他们对共产主义深感恐惧。许多人担心布尔什维克革命会从俄国蔓延到德国，担心农民会被压榨，工厂会被征用。法国政府坚持要求德国赔款，德国的民族主义因而愈加高涨。

　　德意志的第一个共和国正为了生存而挣扎。这对所有想摧毁它的人来说是一个机会。画家阿道夫·希特勒试图在慕尼黑的一场政变中夺取政权。1923 年 11 月 8 日，他在纪念第一次世界大战结束的一次活动中突然发难。他与"一战"老兵、右翼激进派领袖埃里希·鲁登道夫一起闯入集会者所在的啤酒馆。他们想继续向柏林挺进，推翻"腐败的魏玛政权"。这场政变失败了。"一战"中德国空军的王牌飞行员赫尔曼·戈林侥幸逃脱，希特勒被监禁，鲁登道夫被无罪释放。从此时起，希特勒和鲁登道夫变为了对手。希特勒成了极右翼的领袖。

1922 年至 1923 年的冬季，慕尼黑的教授阿诺尔德·索末菲应几所美国大学的邀请，逃离了德国的阴霾，前往美国进行巡回演讲。他在威斯康星大学麦迪逊分校待了一年。他在国外逗留不仅是为了物理，也是为了获得收入。在恶性通货膨胀时期，即使是一位受人尊敬的德国教授也不容易生存。而在美国，索末菲前一天赚到的美元，在第二天还可以买到东西。除此以外，他还有幸能够近距离地观察蓬勃发展的美国科学界——在德国科学家仍然受到排斥的时候，这是一种难得的荣誉。索末菲总是小心翼翼地避免谈论政治话题。

1923 年年初，索末菲听说了实验物理学家阿瑟·霍利·康普顿的一项发现。康普顿那时刚过 30 岁，但已经在密苏里州圣路易斯的华盛顿大学担任了两年的物理系主任。康普顿已经准确地测量了 X 射线是如何被原子中的电子所偏转的。他指出，测量结果与量子模型的预测完全一致，而与波动模型的预测相去甚远。康普顿用 X 射线照射了各种元素，比如碳元素。大部分的射线直接射穿样品，但康普顿感兴趣的是电子对 X 射线光的散射产生的次级辐射。光的波长会发生改变吗？是的，他发现，光和电子会像小台球一样发生碰撞并飞散。

1 月 21 日，兴奋的阿诺尔德·索末菲写信给尼尔斯·玻尔，告诉了他"我在美国学到的最有趣的科学知识"。与所有证据相反的是，康普顿在他的实验中证明，X 射线是以量子形式传播的。索末菲对康普顿的测量结果还是有点怀疑，因为它们还没有接受科学中通常的验证过程的检验。康普顿的研究成果到 1923 年 5 月才出现在美国当时最权威的杂志之一《物理评论》（*Physical Review*）上，而这样的出版物在欧洲几乎不为人所知。但索末菲已经确信，物理学家即将学习"一门全新的基础课程"。"从此，我们必须彻底放弃 X 射线的波动理论。"他在给玻尔的信中写道。索末菲相信，"这可能是在目前的物理学状况下所能取得的最重要的发现"。但这对玻尔来说是个打击。

对于阿尔伯特·爱因斯坦来说，康普顿的测量结果是对他的理论的一次验证。他在左翼报纸《柏林日报》的一篇文章中写道："康普顿实验的积极结果证明，辐射不仅在能量转移方面表现得好像它是由离散的能量弹丸组成的，在碰撞效应方面也是如此。"爱因斯坦多年来一直在说这句话：光必然由粒子组成。另一方面，光也必然由波组成，这是自麦克斯韦以来物理学家们就知道的一点，电气工程师在制造收音机和无线电设备时也知道这一点。然而，为什么两者都是真的呢？"所以现在我们有两种光的理论，"爱因斯坦写道，"它们都是不可或缺的，而且正如我们今天必须承认的那样，尽管理论物理学家付出了 20 年的巨大努力，但它们没有任何逻辑上的联系。"光的波动理论和量子理论都在某种程度上是有效的。光量子不能解释光的波动现象，如干涉和衍射。但如果没有光量子，康普顿效应和光电效应就无法解释。光有双重面孔，即波和粒子。物理学家必须学会接受这一点。

当索末菲在 1923 年的春天从麦迪逊回来时，海森伯也从哥廷根回到慕尼黑，以完成他的博士论文。在他的博士论文中，他选择了一个流体力学的课题，对流体中湍流的形成进行了理论分析。这是一个扎实的课题，但与目前吸引着海森伯的量子理论相去甚远。

这个课题既扎实又无聊。高才生海森伯不感兴趣的这些东西给他带来了困扰。海森伯不情愿地报名参加了由慕尼黑实验物理学教授威廉·维恩主讲的初学者实验课程，维恩位移定律就是以他的名字命名的。维恩是实验大师，他对电磁辐射的精确测量为马克斯·普朗克在 1900 年提出的量子假说铺平了道路。但海森伯对动手的工作并不感兴趣，而且大学又缺乏实验器材，这对海森伯来说是一个现成的借口，让他可以忽略维恩给他布置的实验，转而研究理论。

1923 年，海森伯迎来了博士生的最后一次答辩。现在他必须证明他掌握了广泛的物理基础知识，既包括理论物理学，也包括实验物理学，而不是只对他感兴趣的领域有研究。这是一场战斗。数学、理论物理学和天文学方面都进行得很顺利。接下来是实验物理学的问题。威廉·维恩并不打算简单地挥挥手就让雄心勃勃的海森伯通过答辩。当维恩在答辩中听说海森伯很少做实验时，他开始向海森伯提问，以检验海森伯对实验装置的了解程度。他问海森伯，法布里-珀罗干涉仪的分辨率是多少。这种光学仪器由两块相对的透镜组成，用于测量光波的频率。这是海森伯考试的必修知识，维恩在自己的课上也讲过这些。但海森伯没有认真听讲，不知道相关公式。现在，在维恩严厉的目光下，海森伯试图从基本原理当场推导出这个公式。然而，他失败了。维恩又问他显微镜的分辨率，海森伯也不知道答案。维恩再问他望远镜的分辨率，海森伯同样答不出。维恩接下来问他电池的工作原理，海森伯又让自己难堪了。

维恩不准备让海森伯通过答辩，但现在索末菲介入了。索末菲认为，海森伯非常出色地通过了理论物理学的答辩，难道这不足以授予他博士学位？这时的情况很微妙：索末菲想在不否定同事的前提下让他的模范学生通过考试。教授们找到了一个妥协的办法。海森伯得到了博士学位，但成绩只有三级，是倒数第二的成绩。

海森伯并没有让这种耻辱感缠扰着自己。他成功地将挫败感转化为前进的决心，并了解了有关显微镜和望远镜的一切。这些知识在未来对他很有帮助。

阿诺尔德·索末菲希望把刚毕业的维尔纳·海森伯博士留在慕尼黑，马克斯·玻恩则希望把他带回哥廷根。他们就海森伯的学术前途的问题进行了谈判。在一封长信中，玻恩试图说服索末菲答应让海森伯前往哥廷根。他赞扬了海森伯的非凡才能、谦逊和热忱，还有他的投入、幽默，并说明了他在哥廷根物理学家中受欢迎的程度。海森伯应该在毕业后随他一起回到哥廷根当博士后，获得特许任教资格，然后担任大学讲师。索末菲被说服了，同意了玻恩的提议。

1923 年 9 月，海森伯回到哥廷根，在玻恩手下当博士后以获取任教资格。他们一起计算氦原子中电子的轨道。在冬季学期，玻恩做了一场题目为"微扰论在原子物理学中的应用"的讲座，他在讲座中以一种全新的方式描述了原子中电子的跃迁。电子跃迁现在已是理论的一部分。玻恩将离散性，即量子跃迁，带入了理论，从而为新量子理论奠定了基础。

马克斯·玻恩不是一个哲学家，不是像尼尔斯·玻尔那样的预言家。但他明白玻尔在说什么，并能将其转化为数学术语。"数学比我们更聪明。"玻恩说。如果没有玻恩这样敏锐的数学头脑，玻尔就会束手无策；如果没有像玻尔这样富有创造力的思想家，玻恩的敏锐头脑就无法在肥沃的土壤上孕育成果。玻尔是一个创造者，思想从他那里迸发出来，他努力把它们变成文字和公式。玻恩是玻尔的反面，总是犹豫不决、谨小慎微、健忘且缺乏注意力，身体还欠佳。数学是他在这个世界上的落脚点。

当玻恩和海森伯在哥廷根与电子轨道搏斗的时候，法国军队正进驻鲁尔区。德国拖欠了《凡尔赛和约》中规定的赔款。鲁尔区的工人已经开始罢工，他们自己没有东西吃，没有东西取暖，却要为法国人开采煤炭。然而，法国人是无情的。德国政府印钱给工人发工资，这就进一步压低了马克的价格。在"一战"开始时，1美元相当于4德国马克；1922年7月，1美元可兑换493马克；1923年1月，这个数字变为17 792马克；到了11月，则飙升到了4.2万亿马克。

许多人每周都要排队数次来领取现金工资——一沓沓数百万和数十亿马克的纸币——并带着这些钱赶往面包店、肉店和奶制品店，尽可能多地囤积食物。第二天这些钱就只值前一天的一半了。本来享有稳定生活的德国中产阶级在为生存而挣扎。"以这种方式，"马克斯·玻恩写道，"整个中产阶级失去了很大一部分财产，从而成为政治煽动家轻而易举的猎物。"

德国的大学几乎不再顾得上科学了。学生一有钱就买食物，没钱就会挨饿。讲座被取消，讲师和助教的工资被削减。

在哮喘和支气管炎不太严重的情况下，马克斯·玻恩在他的研究中寻求解脱。他越来越远离朋友和同事，独自弹钢琴，经常工作到深夜。"我一点也不想和顶尖的物理学家聚在一起，"他在1923年8月写给爱因斯坦的信中说，"只想自己安静地生活和工作。从明天起，我将假装我死了一样，不和人谈话。实际上，我没有什么特别的计划。我和往常一样，绝望地思考量子理论，并寻找计算氦和其他原子的诀窍，但我在这方面也没有成功。"

1923年8月，古斯塔夫·施特莱斯曼成为德国总理。他改变了货币政策，结束了无限制的印钞，并推出了新的"货币"。一个地产抵押马克值几百万旧马克。"您不能通过给自变量一个新的名字来解决一个问题。"哥廷根数学家大卫·希尔伯特抱怨说，而且他这样的声音还得到了很多共鸣。但这一次他错了。地产抵押马克不仅名字是新的，而且是由企业债券支持的。物价回落了，经济再次蓬勃发展。科学也是如此。然而，许多德国公民对这个年轻国家仍然深感不信任。1923 年的春天，马克斯·玻恩写信给爱因斯坦，说道："法国人的疯狂让我感到难过，因为它加强了民族主义，削弱了共和国。我想了很多，我可以做什么来使我的儿子免于不得不参加复仇战争的命运。但我对美国来说年纪有些大了，而且那里的战争的疯狂程度比这里的还要高。"

在海德堡，菲利普·勒纳在 1923 年到 1924 年的冬季学期临近结束的时候，在最后的课上为被监禁的政变者阿道夫·希特勒大唱赞歌。1924 年 5 月，他发表了一份题为《希特勒精神与科学》的声明，其中他宣布支持纳粹主义，还说他在希特勒和鲁登道夫身上看到了牛顿、伽利略和开普勒等"雅利安"研究者的"文化使者精神"。接下来他宣称："从耶稣基督被钉上十字架到烧死焦尔达诺·布鲁诺，再到监禁希特勒和鲁登道夫，总是有同一批亚洲人在幕后对抗这些'文化使者'。"（事实上，鲁登道夫虽然已经被捕了，但没有被定罪。）

电车上的辩论

1922 年，阿尔伯特·爱因斯坦获得了 1921 年的诺贝尔奖，但他错过了颁奖仪式。直到 1923 年 7 月，他才在斯德哥尔摩的 2 000 名观众面前发表获奖演说。爱因斯坦很确定，大多数人只是为了亲眼看到他，而不是来听他说了什么。因此，他松了一口气，登上了将他带离瑞典首都的火车，去找一个人，这个人会仔细听他说的每一句话，并反驳几乎每一句话。

尼尔斯·玻尔正在哥本哈根的站台上等待爱因斯坦。这是两人三年来第一次见面。三年间，发生了很多事情。两位教授见面后迅速就沉浸在关于物理学的谈话中，忘记了周围的一切，顺其自然地登上有轨电车，前往玻尔的研究所。玻尔从身处美国的阿诺尔德·索末菲那里了解到了阿瑟·康普顿的突破性实验。爱因斯坦也知道这位美国年轻人的实验。爱因斯坦在捍卫光量子理论时不再孤军奋战了，但玻尔仍然不愿意相信他们。"爱因斯坦，您必须明白……"玻尔用他带有丹麦口音的德语坚持说。"不，不……"爱因斯坦反驳说，他反对玻尔的量子跃迁论。"但是，但是……"玻

玻尔和爱因斯坦在量子物理学的意义上发生过长时间的科学争论。摄于 1925 年 12 月 11 日，拍摄者是物理学家保罗·埃伦费斯特

1923 年，哥本哈根　电车上的辩论　　　103

尔回答道。他们没有注意到其他乘客困惑的眼神，他们错过了车站，而等他们意识到的时候，电车已经开出去不知道多远了。"我们在哪里？"爱因斯坦问道。玻尔不知道。他们下了车，乘坐相反方向的电车，但又错过了那一站。"我们乘坐着电车来来回回了很多次，"玻尔后来回忆说，"至于当时的旁人是怎么想的，我也只能是猜测了。"

最后一次尝试

尼尔斯·玻尔很气愤。阿瑟·康普顿的发现使他处于守势，但玻尔坚持他的信念：光是由波组成的。然而，挑战他这个信念的并非只有康普顿。他的助手亨德里克·克拉默斯在康普顿的实验结果出现之前的几个月就提出了同样的量子碰撞的设想，并且为之自豪，兴奋地把这个设想告诉了玻尔。

最具讽刺意味的是，克拉默斯多年来一直是他最忠诚的助手。1916 年，克拉默斯站在玻尔的门口，带着刚刚到手的物理学研究生学位证书，渴望学习新量子理论。事实证明，他是一个有天赋的学生，有些缺乏信心，但有一种令人着迷的幽默感。"玻尔是安拉，克拉默斯是他的先知。"沃尔夫冈·泡利说。而现在先知背叛了他的神，为光量子的存在提供了决定性的证据？"那里什么也没有。"玻尔对克拉默斯说道。玻尔告诫克拉默斯，试图说服他相信光量子的想法在物理学中没有一席之地，他绝不可能危及如此成功的经典电磁学理论——他应该听话。即便不讲道理时，玻尔也可以显得很有说服力。

在玻尔施加的压力下，克拉默斯服从了。他亲手埋葬了他的发现，销毁了他的笔记，悲恸欲绝，甚至病倒，不得不在医院住了几天。玻尔已经彻底扭转了他的思想。当康普顿发表克拉默斯早已获得的发现时，他与他的老板玻尔一起反对这个发现。

玻尔知道他们是少数派，但他没有放弃，至少暂时还没有。他和克拉默斯与 22 岁的美国理论物理学家约翰·斯莱特一起，为挽救光的波动理论做了最后一次尝试。斯莱特当时正在欧洲游历，哥本哈根是其中一站。像大多数新一代物理学家一样，斯莱特对光量子并不感到排斥。他很年轻，并不墨守成规。为什么量子和波动不能共存？但他恰好在哥本哈根，那里是抵抗量子的大本营。玻尔和克拉默斯赢得了他的信任，三人成为盟友。在三个星期内，他们一起写了一篇科研论文——比玻尔发表过的任何其他论文完成得都快。玻尔一边说一边思考。克拉默斯尽其所能地做着笔记。斯莱特站在他旁边听着，赞叹着，偶尔插上一句话。

他们的论文很快就于 1924 年 1 月出现在了《哲学杂志》上。玻尔式拗口的句子在这篇论文中随处可见："我们假设处于某个定态的给定原子将通过一种几乎等效于辐射场的时空机制不断地与其他原子进行交流。而根据经典理论，这种辐射场应由对应于向其他定态过渡的各种可能性的虚谐振子产生。"这都是些没有明确物理含义的术语："几乎等效""时空机制""交流"。爱因斯坦提到玻尔时说，"他表达他的意见时就像一个正在探索的人，而不像是一个认为自己拥有了确定真理的人"。这是一种恭维的说法，但它也揭示了玻尔的一个弱点。他很少斩钉截铁地发表声明，总是显得有些拐弯抹角。

为了准确地描述原子中光量子的吸收和发射，玻尔准备放弃能量守恒和动量守恒的定律。他想将这两个定律简化为单纯的统计规律：有时能量和动量是守恒的，有时不是。自然定律的捍卫者阿尔伯特·爱因斯坦并不同意这一点。定律就是定律，不是经验法则。但即使是爱因斯坦，也没有更好的建议可以提供。

玻尔的核心思想是牺牲能量和动量的守恒定律，以维护波动理论。这一定律是物理学的基石，是阿瑟·康普顿论证以其名字命名的康普顿效应的关键要素，而现在康普顿效应已经将光的量子性明确无误地带入了人们的视野。如果能量守恒定律在原子尺度上并不像在日常世界的经典物理学中那样严格适用，那么康普顿效应就不再是爱因斯坦的光量子的确凿证据了。

能量守恒定律从未在原子水平上得到过实验验证，哥本哈根的三位物理学家争辩说。他们认为，该定律是否适用于光量子自发辐射的过程，或是在多大程度上适用于这个过程，是一个悬而未决的问题。爱因斯坦假定，在光粒子和电子之间的每一次碰撞中，能量和动量都能守恒。"为什么？"玻尔问道，并反驳了爱因斯坦的假设，玻尔认为能量和动量只在统计平均值上保持守恒。

玻尔、克拉默斯和斯莱特并没有用一个完整的模型来反对康普顿精确计算的散射理论。他们以纯粹的定性术语概述了一个可能的理论，他们的研究论文中只包含一个极其简单的方程式。他们描述了一种新的"虚"辐射场，称其围绕着原子，影响着它们对光的吸收和发射，并在它们之间转移能量。场的作用就像一个能量缓冲器，因此，尽管在光和电子之间的每一次相互作用中，能量并不守恒，但从长远来看，它还是守恒的。然而，这个神秘的辐射场从何而来？它是玻尔、克拉默斯和斯莱特发明出来的。

这个以提出者的姓氏首字母命名的 BKS 理论，看似是关于光的性质的争论中一个令人惊讶的妙招。事实上，这是一种绝望的行为，表明了玻尔是多么强烈地拒绝爱因斯坦的光量子理论。玻尔想知道爱因斯坦对这个理论的看法，但没有勇气直接问他，所以委托沃尔夫冈·泡利来做这件事。1924年9月，泡利终于设法见到了爱因斯坦，并问了他对BKS理论的看法。爱因斯坦的评价是"令人作呕"和"恶心"。泡利直截了当地转告了玻尔爱因斯坦是如何看待这一理论的，并使用了"完全人为捏造的""有靠不住的地方""带有冒犯性""没有逻辑上的联系"这样的表述。泡利同意爱因斯坦的观点，与他一起痛骂"物理学的虚化"。

如果光照射的电子能像轮盘赌的小球一样围着原子跳动，这还是物理学吗？这不符合爱因斯坦眼中的物理学。他在给马克斯·玻恩的信中说："一个暴露在光束下的电子可以用自由意志选择它想跳走的时刻和方向，这个想法对我来说是无法忍受的。如果真是这样，我宁愿做一个鞋匠或赌场的职员，也不愿做一个搞物理的。"

尼尔斯·玻尔感觉到，他正处在一个岔路口。这是他的坚持可能降格为固执的时刻，可能是他成为一个悲剧的英雄，为了捍卫一个来自19世纪站不住脚的理论而迷失了方向的时刻。他不会走到那一步。仅仅一年后，正在芝加哥大学工作的康普顿以及帝国物理技术研究所的汉斯·盖革和瓦尔特·博德（Walther Bode）的实验将表明，在光和电子之间的碰撞过程中能量和动量是守恒的。爱因斯坦是对的，玻尔是错的，但他不是那种以牺牲真理为代价而坚持自己立场的人。他提议"尽可能地让我们的革命努力得到体面的安葬"。玻尔怀疑，关于量子的真相可能比爱因斯坦、他自己或者其他任何人所认识的要深得多。"人们必须准备好面对这样一个事实，即对经典电动力学理论的必要概括需要我们对已有观念进行深刻的改革，"他写道，"我们迄今为止对自然的描述一直建立在这些观念的基础之上。"

哥廷根的玻尔节的魅力已经褪去。在玻尔对氢和电离氦的光谱线做出惊人的预测后，他的模型在涉及有两个电子的氦原子时达到了极限。两个电子在哪些轨道上运行？玻尔找不到这个问题的答案，克拉默斯也无法帮助他。阿诺尔德·索末菲说："迄今为止，为解决中性氦原子的问题而做的所有尝试都被证明是不成功的。"

量子物理学已经达到了它的低谷。没有一个科学家能看到隧道尽头的光，他们只是在黑暗中跌跌撞撞地探索。"很遗憾。"维尔纳·海森伯哀叹道。沃尔夫冈·泡利写道："物理学又一次变得非常混乱，它对我来说无论如何都太难了，我倒希望自己是个电影喜剧演员或其他什么人，从来没有听说过物理学！"而马克斯·玻恩指出："人们必须在经典定律上附加偏差以解释原子的特性，但目前这些偏差只有少数而模糊的迹象。"

1924年春天，马克斯·玻恩因花粉刺激了他的支气管而引发哮喘，不得不躺在床上。他的同事海森伯得了花粉症，流着鼻涕前往哥本哈根，第一次到丹麦去拜访尼尔斯·玻尔。

海森伯来的时候，玻尔非常忙。他是五个孩子的父亲，领导着一个迅速发展的研究机构。他希望能更好地了解海森伯，但在研究所里两人几乎没有机会安静地交谈。因此他提议去徒步穿越西兰岛。两人收拾好背包，向北走到埃尔西诺，也就是哈姆雷特的城堡曾经所在的地方，然后他们沿着波罗的海的海岸返回哥本哈根。在短短的几天里，他们走过了超过150千米的路程，谈论他们的生活和政治，谈论原子物理学中图像和假想的力量。有一次，海森伯看到远处路边有一根电报杆，他捡起一块石头扔去并击中了它——

这几乎是不可能的事。玻尔思考了一会儿，说："如果你事先瞄准它，并思考如何投掷、如何移动手臂，你就没有半点击中它的机会。但是，如果毫不动用理性，而只是努力想象着你能打中它，你反而办到了。"有时想象力比理性更强大。在玻尔和海森伯从徒步旅行中回来后，玻尔与他的一个学生谈论起量子物理学的现状时说："我们需要一条摆脱困境的道路——现在这一切都掌握在海森伯的手中。"

海森伯与玻尔相处了两个星期。他兴奋地带着 BKS 理论的消息回来了。马克斯·玻恩感到震惊，但另有原因。他对海森伯与玻尔明显很亲密的关系感到不安。他不久前从慕尼黑设法抢来这个量子物理学领域的年轻明星，这个"和善的、有价值的、天资聪颖的人，在我心中的地位越来越高"，现在他担心海森伯又被哥本哈根抢走。尼尔斯·玻尔在一封信中恳请马克斯·玻恩让海森伯来找他，而玻恩无法拒绝他的请求。他知道，其他地方的生活和研究环境几乎都比德国的好，他已经在计划亲自到美国进行巡回演讲了。他不知道的是，正是在他从美国回来之后，他就发现了电子轮盘赌的基本规则。

公爵之子

　　1924 年春的一天，一个盖有巴黎邮戳的包裹送到了阿尔伯特·爱因斯坦的桌子上。一位法国朋友向爱因斯坦询问他对所附作品的意见。爱因斯坦打开手稿，看到了毫无意义的标题：《对量子理论的研究》(*Recherches sur la théorie des Quanta*)。这部作品内容不多，也不难读，爱因斯坦的相对论也出现在其中。作者想凭借该作品获得博士学位，但他并不为人所知，而且已经 31 岁。这是个长期在读的学生？不过，从名字上可以看得出他是德布罗意家族的人——一位公爵之子！爱因斯坦开始阅读，并愈感兴奋。这位贵族之后提出了一个关于物质性质的新观点。

　　路易·维克多·皮埃尔·雷蒙·德布罗意在学习上没有懈怠，但家庭责任和战争耽误了他的学术生涯。他来自法国一个古老的贵族家庭，长大后期待着继承祖先的事业。德布罗意家族最初来自意大利西北部的皮埃蒙特，早在 12 世纪，他们就在那里以军事领袖和修道院赞助人的身份脱颖而出。几个世纪以来，他们的家族成员一直是法国的达官显宦。他们培养出了军事领导人、历史学家和政治家，其中包括三位法国元帅和两位总理。一位法国国王授予他们公爵的头衔，而神圣罗马帝国的一位皇帝授予他们亲王的地位。因此，路易既是法国公爵，又是德国亲王。

路易于 1892 年 8 月 15 日出生在迪耶普，是四个幸存孩子中最小的一个。尽管父母对他们关心甚少，孩子们却生活在奢华之中，享受着贵族的所有特权。就像其他贵族子女一样，他们由私人教师授课。家里人互相使用尊称，即使是兄弟姐妹之间也是如此。小路易阅读报纸，还会在家人面前模仿演讲。10 岁时，他已经能背出法兰西第三共和国所有部长的名字。

毫无疑问，路易有一天会成为一名政治家，也许会像他的父亲一样成为议员，甚至可能像他的祖父一样成为总理。但是当路易还是个 14 岁的孩子时，他的父亲去世了。路易在他的长姐、庞热伯爵夫人波利娜的帮助下长大。波利娜很宠爱他，也很崇拜他。她形容他是一个娇小的男孩，"有一头像贵宾犬一样卷曲的头发，有一张快乐的小脸和一双调皮的眼睛"。他的开朗，他的"孩子气的趾高气扬"，给家族城堡中阴冷的房间注入了活力。"在餐桌上，他喋喋不休，"她的话里充满了感情，"即使有人严厉地告诫他不要说话，他也按捺不住。他说的话简直让人无法抗拒！在孤独的成长过程中，他读了很多书，生活在一个幻想的世界里。他有惊人的记忆力，可以不厌其烦地将古典戏剧的一整幕背下来。然而，哪怕在最无害的情况下，他也会害怕得发抖：鸽子让他害怕，狗和猫让他害怕，连我们父亲的鞋子落在楼梯上的声音，有时也会让他恐慌。"

他的哥哥莫里斯替代了父亲的角色，但他实际上完全不适合这个角色。莫里斯加入了海军，他在那里曾帮助开发船舶的无线通信系统，并写过一篇关于无线电波的论文。受到 19 世纪 90 年代关于

X 射线的大肆宣传的影响，莫里斯决定违背父亲的意愿成为一名科学家。他对弟弟大谈特谈辐射和电子。在夏多布里昂街的一个家族住宅中，莫里斯搭建了一个实验室，这个实验室不断发展壮大，直到它占据了整栋建筑的大部分空间，包括客房浴室和马厩。变压器现在在那里嗡嗡作响，厚厚的电缆从那里通向用于产生 X 射线的真空管。

1911 年 10 月，莫里斯前往布鲁塞尔的大都会酒店，在那里举行了第一次索尔维会议，这是当时最重要的科学家会议。在那里，他的同胞玛丽·居里和亨利·庞加莱，与马克斯·普朗克、阿尔伯特·爱因斯坦、欧内斯特·卢瑟福、阿诺尔德·索末菲和亨德里克·洛伦兹讨论"辐射和量子理论"。莫里斯有幸被任命为这次会议的秘书。他负责记录讨论内容，为出版做准备，并把它们交给他的弟弟路易：整整 400 页顶尖物理学家的想法和论点。这次阅读成为路易人生的一个转折点，他跟随哥哥进入科学领域，决定"与科学私订终身"，完全投身到科学之中。他解除了与一个来自上流家庭的女儿的婚约，把桥牌和棋盘扔出了房间，清空了书架上的历史书。他把自己的社会联系减少到最低限度。现在只有科学才是最重要的。

波利娜几乎不认识她可爱的弟弟了，她说："那个让我童年如此快乐的小王子永远地消失了。他现在把所有的时间都花在了自己的小房间里，沉浸在数学课本中，被束缚在一成不变的死板日常生活中。他以惊人的速度把自己变成了一个苦修者，过着一种僧侣般的生活，以至于他的左眼皮一直是耷拉着的，现在已经几乎完全盖住了他的眼睛。这以一种让我难以接受的方式毁掉了他，而他那恍惚又柔弱的神态只会让我更加难受。"

1913 年，第一次世界大战爆发的前一年，路易·德布罗意不顾一切地加入了陆军的工程兵团，履行兵役。战争期间，他在通信兵部队服役，在埃菲尔铁塔接收无线电报，维护用于拦截敌人无线电信号的设备。对于一个身处战争之中却远离战壕的年轻人来说，这是一个相对舒适的位置，但对于不那么英勇的路易来说，这却是一个严峻的考验。后来他感叹，他的脑袋在战后变得从未像战前那样好用。

战后，路易·德布罗意只维持了与年轻艺术家让-巴蒂斯特·瓦塞克的关系。他是一位画家和他所谓的"残酷艺术"的收藏家。他收集了精神病患者的诗歌、雕塑、素描和其他形式的绘画。让-巴蒂斯特相信，未来的神话是从这些精神病患者的想象中产生的。路易喜欢与他的朋友谈话，喜欢和他默默地待在一起，并爱上了这位艺术家。可是，让-巴蒂斯特突然自杀了。他没有留下任何解释，只给"最亲爱的路易"留下了一封信，请他保护自己已有的藏品，并继续寻获新藏品。路易暂停了他的物理学研究，把他所有的精力和他拥有的家族财富都用于完成他这位挚友的遗愿。他去往法国和欧洲其他各地的精神病院，组织了一场名为"人类的疯狂"的大型展览。这场活动在公众舆论中是成功的，在贵族中则是丑闻。路易读到一篇嘲笑他朋友画作的报纸文章，深受影响，把自己关在房间里好几个月。他的姐姐给他送来的食物，他没有动过，一直放在门外。波利娜越来越怀疑她的弟弟想饿死自己。于是她求助另一个弟弟莫里斯。莫里斯打破了门锁，带着五个仆人冲进路易的房间，急匆匆地经过满地的艺术品，一直来到卧室，他以为在那里会发现弟弟正处于绝望的状态中。但是，路易坐在那里，穿戴整齐，眼神清澈，嘴里叼着一支烟。他递给莫里斯一沓写有公式的纸，说："请告诉我，我是不是还没有失去理智"。

在战争期间，路易了解到经典电磁波理论的价值，又从他哥哥那里接触到了光量子这一有争议的概念。像许多其他的科学家一样，这两种关于光的观点在他看来是不相容的。但他正在一条前人从未踏足过的道路上接近这个谜底。

1923 年年底，德布罗意在"经过漫长而孤独的思考之后"，提出了一个简单而大胆的想法。他颠覆了爱因斯坦对光电效应的论证，提出了一个问题：如果光可以表现得像粒子流，那么粒子是否也可以在某些方面表现得像波？

这是对未知领域的一个新的、大胆的、缺乏理论根据的结论。到当时为止，人们一直理所当然地将粒子看作致密的质量球，与波没有任何关系。

路易·德布罗意简单地把爱因斯坦的方程式 $E=mc^2$ 和普朗克的方程式 $E=hf$ 放在一起，并计算出每个运动粒子的波长。粒子越快，波长越短。

这仅仅是一个计算上的伎俩吗？真的存在德布罗意计算出其波长的波吗？德布罗意不知道。他只是简单地尝试了一下——结果令他自己都瞠目结舌。根据连玻尔自己都不再相信的玻尔原子模型，最内层的电子轨道的周长与德布罗意计算出的波长恰好完全一致。第二层电子的轨道周长等于两倍的波长，第三层电子的轨道周长是三倍的波长，依此类推。这不可能是一个巧合。

德布罗意使原子"发声"了。就像小提琴或者吉他的基音和泛音一样，玻尔原子模型中允许存在的轨道，其周长正好是电子"波"的波长的整数倍。量子的背后难道就是音乐的和声？

德布罗意在两篇于 1923 年年底刊登的论文中发表了他的想法。

不过，并没有人注意到。他进一步思考了这个问题，自信满满地去参加博士生论文答辩，但他无法说服答辩考官相信他的理论。在他们看来，电子波的想法从数学上看太简单了，在物理上也是不可能的。他们无法反驳德布罗意的计算，但也不能确定这些计算对物理学的价值。即使是德布罗意的博士生导师保罗·朗之万（玛丽·居里以前的情人）也不知道该如何看待这篇论文。"在我看来这很牵强。"他向一位同事坦言。但他意识到这篇论文的潜在重要性，于是把副本寄给了他的朋友阿尔伯特·爱因斯坦，咨询他的意见。

爱因斯坦沉默了几个月。朗之万变得紧张起来。爱因斯坦是否认为这篇论文毫无价值，以至于他都不屑于回答？朗之万再次询问了爱因斯坦。这一次，一向支持简单大胆想法的爱因斯坦立即回信，简洁明了地写道："极为令人印象深刻。"爱因斯坦说，德布罗意触及了一些很重要的东西，他"揭开了伟大面纱的一角。这是照射到这个最令人烦恼的物理奥秘的第一道微弱的光线"。然而，到目前为止，很少有人欣赏德布罗意所取得的成果。

朗之万接受了爱因斯坦的意见。1924 年 11 月，巴黎大学物理系教师齐聚一堂，参与路易·德布罗意的博士生论文答辩。

德布罗意刻意加重了他那贵族式的鼻音，用一种令人昏昏沉沉的语气滔滔不绝地发表了一通惊世言论：

> 在今天的物理学中，有一些错误的原则，它们对我们的想象力产生了一种黑暗的影响。一个多世纪以来，我们把世界上的现象分为两个领域：一方面是固体物质的原子和粒子，另一方面是在光以太之海中传播的非物质光波。但我们不能再将这两个系统分别对待，我们必须把它们统一到一个理论中，只有

这样的理论才能够解释它们的多种相互作用。我们的同行爱因斯坦已经迈出了第一步：20年前，他假设光不仅仅是一种波，也是包含能量的粒子，这些光子是一定的能量，与光波一起传播。许多人怀疑这种思想的正确性，有些人宁愿闭上眼睛，对他率先为我们指出的新道路视而不见。不要自欺欺人了，这是一场真正的革命。

我们在这里谈论的是物理学中最值得珍视的对象——光，而光不仅让我们看到这个世界的形状，还向我们展示了装饰银河系旋臂的星星和万物的隐藏核心。然而，这个对象不是单性的，而是双性的。光以两种不同的方式存在。因此，它超越了所有我们用以划分自然界无数形式的范畴。作为波和粒子，光存在于两个系统中，它有两个身份，而这两个身份就像雅努斯①的面孔一样截然相反。就像这位古罗马的神明一样，它体现了连续和分散、特殊和相同这样的矛盾品质。

拒绝承认这一点的人认为，这样一种新的学说意味着与理性背道而驰。但我想对他们说：所有的物质都拥有这种二元性。不仅是光具有这样的两面性，甚至在宇宙中被创造的每一个原子都具有这样的两面性。您手中的论文表明，每一个物质粒子——无论是电子还是质子——都有一个相应的波在空间中传输。我知道很多人会对我的论点提出异议，而且我也不否认它们仅源于我个人独自的思考。我承认这些论点很怪异，而且如果它们是错误的，我也接受可能会随之而来的惩罚。但今天

---

① 雅努斯是古罗马神话中的两面神，主要司掌门户与交通，前后两张面孔分别朝向未来和过去。——译者注

我以最坚定的信念告诉各位，所有的东西都可以以两种方式存在，没有什么东西能像它看起来的那样牢固。孩子手中用来瞄准枝头麻雀的石头，可能会像水一样从他的指间滑落。

德布罗意结束了他的演讲。教授们沉默着，感到困惑，不知如何讨论他的论文。路易·德布罗意最终离开的时候，手里拿着自己的博士学位证书。五年后，他将因这篇论文获得诺贝尔奖。

爱因斯坦非常喜欢物质波这一想法，以至于在 1924 年 9 月在因斯布鲁克举行的下一次大会上，他建议实验物理学的同行们在分子束中寻找波动的迹象。在爱因斯坦眼中，德布罗意的物质波是朝着恢复尼尔斯·玻尔刚刚打破的物理学经典秩序迈出的一步。但这是有代价的：现在物质同时有了波和粒子的属性。它们之间是否有任何联系？爱因斯坦还没有答案。

1925 年 4 月，一个巧合表明，德布罗意那大胆的想法走在了正轨上。在纽约西部电气公司的实验室里，44 岁的物理学家克林顿·戴维森正在研究向各种金属发射电子时会发生什么。有一天，一个液化气瓶爆炸了，粉碎了他正在用电子束轰击的镍样品的真空管。镍在空气中生锈。戴维森通过加热来清理它，但他不知道在这个过程中他把小晶体变成了大晶体，电子束会在其晶格上衍射。戴维森无法解释为什么他现在得到的是与之前完全不同的测量结果。他把它们记录下来并发表出来。当同事们向他解释他所测量的结果时，他很惊讶：电子的行为竟可以像波一样。法国的公爵之子的猜想是对的。12 年后，克林顿·戴维森将因这个发现而获得诺贝尔奖。

大海的浩瀚和原子的渺小

1925 年 5 月，正值大自然生机勃发的季节。24 岁的维尔纳·海森伯痛苦不堪。他眼睛灼热，面部膨胀，脸色发红。鼻子完全堵住了，而在海森伯看来，大脑也是如此。这花粉症来得不巧，偏偏就是现在。

像当时的许多物理学家一样，海森伯正困惑于原子中电子轨道的机制：电子如何在不同的轨道之间跃迁，以及这些跃迁如何产生物理学家和化学家用光谱仪看到的线条。现在，他有了一个可以解释这种跃迁的想法，这是个大胆的想法，他甚至怀疑这可以引导他找到一个新的量子理论。有时，天才就在于对显而易见的事情提出疑问。与他的同行们不同，海森伯准备放弃自艾萨克·牛顿以来一直主宰着自然科学家思维的定律。他怀疑，这些定律在原子内部将失去效力。如果他想弄清楚是什么将最深层的最小粒子固定在一起的，他将不得不从源头开始。

然而，天才也需要耐心工作。数学形式并没有给海森伯带来什么难题：他需要把电子的位置和速度描述为电子所属原子的波动方程的函数。然而，只要他把这些函数插入经典力学的方程中，结果就是一个不可解的谜团。单个数字很快变成一整个系列的数字，代数的常用规则变成一页又一页的公式。海森伯开始尝试不同的方法，并且考虑使用傅里叶级数，然而陷入困境，开始失去耐心。他那严重的花粉症此时也在大肆发作，使他的头脑昏昏沉沉的。

海森伯是如此可怜，以至于他的老板马克斯·玻恩给他特批了临时的假期。他终于逃离了花粉，于 6 月 7 日乘坐夜班车前往库克斯港，然后乘渡轮到达黑尔戈兰岛，在海风中休养。黑尔戈兰，意即"圣地"，是德国在公海上唯一的岛屿，比柏林的蒂尔加滕区还要小，距离德国北海海岸 80 多千米。那里的气候非常恶劣，没有花开，树木也几乎长不高。在第一次世界大战期间，黑尔戈兰是一个军事前哨站；战后，它成为一个度假岛，吸引着寻求平静和清新海风的游客。海森伯找到一个房间，房东太太看到他，以为他被殴打了——这确实在战后的德国并不罕见。

海森伯没有带来多少行李：只有一套换洗的衣服、一双登山靴、一本歌德的《一个西方人的东方诗集》以及他对电子轨道的计算公式。他的房间在二楼，位于这座红岩岛边缘的高处。他在那里住了一个半星期，坐在阳台上，望着大海深呼吸；在沙滩上散步；游到邻近的小岛上；读歌德的诗句，不和任何人说话，然后思考——日夜不停。这就是海森伯感到心安的原因。他总是能在大自然中找到避难所，在山里、森林里、海水里。渐渐地，他的鼻黏膜平静了下来，头脑再次变得清晰。在哥廷根，海森伯受传统物理学思维影响太深；在这里，他则有着自由而通畅的视野，可以眺望远方。他想起尼尔斯·玻尔为了让他这个登山爱好者领略丹麦平坦的沿海景象所富有的魔力而说的话："当我们眺望大海时，我相信我们正在抓住无限的一部分。"在黑尔戈兰岛的孤独中，他理解了玻尔当时试图告诉他的东西：把原子看作一个小太阳系，认为电子像行星围绕太阳一样环绕着原子核运转，这样的想法是多么幼稚。海森伯使太阳熄灭，电子清晰的轨道消散成无形的云。

他找到了一种解决量子跃迁之谜的新方法。哥廷根研究团队的某个人——也许是沃尔夫冈·泡利——曾经声称，只有一种方法可以发现原子或其他类似的小系统内发生的事情：测量。你可以测量一个原子处于哪种量子状态，然后过一阵再去测量该原子处于哪种新状态。但在这之间会发生什么？探问这两者之间的关系是否有意义？哥廷根研究团队中开始萌发这样一种想法，即测量所能捕捉的唯一现实是测量本身的现实。因此，物理的理论，即经验的理论，应该只谈论可以测量的东西。物理就是你所看到的，不多也不少。海森伯最初不愿意接受这个想法，因为这让他想起了太多古老的哲学辩论，关于一棵树倒在森林里是否即使没有人在听也会发出声音。但现在他准备试一试，看看这个想法能把他的理论带到多远。

海森伯后来写道，这个想法是"自己萌生的"。但不得不说，这个想法只展示给了他，而没有向其他人展示。他迈出的这一步，其勇气不亚于爱因斯坦在他的狭义相对论中重塑看似永恒的空间和时间的概念时的勇气。

因此，海森伯着手从数学上描述一个可测量的量子态到另一个量子态的转换，而不谈及中间的状态。要做到这一点，他必须使用一种奇怪的数学形式：数字表。每个数字表都描述了这样一个过程。系统的发展是通过将这种表格相乘来实现的。海森伯必须弄清楚这到底是如何运作的。如果你把两个数字相乘，结果就是一个数字，这一点很清楚。如果你把两个数字表相乘，结果是一堆杂乱无

维尔纳·海森伯，摄于 1927 年前后

章的数字，首先必须对其进行梳理：哪些是重要的，哪些是可以忽略的？海森伯不得不学习如何进行全新的乘法运算，并在他强大的物理洞察力和一个不知所措的数学小学生的绝望之间摇摆不定。

然而，他很快就掌握了要领，并制定了条件：只处理可测量的量，不违反能量守恒原则。有一招让他有了进展：如果你让这些状态之间的两个转换连续发生，那么一定会出现一个有意义的转换。他进一步研究数字，计算错误而后又纠正自己，摸索着前进，越来越兴奋，也越来越坚信"他正在透过原子现象的表象看向更深层次的美妙内部"。当海森伯正确地计算了乘法，一切就像变魔术一样各归其位，并形成了一个新的力学理论——量子力学。海森伯后来说："一想到我需要补习大自然摆在我面前的大量数学结构，我就几乎头晕目眩。"

他的花粉症已经消退，现在一种新的、内在的发热夺走了他的睡眠。但这一次，他没有让自己分心。一天凌晨三点左右，他在他面前的纸上写下了得出的结果。

激动的心情让海森伯根本不能入睡。他喜不自胜，在黎明的晨曦中走了出去，徒步来到岛屿的南端攀登"僧侣岩"，一座高约55米的峭壁岩塔。海森伯毫发无损地到达其顶部，看着太阳慢慢地升起，并安然无恙地返回来了。这算得上是物理学史上最危险的攀登。海森伯的脑袋是唯一存放了量子力学的地方。如果他失手坠落了，他的量子力学理论也将会无可挽回地消失。

海森伯在孤独中做出了他最伟大的发现，但他其实并不是一个人。回到哥廷根后，他与马克斯·玻恩讨论了他的想法。令他非常惊讶的是，马克斯·玻恩善意地接受了他的想法。海森伯匆忙地写下了一篇研究论文，向全世界宣布他的想法，并把它寄给了《物理学报》，然后在暑期短期旅行中动身前往莱顿和剑桥。他在两地的讲座中并没有提及他的新突破，但在私下和同行有过讨论。在这篇论文中，海森伯用一句话概括了他的量子力学宣言："在这种情况下似乎更可取的是，彻底不再寄希望于测量以前无法测量的量（如电子的位置、轨道周期），同时承认上述的量子规律与经验或多或少是出于偶然才部分一致的，并努力构建一种类似于经典力学的量子理论力学，其中只有可观测量之间存在关系。"

1925 年 7 月 19 日，也就是海森伯在黑尔戈兰岛上获得灵感的大约一个月后，马克斯·玻恩乘火车前往汉诺威参加德国物理学会的一次会议。一种奇怪的似曾相识感笼罩着他。

玻恩坐在他的列车包厢里，阅读、写作和思考。他没有睡好，有一个问题一直困扰着他：海森伯的想法中究竟有什么让他觉得很熟悉？他终于想到了。海森伯拼凑出来的东西属于一个到当时为止相当无用的边缘数学分支，它被称为矩阵代数。只有少数数学家知道矩阵的概念，而在物理学家中除了玻恩，几乎没有任何其他人知道它。他记得几年前读到这个概念时，他还在计划成为一名数学家。

因此，玻恩意识到，已经有一个数学分支可能对量子力学有用。后来在路上，玻恩以前的学生沃尔夫冈·泡利从汉堡出发，走进了包厢。玻恩为他自己的这个发现感到十分兴奋，迫不及待地向泡利解释它。然而，泡利不为所动，他回答说："我知道您喜欢费力而复杂的表达形式，但这样您只会用您没用的数学毁掉海森伯的物理思想。"

在汉诺威，玻恩下了火车，垂头丧气，无心思考。他的学生帕斯夸尔·约尔丹当时也坐在车厢里，一直默默地听着玻恩和泡利的谈话。他是一个数学天才，说话时严重口吃，厚厚的眼镜片后面有一双不安的眼睛。他对玻恩说："教授，我知道一些关于矩阵的知识，我可以帮您吗？"于是玻恩和约尔丹开始合作。他们一起意识到了矩阵相乘时顺序的重要性。2乘以7个苹果和7乘以2个苹果一样多。但对于矩阵来说，$a \times b$ 一般不等于 $b \times a$。海森伯在最初那篇研究论文中也洞察到了这一点，只是非常隐蔽。在海森伯向《物理学报》递交论文的仅仅两个月后，玻恩和约尔丹也寄出了他们的论文。他们将海森伯的理论提炼为不久后被称为"矩阵力学"的理论。它与几个世纪前艾萨克·牛顿建立的宏观世界力学几乎没有任何关系。海森伯在给泡利的信中说："我最大的努力是朝着彻底扼杀轨道的概念这个方向进行的，因为它毕竟不能被观测到，而应该用适当的方式取而代之。"

然后，海森伯从剑桥和他与童子军的夏季冒险中回来了。1925年年底，海森伯、玻恩和约尔丹共同撰写了第三篇关于矩阵力学的研究论文，这篇论文成了著名的"三人论文"。它进一步完善和拓展了矩阵力学。

海森伯的自我本来就很强大了，在他的物理直觉引导他走上了一条前人未曾发现过且前途一片光明的道路后，他更感到自豪了。但他也和他的朋友泡利一样持有怀疑态度。他不喜欢"矩阵力学"这个词，它听起来太像纯粹的数学了，这会让许多物理学家都望而却步。

一场师生之间的冲突正在酝酿。在余生中，玻恩对他和约尔丹为量子力学做出的贡献被低估甚至被忽视一直耿耿于怀。毕竟，"量子力学"一词是在他的作品中首次出现的。是的，他承认，海森伯"聪明绝顶"地想出了矩阵代数的方法，而且还是在不知道什么是矩阵的前提下。但他很难承认，海森伯的大胆举措是有决定性作用的。海森伯不是碰巧灵光乍现的数学白痴。他拥有玻恩所缺乏的东西：深入的物理直觉。

矩阵力学并没有受到物理学界的热烈欢迎。大多数科学家首先要熟悉一个全新的数学领域，然后努力理解这些矩阵的物理意义。这是极其复杂的。数学物理学家保证，它在逻辑上是合理的，并且可以解决量子理论许多形式上的难题。这一切都很好，但意义何在？

沃尔夫冈·泡利仍然持怀疑态度。在玻恩和约尔丹的文章发表后不久，他给一位同事写信说道："海森伯的力学给我的生活带来了新的热情和希望。它并没有带来谜题的答案，但我相信现在有可能再次推进。首先，必须努力把海森伯的力学从哥廷根的学界洪流中再多解放出来一点，把它的核心更好地揭示出来。"

海森伯并不总是能对泡利的嘲弄无动于衷。他很恼火，在给泡利的信中写道："你叫起来真是没完没了，简直像个猪圈一样肮脏。你对哥本哈根和哥廷根无边的谩骂就是个特大丑闻。你骂我们是大蠢驴，从未做过任何物理上的新发现，可能确实如此。但这么说来，你也一样是个大蠢驴，因为你也做不到……［这个省略号代表着大概持续两分钟的咒骂！］"

这些话刺激了泡利的神经。他开始工作。在不到一个月的时间里，他推导出了氢原子光谱线的巴耳末系，就像玻尔多年前用他的第一个原子模型做的那样。泡利通过计算证明了矩阵力学不仅仅是一个数学结构，而且是一种有用的工具。海森伯被安抚了。"想必我不用开口你就知道，"他转而接受了泡利，"我对关于氢的新理论感到非常高兴，我非常钦佩你这么快就能把它推算出来。"

然而，泡利的证明并没有使矩阵力学变得更容易理解。大多数物理学家仍然对高度复杂的数学感到畏惧。它不仅与复杂的数学有关，而且与深层的物理有关——这样的理论对他们来说仍然是一个相信或是不信的问题。

1925年夏天，另一个人尝试迈出了巨大的一步：阿尔伯特·爱因斯坦提出了"统一场论"的概念。一周后，他收到哥廷根的马克斯·玻恩的消息：海森伯刚刚完成了一篇论文，"看起来非常神秘，但肯定是正确和深刻的"。年仅24岁的维尔纳·海森伯以神来之笔设计了一个新的量子理论——而这只是一个耗时两年的狂热创造过程的前奏，在这个过程结束时，这个理论将以前所未有的方式塑造20世纪的物理学。爱因斯坦读了这篇论文后不以为然。"海森伯下了一个巨大的量子蛋。在哥廷根，他们相信这一点。但我不相信。"他在1925年9月20日给保罗·埃伦费斯特的信中这样说。他在整个余生中都不曾相信这个理论。1925年的头几个月，他还在大力推动"旧"量子理论的发展，现在却不再对"新"量子理论做出建设性的贡献。这一年标志着爱因斯坦时代的结束和海森伯时代的开始。"统一场论"从未完成。

1947年4月，英国海军将战争遗留下来的所有炮弹和鱼雷堆放在黑尔戈兰岛下的一个混凝土地窖里，它们总共相当于7 000吨的炸药。他们试图用历史上最大的非核爆炸来炸毁该岛及其掩体。这次的爆炸力是广岛原子弹的一半，但黑尔戈兰岛并未消失。只是，满脑子量子力学的海森伯攀登的岩塔倒塌了。

默默无闻的天才

剑桥，1925 年夏天。关于海森伯的量子力学的消息在物理学家中传播开来。许多人惊叹于这个理论，但只有少数人理解它。他们害怕矩阵，这些数学怪物。剑桥的一位沉默寡言的年轻物理学家并不害怕它。对于比海森伯年轻 8 个月的 23 岁的保罗·狄拉克来说，任何形式的数学都不会太复杂。

1925 年 7 月，在黑尔戈兰岛顿悟之后不久，维尔纳·海森伯来到剑桥大学访问，并在那里发表了一场以"术语动物学与塞曼植物学"（Termzoologie und Zeemanbotanik）这个奇怪题目为名的演讲。他仍然犹豫不决，不敢公开谈论他的发现，但他把这个发现告诉了同行拉尔夫·福勒。回到哥廷根后，他把第一篇关于量子力学的研究论文寄给了福勒，福勒把这篇论文交给了他的高才生狄拉克，而海森伯在访问剑桥期间还没有见过狄拉克。狄拉克阅读了这篇文章，成为少数几个能理解它的人之一。更重要的是，他把它带到了一个新的水平。

狄拉克和马克斯·玻恩、帕斯夸尔·约尔丹一样，认识到了海森伯的量子力学中矩阵的非交换性^①的重要性。狄拉克独自一人，在不知道哥廷根研究团队工作的情况下，重新创造了整套理论，发明了自己的量子力学的数学公式。它们类似于玻恩和约尔丹的公式，但出发点的基础不同。在经典力学的一个不起眼的角落里，他发现了一个微分算子，它和矩阵一样满足海森伯的乘法法则。他使用了爱尔兰人威廉·汉密尔顿在 19 世纪发明的一种优雅的数学工具。没有矩阵！或者至少几乎没有。类似矩阵的元素也出现在他的微积分中，但只是偶尔出现。

保罗·狄拉克将他的工作成果写成详细的论文寄到了哥廷根。量子力学方面的大人物们都很惊讶。狄拉克？从未听说过的名字，他是谁？这么美的数学结构，这样一个经典物理学和量子力学的优雅结合，前所未见。马克斯·玻恩后来称，第一次阅读狄拉克的论文"是我一生中最大的惊喜之一。作者虽然似乎很年轻，但一切都以其自己的方式完美并令人钦佩"。

海森伯也对狄拉克的论文印象深刻。在收到狄拉克论文的证明副本后不久，他用德语给狄拉克写了一封两页的信："我怀着极大的兴趣阅读了您关于量子力学的出色作品。只要相信这种新的尝试性理论，那么毫无疑问，您所有的结果都是正确的。"海森伯甚至承认狄拉克的工作"实际上比我们这里所做的尝试更好、更到位"。但随后的话会使狄拉克失望。他写道："我希望您不会因为您的一些研究结果在前一段时间已经在这里被发现而难过。"狄拉克在论文中描述的一些东西已被哥廷根的马克斯·玻恩和汉堡的沃尔夫冈·泡利发现了。但狄拉克能够应付这种失望，这封信标志着

---

① 前文提到过，在矩阵中，$a \times b$ 一般不等于 $b \times a$，此即非交换性。——编者注

他和海森伯之间长期友谊的开始。

似乎一切都在逐渐聚拢，但它仍然令人困惑。量子力学可以用两个不同的但明显相关的数学系统来解释。哥廷根方面不出意料地更推崇矩阵。而在尼尔斯·玻尔周围的哥本哈根圈子里，人们认为狄拉克的版本更优雅，而且就像事实证明那样，更具影响力。在这些特定的圈子之外，物理学家们面对矩阵和算子时越来越绝望，想知道是否会出现他们也能理解的量子力学公式。

保罗·狄拉克是一个外表并不显眼而又安静的人。身材瘦削，中等个头，有着宽阔的额头，尖尖的鼻子，方形的下巴，稀疏的小胡子，灵动而忧郁的眼睛。在从事量子力学研究的科学家中他是最杰出的，也是最奇怪的。正如后面所展现的，他患有某种形式的孤独症。

保罗·阿德里安·莫里斯·狄拉克出生于 1902 年，经历了一个他自己形容为"不快乐"的童年。症结在于与他父亲的艰难关系。

狄拉克的沉默寡言源于他的童年。保罗有一个哥哥和一个妹妹。他的父亲是个瑞士人，非常严格，要求子女无条件地遵守纪律。他的母亲来自英国康沃尔。父亲坚持只和孩子说法语，母亲坚持说英语。因此，对小保罗来说，每天都必须与父亲说法语，而与母亲和兄妹说英语。在餐桌上，父亲与保罗坐在一起，说法语，而其他家人则在厨房里吃饭（说英语）。"因为我发现我无法用法语表达自己，所以对我来说最好保持沉默。"狄拉克后来说。这家人几乎没有朋友，也不接待访客或去拜访别人，所以小保罗几乎没有机会练习和提高他的英语。因此，他唯一的选择就是保持沉默，而这将伴随他的一生。

狄拉克的兄妹都是受人尊敬的学者，但狄拉克很快就超越了他们。他学得最快，在所有科技学科中都成为班上的佼佼者，甚至在数学和物理方面把老师都甩在身后，不得不自己给自己出题布置作业。

然而，这个模范学生不太知道自己该做什么，所以他跟随哥哥菲利克斯选择了父亲为他们俩挑选的学科：工程学。当一位教授看到狄拉克在大学的地下室里苦恼地做实验时，他建议道："别在这里胡闹了！你是如此有天赋的数学家。改变你的专业，去攻读数学吧！你两年就能拿到学位。"保罗·狄拉克听从了他的建议，转而研究数学。

狄拉克现在既是工程师又是数学家：头顶青天，脚踏实地。他具备在物理学方面的直觉思维，同时对数学结构的纯粹之美有着非凡的感知。是的，数学上的美，狄拉克经常谈到它。他在数学结构和论证中看到了美，就像其他人在绘画或诗歌中看到的那样。

保罗·狄拉克的顿悟是在 1919 年爱因斯坦的相对论被日全食证实时发生的。现在他知道自己想要什么了：成为一名理论物理学家。把宇宙的秩序纳入数学方程。他坚信，自然界的核心是数学结构。"对应的方程是什么？"当其他物理学家含糊其词地谈天说地的时候，他就会这样问。

1921 年，狄拉克来到剑桥大学三一学院。在那里，欧内斯特·卢瑟福是卡文迪许实验室的负责人。他与狄拉克的性格完全相反，大嗓门、直言不讳、大大咧咧，对理论家从不宽容，但他却容得下狄拉克。狄拉克每周都会来实验室和实验家们喝茶。

在剑桥，认为物理学是一门已经成熟且完善的科学的想法仍然盛行，它建立在牛顿的经典力学和麦克斯韦的电磁理论这两根支柱之上。还有一个来自德国的新奇理论：爱因斯坦的相对论。剑桥的许多人仍然相信，有了这些理论，一切都可以被描述，一切都可以被计算。

用狄拉克自己的话说，他"爱上"了爱因斯坦的狭义相对论。他探索粒子的能量、质量和动量之间的关系，想要描述最小的原子与狭义相对论中最快的对象之间的关系。

即使在剑桥，狄拉克仍然是那个害羞、矜持的人，他一直是这样。当有人在三一学院的传统公共餐桌上试图与他交谈并问他打算去哪里度假时，他仍然保持沉默。上过三道菜后，他反过来问道："你为什么想知道这个？"他这么说不是出于无礼，他只是不明白怎么会有人对这种事情感兴趣。狄拉克对闲聊完全没有感觉。他反而对原子和狭义相对论更感兴趣，但属于他的全盛时期还没有到来。

先知与旋转的电子

1925 年 12 月中旬，尼尔斯·玻尔表示赞成，阿尔伯特·爱因斯坦表示反对。两位科学界的巨人在量子力学问题上的分歧不能再这样继续下去。莱顿的理论物理学教授、两位科学家的朋友保罗·埃伦费斯特邀请玻尔和爱因斯坦来到他家，试图让两人达成一致。

当玻尔乘坐的火车在前往莱顿的途中停靠在汉堡时，沃尔夫冈·泡利正在站台上等待。泡利问玻尔对电子自旋的想法怎么看。为了描述原子的构造，泡利刚刚确定了电子的一个奇怪的属性，它只能取两个值：1/2 和-1/2。他无法解释它，只能用它来计算，并解决多年来一直困扰理论家们的难题：原子光谱线在磁场中的分裂，即"反常塞曼效应"。

埃伦费斯特研究所的两名荷兰学生塞缪尔·古兹密特和乔治·乌伦贝克对泡利的发现进行了大胆的解释：这是电子自身的旋转，它们内在的旋转；它可以有两个方向，向左和向右。古兹密特和乌伦贝克用"自旋"来称呼这种旋转。在物理学上，电子是一个质点。但一个点没有延伸，它不能围绕自己的轴线旋转。此外，数值 1/2 意味着电子在半个旋转后，已经可以说是再次朝向初始方向。在某些方面，"自旋电子"（由海森伯命名）对应着围绕其自身轴线的旋转，在其他方面，它与每个经典概念都相悖。[①]

即使是提出这个理论的古兹密特和乌伦贝克，也对它感到非常不舒服，以至于他们试图摆脱这种解释。研究所的负责人保罗·埃伦费斯特阻止了两人："他们都很年轻，就算犯了一些愚蠢的错误也没什么。"这样的图景便留在了世界上：电子以奇怪的方式围绕自己旋转。像大多数量子现象的图景一样，它是一个权宜之计。自旋是量子力学公式中的一个量，人们对它没有明确的看法。

"非常有趣。"玻尔在车站对泡利说。换句话说：拒绝。泡利点点头。他也不认同古兹密特和乌伦贝克的解释。

玻尔继续他的旅程。在莱顿的火车站，他遇到了阿尔伯特·爱因斯坦和保罗·埃伦费斯特，他们也想听听玻尔对自旋的看法。玻尔向他们解释了他为何持反对意见。在原子核的强电场中运动的电子如何才能充分暴露在外加磁场中，产生细密分裂的光谱线，从而显示出反常塞曼效应？爱因斯坦向他解释了这为何是可能的。他已经预见到了玻尔的反对意见，并在他的相对论的帮助下消除了这种反对意见。玻尔被说服了。他说，爱因斯坦的解释是一个"启示"。他现在相信，关于电子旋转的想法将拯救他的原子模型。行星在围绕太阳运行时也会在自己的轴线上旋转。这是玻尔和爱因斯坦之间

---

① 粒子自旋，是粒子的内在性质，虽然有时会与经典力学中的自转（例如行星在公转的同时进行的自转）相类比，但二者本质上是迥异的。粒子自旋会产生磁场，可以解释包括反常塞曼效应等许多实验现象，也因此证明其存在。粒子自旋的数值还可以用于区分费米子和玻色子。——译者注

最美好的和谐时刻。他们可能没有在量子力学上达成一致，但他们在电子自旋上达成了一致。

在返回哥本哈根的路上，玻尔的火车停在哥廷根。维尔纳·海森伯和帕斯夸尔·约尔丹正在站台上等候。玻尔告诉他们，电子自旋是一个巨大的进步。在这一点上，他们相信他。

玻尔继续前往柏林，去参加德国物理学会关于量子概念诞生25周年的会议。沃尔夫冈·泡利也从汉堡抵达。他再次询问玻尔有关自旋的问题，而且他对玻尔改变主意和成为自旋的提倡者并不感到惊讶。泡利摇了摇头。他认为电子自旋的"新福音"是一种"错误的教义"，并告诫玻尔不要再传播它。"我不喜欢它。"泡利说。但玻尔喜欢。他是先知，违背他的人就是异端。

多情时期的杰作

1925 年 12 月，来自维也纳、定居在苏黎世的物理学家埃尔温·薛定谔正在瑞士格劳宾登州的赫维希别墅度圣诞假期，这个别墅是肺病患者的疗养地，位于阿罗萨的山坡上，非常壮观。海拔 1 850 米的山区中的空气缓解了肺结核患者的病情。前两年的圣诞节，他已经来过这里了，当时是和他的妻子安妮一起。这一次，他身边有另一位女人，她也来自维也纳，是薛定谔从前的朋友。安妮可以接受这一点。她也有自己的情人，其中包括数学家赫尔曼·魏尔，而魏尔的妻子是物理学家保罗·谢尔（Paul Scherrer）的情人，谢尔则是沃尔夫冈·泡利的朋友。

薛定谔比年轻的冒险家海森伯、泡利和其他主要在哥廷根和哥本哈根做研究的"男孩物理学家"大 15 岁左右。他于 1887 年出生在维也纳的一个富裕但并不传统的家庭，祖上是英国人和奥地利人。在奥匈帝国的最后几年里，埃尔温作为独生子，在维也纳市中心的一个华丽的公寓里长大，由女性照顾：他娇弱的母亲和她的两个姐妹，以及他的表姐和多名保姆。这一时期彻底塑造了埃尔温·薛定谔与女性的关系。对他来说，女人是关心他需求的生物，而他不需要关心她们的需求。

薛定谔夫妇对音乐没有什么兴趣，但对 19 世纪末维也纳狂野的色情戏剧却有着极大的热情。在高中时，埃尔温很快就因其卓越的天赋、自信、帅气以及迷人的魅力、随和的举止而闻名。薛定谔是一个令女人着迷的男人。他的面部瘦削，但却很吸引人。如果他没有那么严重的近视就好了。他的眼睛几乎要从他那厚重的圆形眼镜片中鼓出来了。

1906 年秋天，在路德维希·玻尔兹曼自杀的几周后，薛定谔进入维也纳大学学习，并于 1910 年完成了关于"潮湿空气中绝缘体的表面电流传导"的博士论文。他在博士学位证书上的名字为"埃尔维诺"（埃尔温的拉丁文形式）。他在实验物理学家弗朗茨·埃克斯纳（Franz Exner）那里得到了第一份有偿的助理工作。1913 年，爱因斯坦在维也纳的一次演讲"论引力问题的现状"唤起了薛定谔对物理学深层基本问题的兴趣：引力之谜、宇宙的性质和物质的本质。

然后，战争爆发了。薛定谔最重要的老师弗里茨·哈森诺尔（Fritz Hasenöhrl），奥地利理论物理学的希望之光，被一枚炮弹的碎片击中头部，不幸身亡。薛定谔也参加了战争，先是作为要塞炮兵的一名军官，然后是提供军事气象服务。他亲身体验了枪林弹雨的战斗，这也使他的胸前钉了一枚奖章。1916 年，他在日记中写道："我想，这仗还会继续打下去，你什么也做不了。这很糟糕。奇怪的是，我不再问战争何时结束，而是问战争会不会过去。很幼稚，不是吗？但愿能过去吧。14 个月真的有那么漫长吗？长到让人怀疑到底会不会结束？"

战后，埃尔温·薛定谔经历了体面的但并不出色的学术生涯。他去耶拿担任马克斯·维恩的助手，到斯图加特和布雷斯劳担任副教授。1921 年，他终于找到了一份得以让他赚到足够的钱来娶未婚妻安妮·贝特尔的工作：苏黎世大学的理论物理学教授。他受到妻子安妮的爱慕和照顾，但这并不能阻止他在蜜月后不久继续与朋友的妻子保持关系。几年后，他和三个女人生了三个孩子，而没有一个是他和原配妻子生的。

不过，他确实照顾他的妻子，他最重要的目标之一是为她的晚年生活提供经济保障。在与苏黎世大学商谈薪资待遇时，他很重视养老金的权利，它将会在他去世后被转移给他的妻子。

在中立的瑞士生活比在战后的维也纳要舒适得多。薛定谔与物理学家彼得·德拜和数学家赫尔曼·魏尔进行讨论，与阿尔伯特·爱因斯坦、阿诺尔德·索末菲和威廉·维恩交流，研究固体热力学、统计力学、广义相对论、原子和光谱学、颜色测量和色觉。他所发表的研究论文是扎实的，但并不引人注目。

薛定谔处理的是当时物理学界讨论最多的问题，但仍然坚持他的传统思维。玻尔和索末菲的原子模型中电子从一个轨道突然跳到另一个轨道的想法对他来说是不可信的。他认为，这种无中生有不属于物理学，因为它带来了不可预测性：发生的事情没有一个说得通的原因。这也是爱因斯坦反对玻尔理论的原因。

当德布罗意将电子轨道解释为驻波的传言开始流传时，薛定谔发现它们似曾相识。它隐藏得很好，他没有识别出来，而那居然是他一年前发表的一个理论成果。

德布罗意是一个有着绝妙想法的理论白痴。薛定谔是个数学大师。他采纳了德布罗意的想法，并将其发展成一种成熟的理论。

1925 年，当海森伯在黑尔戈兰岛与他奇怪的数学形式做斗争时，薛定谔写了一份报告，他在其中详细地阐述了德布罗意的电子波，并提出了这样的假设：粒子实际上根本就不是粒子，而是"构成世界基础的波辐射上的泡沫"。在他诗意的引导下，他创造了一种描述物质世界的图景。

当他与苏黎世的一位同事交谈时，他对粒子波理论赞不绝口。这位同事反问道："如果电子是波，那么它们的波动方程是什么？形成这些波的物质是什么？它们是什么样子的？"薛定谔对所有这些问题都没有答案。德布罗意只计算了一个波长，仅此而已。到目前为止，这个波只不过是一个抽象的想法，没有物理现实的根基。薛定谔决心把它们纳入一个公式，一劳永逸地消除玻尔的量子跃迁论和海森伯的庞大矩阵。他在纸上写下了一个波动方程。这个方程很美，看上去很有说服力，但却是错误的。它被丢进了废纸篓。

1925 年，薛定谔去阿罗萨过圣诞节时暗下决心，没有想出正确的方程式就不回来。也许是山里的空气激发了他的思维，也可能是那位神秘的同伴鼓舞了他。这些数学问题很困难，愚蠢的是薛定谔没有把微分方程的参考书打包带上。"如果我有更多的数学知识就好了！"他感叹道。从头再来的时候，他直接忽略了相对论等复杂因素，最后找到了他要找的东西：一个真正呈现德布罗意想法的波动方程。这几乎完全是他独立设计出来的，只有一些细枝末节的数学问题是在他回到苏黎世后由赫尔曼·魏尔帮助他处理的。他的老板问他是否喜欢在阿罗萨滑雪时，薛定谔回答说，他的注意力转移到"一些计算"上了。

薛定谔方程是一个优雅的构造。它用数学算符描述了一个由某种能量函数调节的场。当薛定谔将其应用于一个原子时，它产生了许多解，其中每一个都描述了场的一种静态模式：原子的能态。凭借娴熟的数学技巧，薛定谔推导出了玻尔粗略提出的量子规则。有了他的方程式，原子的能态似乎并没有小提琴弦的音符来得神秘。

薛定谔将一些物理学家认为非常可怕的量子跃迁，即那些突然的、不连续的状态变化，转化为从一种驻波模式到另一种驻波模式的平滑过渡。在他手中，原子的物理学不再是拼凑出来的，而是一件艺术品。薛定谔并非单纯使用逻辑推导出他的方程式，它就像一段音乐那样被构思出来。

1926 年 1 月，他就自己的方程写了第一篇论文，并提交给《物理学年鉴》。一个极富创造性的时期开始了，他在 6 月之前又写了四篇论文，几乎每个月一篇，他在这些文章中都进一步阐释了他的波动力学。

老一辈的人都很激动。阿诺尔德·索末菲说，这篇论文让他"茅塞顿开"。阿尔伯特·爱因斯坦在给薛定谔的信中说，"您论文中的想法证明您是真正的天才"，稍后又说，"我确信您对量子条件的表述取得了真正的进展，正如我确信海森伯和玻恩的道路是荒谬的一样"。罗伯特·奥本海默，这位极具天赋的美国物理学家，此时正在哥廷根跟随马克斯·玻恩学习量子物理，他欣喜地说："这是一个极其漂亮的理论，简直是人类史上最完美、最准确和最出色的理论之一。"

玻尔和海森伯周围的量子力学专家也注意到了。"我认为这篇论文是最近所写的论文中重要性数一数二的，"汉堡的沃尔夫冈·泡利在给哥廷根的帕斯夸尔·约尔丹写的信中说，"请仔细地、虔诚地阅读它。"

看来，经典秩序已经恢复。薛定谔方程成为新量子物理学的核心。已经将近 40 岁的薛定谔,"在这不年轻的多情时期创造了他最伟大的杰作",他的好朋友和他妻子的情人、数学家赫尔曼·魏尔这样说。这是薛定谔众多多情时期中的一次,远不是最后一次。但正是这次引向了他最重要的发现。薛定谔夫妇都对与埃尔温共同前往阿罗萨的"暗影女士"的身份保持谨慎的沉默态度。薛定谔在物理学上是一个传统主义者,在生活中是个浪子。

1926 年,薛定谔开始辅导女孩伊塔(Itha)和罗斯维塔·容格(Roswitha Junger),她们被他称为伊蒂(Ithi)和维蒂(Withi),他教她们数学。她们是他妻子安妮的一个熟人的女儿,两个都是 14 岁,异卵双胞胎。她们正面临着在修道院学校挂科的风险。薛定谔救了她们,向她们解释他的研究,和她们谈论宗教,给她们写糟糕的诗,还有像伊塔后来所说的那样,给她们"一大堆的抚摸和拥抱"。女孩们对他的关注感到受宠若惊。薛定谔爱上了伊塔。他等待着,直到她年满 16 岁。然后,在一次滑雪假期中,他半夜来到伊塔的房间,向她表明了自己的爱。两人在她 17 岁生日不久后就开始了婚外情。

波和粒子

1926 年，哥本哈根，海森伯搬进了玻尔研究所的一个舒适的小阁楼公寓，有倾斜的墙壁，可以看到大众公园。玻尔和他的家人住在研究所旁边的一栋宽敞的别墅里。海森伯经常拜访玻尔家，以至于他在玻尔的别墅里有"半个家的感觉"。

玻尔已经筋疲力尽。研究所进行了扩建和翻修，这让他花费了大量的精力。他患上了严重的流感，用了两个月的时间才康复。海森伯利用玻尔生病的这段安静时间，用他的理论算出了氦的谱线——这是对其理论的重要检验。这个理论和它的创造者轻松通过了检验。

玻尔刚恢复过来，原来的游戏就重新开始了。"晚上八九点以后，玻尔会走进我的房间说：'海森伯，你对这个问题有什么看法？'然后我们会一直谈下去，常常持续到晚上十二点或者凌晨一点。"有的时候，玻尔也会邀请海森伯到别墅里谈论别的话题，有时一直持续到深夜，其间会伴随着很多杯酒下肚。

此外，海森伯还必须履行他的教学职责。他每周在大学里讲授两次关于理论物理学的课程——用丹麦语。24 岁的他比听课的学生大不了多少。第一堂课结束后，一个学生说，"很难相信他这么聪明"，他看着"像一个聪明的木匠学徒"。海森伯很快就适应了研究所的工作节奏，并结交了新朋友。周末他与同事们一起航海、骑马和远足。然而，在薛定谔 10 月份来访之后，他发现越来越没有时间进行这种休闲活动了，尽管这些活动对他来说尤其重要。玻尔对他严加管束——这位大师需要看到进展。

然而，玻尔和海森伯无法就如何解释量子力学达成一致。玻尔想弄清事情的真相，他尝试着拨开迷雾：在通往量子世界的路上，清晰的终点在哪里？为什么会结束在这里？玻尔希望用理论来调和波和粒子的双重面孔，争取将旧时代物理学的概念带入新时代。

海森伯并不理解玻尔的忧虑。这有什么问题？我们有一个理论。我们可以做出预测，也可以在实验中测试它们。这个理论告诉了我们位置和速度意味着什么。这就够了，其他的相关想法都是无关紧要的。

波粒二象性给物理学家带来了几乎是生理上的痛苦。阿尔伯特·爱因斯坦在 1926 年 8 月写给保罗·埃伦费斯特的信中说道："又是波，又是量子！这两个现实都是坚如磐石的。只有魔鬼才能从中创造出任何真正的押韵诗或理性。"

在经典物理学中，世界仍然是有秩序的。有波，也有粒子——没有什么既是波也是粒子。在量子物理学中，粒子有时会假装成波。还是说是反过来的？海森伯的量子力学理论就是以粒子为基础的。薛定谔把世界想象成一大堆波。然后这两种方法被证明在数学上是等价的。这怎么可能呢？两个如此不同、看似不相容的出发点，却导致了相同的结果？矩阵力学和波动力学的等价性证明并没有帮助解决波粒二象性的问题。

这几乎就像电子想故意愚弄它们的研究人员一样：只要没有人在看，它们就是波；只要有人看，它们就突然变成粒子。这背后的机制是什么，原因是什么，有什么效果？玻尔和海森伯想得越多，他们就越不明白。他们一起试图揭露这个悖论的核心，但在这样做的时候，他们也暴露了他们之间的紧张关系。他们有两种互不相容的方法，但两人的方法都没有取得太大进展。两人都对对方失去了耐心，他们几乎把对方逼疯了。

海森伯认为答案在于理论本身：关于原子尺度上现实的本质，它能告诉我们什么？如果是量子跃迁和不连续性，那就这样吧。对他来说，很明显，在波粒二象性中，粒子方面是占优势的。他拒绝给任何让他想起薛定谔波的东西留下空间。玻尔则更加开放。与海森伯不同的是，他并不执着于矩阵力学。他想同时面对这两种概念：粒子和波。但数学形式主义并不会让玻尔着迷。海森伯总是从数学的角度思考问题，玻尔则试图探索数学以外的物理学。他在寻找波粒二象性的物理意义，海森伯则在寻找一种数学上的描述。

因此，玻尔正在寻找一种方法，在对原子过程的完整描述中同时容纳波和粒子。玻尔认为，成功调和这两个相互矛盾的思路，就可以找到诠释量子力学的钥匙。

拜访爱因斯坦

1926 年 4 月，柏林，阿尔伯特·爱因斯坦和马克斯·普朗克在物理学的奥林匹斯山上坐观其变。爱因斯坦将近 50 岁，普朗克将近 70 岁，他们都享有神一般的声誉。高兴的时候，他们会邀请年轻的物理学精英来加入他们，听听这些年轻人的冒险故事。现在，24 岁的维尔纳·海森伯有幸在他所说的"物理学大本营"（柏林）介绍他的最新成就。从外表上看，海森伯仍然是四年前与玻尔一起在海恩山登上山顶的那个青年，在羞涩和好奇之间徘徊。他仍然在与这些奇怪的量子搏斗，但他不再那么摇摆不定了。正是他发现了量子力学。不是普朗克，不是爱因斯坦。这个理论是他创造的。

围绕爱因斯坦已经发展出了一种崇拜。他有一头凌乱的白发、警觉的眼睛和总是有点太短的裤子，你很容易就能在街上认出他来。他已经成为一个偶像。随着他地位的改变，他的科学思维方式和表达方式也在改变。天上诸神宣扬真理时从不提供理由。阿尔伯特·爱因斯坦在给马克斯·玻恩的信中写道："量子力学是非常引人注目的。但有一个内在的声音告诉我，这毕竟不能当真。这个理论解释了很多，但它终究没有让我们更加接近古老的奥秘。无论如何，我都相信，亲爱的上帝不掷骰子。"

1926 年 4 月 28 日，当 24 岁的维尔纳·海森伯站在黑板前，笔记摊在面前的桌子上，他完全有理由感到紧张。他必须在柏林大学著名的物理学术研讨会上解释他的矩阵力学。对他来说，他在慕尼黑和哥廷根的演讲都是排练，柏林才算是实际首演。海森伯扫了一眼观众席。马克斯·冯·劳厄、瓦尔特·能斯特、马克斯·普朗克和阿尔伯特·爱因斯坦——四位诺贝尔奖获得者——在前排相邻而坐。

海森伯经常听到并提及这些名字。这天，他第一次见到他们本尊。但他知道他们已不再年轻了，他们的伟大功业都在过去。正如他后来所说，他花了很大的力气，"尽可能清楚地介绍新理论的概念和数学基础，这些概念和数学基础对当时的物理学来说陌生至极"。

爱因斯坦的兴趣被完全提起来了，以至于他和海森伯进行了一场深入的讨论。讲座结束后观众散去，他走近海森伯，邀请他到自己家里去。他们一起走过城市的街道，来到爱因斯坦的公寓。这次柏林之行给海森伯最终留下深刻记忆的是与这位神一般人物的同行，而不是他的那场演讲。他终于亲眼见到了爱因斯坦。四年前，海森伯曾希望在莱比锡的物理学会议上见到爱因斯坦，但当时爱因斯坦因为德国外交部长瓦尔特·拉特瑙被暗杀而不得不待在家里，而海森伯又不能亲自前来，因为前不久他刚被人抢劫一空，也付不起车费。

在这个春日，当他们漫步在柏林的街道时，爱因斯坦主导了谈话。他询问了海森伯的家庭情况、他的受教育程度和以前的研究成果，而对他的新理论只字未提。

当他们到达哈伯兰大街的 5 号公寓的四楼时，爱因斯坦才转入严肃的话题。他不喜欢海森伯在他的矩阵力学中摒弃物理的核心概念——位置与速度——并用深奥的数学结构取而代之。"你讲给我们的事情听起来都很不寻常，"他对海森伯说，"你假设原子里有电子，你这样做可能是对的。但是你想完全摆脱原子中电子的轨道，这些可以在云室①中直接看到的电子轨迹。你能向我更详细地解释这些奇怪的假设吗？"

这就是海森伯梦寐以求的机会，赢取这位 47 岁的量子物理学元老的信任，使他站在自己这一边的机会。毕竟，他只做了现实迫使他做的事。他不想把他的理论建立在未知和甚至不可知的数量上，而是想将其建立在物理学家可以实际观察到的东西上。他解释说："您无法观察到原子中电子的轨道，但是从原子在放电过程中发出的辐射，您还是可以直接推断出原子中电子的振荡频率和相应的振幅。对振荡频率和振幅的整体描述可以替代以前的物理学中对电子轨道的描述。既然在一个理论中只包含那些可以观测的量是合理的，那么对我来说，只引入这些对整体的描述来表示电子轨道，就很合理了。"

不，爱因斯坦认为这一点都不合理。"你不会真的相信，在物理的理论中只允许包含可观测的量吧？"爱因斯坦回应道。

是的，这正是海森伯所相信的。他试图用爱因斯坦自己的理论来反驳爱因斯坦。"我本以为，"他回答说，"正是您把这个想法作

---

① 云室，一种用来探测电离辐射后的粒子的探测器。当带电粒子穿过云室中的混合物时，混合物被电离而凝结，从而可以显示粒子的运动轨迹。——译者注

为您的相对论的基础，不是这样吗？您曾经强调过，人们不应谈论绝对时间，因为这种绝对时间无法被观测。只有时钟的数据，无论是在运动的还是在静止的参照系中，对于时间的观察都是最有权威性的。"

这可让他说中了。"我可能用过这样的推理，"他喃喃地说，"但这仍然只是天方夜谭。或者我可以更谨慎地说，留心自己真正观察到的东西可能具有一定的启发性，但在原则上，想把一个理论只建立在可观察量上是非常错误的。因为在现实中，情况正好相反，是理论决定了什么可以被观察到。你必须明白，观察通常是一个非常复杂的过程，需要观察的过程会在我们的测量仪器中引起某种反应。结果，进一步的过程在这个装置中发生了，最终以一种迂回的方式在我们的意识中产生感官印象并出现确定的结果。从被观察的过程到意识中的结果，我们必须知道它是如何运作的，如果我们试图声称我们已经观察到了什么，那么我们就必须真正地了解其中的自然规律。只有理论，即对自然规律的认识，才能使我们从感官印象中推断出潜在的过程。当我们说自己可以观测到某些东西时，我们想说的其实是，尽管我们想阐述新的自然法则，但我们还是应该假定以前的自然法则正在精确地发挥着作用，使一个即将被观察的过程接入我们的意识，以至于我们可以依赖这些已知的法则并因此称之为观测。举例来说，相对论的前提是，从手表到观测者眼睛的光线也在运动参考系中，按照已知的规律运行。而在你的理论中你显然也假定，从振荡原子到光谱仪或到眼睛的光线，也遵守它的运行规律，即基本上是用麦克斯韦定律描述的。但如果情况不是这样，你就不再能够观测到你所谓的可观测量。因此，你断言你只引入可观测量，这实际上只是对你试图提出的理论的一种假设。

你假设你的理论在关键的地方与以前对辐射过程的描述并不冲突。你可能是对的，但不是一定对。"

海森伯没有想到这一点。他原本认为在可观测性方面，爱因斯坦会站在他这一边。爱因斯坦的论证方式现在对海森伯来说是有意义的。但这些论点与爱因斯坦自己的相对论不是同样相抵牾吗？爱因斯坦对量子力学持如此强烈的反对态度，难道就算推翻他最引以为傲的相对论也在所不惜？海森伯搬出爱因斯坦的老盟友、哲学家恩斯特·马赫来支持自己的观点："理论实际上只是依据思维经济原则对观察进行的总结，这一观点来自物理学家和哲学家马赫。而且人们都说，您在您的相对论中果断地采取了马赫的这一思想。然而，您刚才所说的，在我看来似乎正好是相反的方向。我究竟应该相信什么，或者换句话说，您在这一点上相信什么？"

事实上，爱因斯坦还在伯尔尼担任专利员的时候，就研究了奥地利哲学家恩斯特·马赫的作品。马赫曾表示，科学的新目标，不是揭示自然的本质，而是尽可能简单地描述事实，即实验数据。每个科学概念都由测量它的方式来定义。在马赫哲学的影响下，爱因斯坦开始对绝对时间和绝对空间这些旧概念发起攻击。然而，海森伯显然不知道的是，后来爱因斯坦拒绝了马赫的哲学，因为它忽视了世界真正存在的事实，他说："这就说来话长了，但我们可以详细地谈论它。马赫的这种思维经济概念可能已经包含了一部分真理，但对我来说有点太平庸了。首先，我想提出几个支持马赫的论点。我们与世界的互动显然是通过我们的感官进行的。即使在我们学习说话和思考的小时候，我们也是尝试通过一个带有某种关联的词来描述一个非常复杂的感官印象的。比如'球'这个概念，我们从成人那里学会了用它来表达，并因为自己能够被理解而感到满足。因此，我们可以说，在我们脑中词语的形成以及'球'这个概念的形成是一种思维经济行为，因为它允许我们以一种简单的方式概括相当复杂的感官印象。马赫甚至没有解决这样一个问题：人类——这里是指小孩子——必须具备哪些心理和生理上的先决条件，才能启动这样的理解过程。众所周知，这在动物身上的效果要差得多，但我们不需要谈论这个问题。马赫继续说，科学理论——可能是非常复杂的理论——基本上是以类似的方式形成的。我们试图将各种现象进行统一归纳，以某种方式将它们简化，直到我们只需用几个术语就能理解一组也许非常丰富的现象，而'理解'意味着能够用这些简单的概念把握它们的多样性。这一切听起来似乎很有道理，但人们不得不问，这种思维经济原则究竟是什么意思。它是一种心理经济还是一种逻辑经济，或者换句话说，它是现象的主观方面还是客观方面？在孩子形成'球'这个概念时，这只是一种心理上的简化，即复杂的感官印象被这个概念所概括，还是这样的球真的存在？马赫可能会回答，'对于球真的存在的陈述'仅意味着可以轻松总结的感官印象，但马赫这样的想法是错误的。首先，'球真的存在'这句话还包含了很多对未来可能产生的感官印象的陈述。可能发生的事情和我们所期待的事情，是我们的现实的重要组成部分，不应被简单地忽视在事实之外。其次，我们必须意识到，从感官印象中推理概念和事物是我们思维的基本前提之一；如果我们只想谈论感官印象，我们就必须剥夺我们的语言和思维。换句话说，世界真的存在，我们的感官印象是基于客观事物的，这一事实在某种程度上被马赫忽略了。我不想鼓吹天真的现实主义，我知道我们在这里处理的是非常困难的问题，但我觉得马赫的观察概念有点过于天真了。马赫表现得好像我们已经知道'观察'这个词的含义，而且他认为他可以在这一点上避免做出'客观或主观'的决定，他的简单概念也具有极为可疑的经济性的特征：思维经济性。这个概念具有太多主观的色彩。在现实中，自然规律的简单性也是一个客观事实。在形成一个正确的概念的过程中，在简单性的主观和客观方面找到适当的平衡是很重要的。这是非常困难的。让我们回到你演讲的主题上。我怀疑你在以后的理论中会在我们刚才谈到的这一点上遇到困难，我想更详细地解释这一点。你表现得好像你可以把一切都留在观测的层面，也就是说，好像你可以简单地用以前的语言来谈论物理学家观察到的东西。但是，在这种情况下，你还得说在云室中，我们观察电子通过云室的路径。然而在原子中，根据你的说法，没有电子路径。这显然是无稽之谈。仅仅通过减少电子运动的空间，你并不能推翻轨道这个概念。"

现在就看海森伯如何捍卫他的理论了。他试图通过稍微迁就爱因斯坦来做到这一点。"就目前而言，我们还不知道可以用什么样的语言来讨论原子中真正发生的事情。不过我们现在有一种数学语言，也可以说是一个数学方案，借助它我们可以计算出原子的定态或者从一个状态到另一个状态跃迁的概率。但我们还不知道，至少在普遍的情况下还不知道，这种语言与普通语言是如何联系的。当然，我们需要这种联系，以便将理论投入实验。因为我们总是用普通的语言，也就是用以前的经典物理学语言来谈论实验，所以我不能说我们已经理解了量子力学。我认为数学方案已经有了，但与普通语言的联系还没有建立。只有让这种数学语言与普通语言相联系，我们才有希望以一种不会产生内部矛盾的方式来谈论电子在云室中的路径。现在要解答您的问题可能为时尚早。"

"好吧，我接受这个观点，"爱因斯坦让步了，"我们可以过几年再讨论这个问题。但是，就你的演讲我似乎应该再问一个问题。量子理论有两个非常不同的方面。一方面，正如玻尔一直强调的那样，它肯定了原子的稳定性，允许同样的形式一次又一次地反复出现；另一方面，它又描述了一种奇怪的不连续性，即自然界中的不连续性，我们通过在黑暗中观察荧光屏上的放射性制剂发出的闪光就可以很明显地认识到这一点。这两方面自然是有联系的。在你的量子力学中，你将不得不谈论这两个方面，例如当你谈论原子的光发射时，你可以计算出定态的离散能量值。这说明，你的理论似乎可以解释特定形式的稳定性，这些形式并不能持续地相互融合，它们之间存在着差异，而且这样的差异显然是会反复产生的。但是，当光从原子中被发射出来时，到底发生了什么？你知道我曾经尝试过这样的想法：原子从一个稳定的能量值突然下降到另一个稳定的能量值，可以说是将能量差作为一个能量包，也就是一个所谓的光量子，给发射出去。这是这种不连续因素的一个特别明显的例子。你认为这种想法是正确的吗？你还能以某种更精确的方式来描述从一个稳定态到另一个稳定态的转变吗？"

谈到这里，海森伯不得不躲在尼尔斯·玻尔身后："我从玻尔那里了解到，我们不能用以前的术语来谈论这样的转变，也不能把它描述为一个空间和时间的过程。当然，这说明不了什么。其实这正是人们所不知道的。在这个阶段，我无法决定我是不是应该相信光量子。辐射显然包含您用光量子表示的这种不连续性。然而另一方面，在干涉现象中也有一个明显的连续性因素，最容易用光的波动理论来描述。当然，您问的没有错，人们是否能从新的量子力学中得到这些难题的答案，即便在我们还没有真正理解新的量子力学的情况下？我相信，我们至少应该抱有可以获得肯定答案的希望。

我可以想象，例如，若是观察一个与环境中其他原子或与辐射场进行能量交换的原子，我们会从中得到一些有趣的信息。然后您可以询问原子中能量的波动性。如果能量不连续地变化，正如您根据光量子概念所期待的那样，那么波动，或者用更数学化的术语来说，波动的均方将比连续变化的情况大。我愿意相信量子力学可以带来更大的价值，不连续性能被立即直观地看到。但另一方面，在光的干涉实验中，连续性的因素却被明确地观察到。很容易想象，从一个定态到另一个定态的转变类似于电影中从一帧到下一帧的过渡。转变不是突然发生的，而是一个图像逐渐淡去，另一个图像慢慢出现并越发清晰，所以有一段时间这两个图像混在一起，不知道实际上是什么图像。因此，也许存在一种中间状态，我们不知道原子是处于上层还是处于下层的态。"

"但现在你的想法正在向一个非常危险的方向发展，"爱因斯坦警告说，"你突然谈论的是人们已知的自然，而不再是真正的自然。然而，在自然科学中，这只能是一个揭示自然的真实情况的问题。很可能你和我对自然的认识不同。但谁会对这个感兴趣呢？也许只有你和我。对其他人来说，这是一个完全可以漠不关心的问题。因此，如果你的理论是正确的，你迟早要告诉我，当原子通过光的发射从一个稳定态进入另一个稳定态时，会发生什么。"

海森伯也希望有一天能够给出答案，但他希望爱因斯坦暂时满足于此。"也许确实是这样，"他回答说，"但在我看来，您的话有些严厉了。不过我承认，我现在的回答都带着蹩脚的借口。所以让我们拭目以待，看看原子理论如何进一步发展。"

不过，爱因斯坦并不满足于此。他进一步挖掘："在这么多的核心问题还完全没有解决的情况下，你为什么居然如此坚信自己的理论？"

对海森伯来说，答案并不简单。回答为什么的问题不是他的强项。他犹豫了一下，想了想，然后回答说："我和您一样相信自然规律的简单性是客观的，它并非只是一个思维经济的问题。当一个人被自然引导到非常简单和美丽的数学形式——我在这里指的是基本假设、公理和类似的协调系统——以及尚未被任何人想出来过的形式面前时，人们就会自然地认为它们是'真实的'，也就是说，它们代表了自然界的真正特征。可能这些数学形式也受制于我们和自然的关系，因此其中也有思维经济的因素。但是，正因为一个人永远无法自己凭空想出这些形式，它们首先是由自然呈现给我们的，所以它们也属于现实本身，而不仅仅是我们对现实的认识。您可能会指责我在这里使用真理的美学标准——简单和美丽，但我不得不承认，对我来说，大自然向我们提供的数学方案的简单和美丽很有说服力。您一定有过这样的经历：在您完全没有做好准备的时候，大自然突然摆在您面前的简单和连贯的联系让您大为震惊。这与您把一件（物理或非物理的）工艺品做得无比精美时获得的喜悦完全不同。这就是为什么我当然希望之前讨论的问题能够以某种方式得到解决。数学方案的简单性也意味着，一定可以想出许多实验，在这些实验中，根据理论可以非常准确地预测结果。如果随后进行的实验得出了预测的结果，人们就很难再怀疑这个理论在此领域反映自然的准确性。"

这听起来更像是恳求而不是争论，但这让爱因斯坦的心情更加平和。"通过实验进行控制，"他回答道，"当然是确保理论正确性的微不足道的前提条件。然而你永远不可能检查所有的东西。所以你说的简单性更让我感兴趣，但我永远不会试图声称我真正理解了自然规律的简单性是怎么回事。"

爱因斯坦坚信，外面的世界是真实的，而人类的想象力能够将其挖掘到深处。海森伯不相信我们的想象力能够超越日常的世界。数字必须是正确的，公式必须是正确的。只有这样，我们才能谈及想象力。

现在他们已经触及了深层的哲学问题：什么是科学真理？美丽是它的标准吗？两人继续讨论了一阵子，然后海森伯改变了话题。他正处于人生中一个重要的十字路口。三天后，他将回到他在哥本哈根的岗位上，担负玻尔的助手和大学讲师的双重职责。玻尔希望他能留在哥本哈根。但是莱比锡大学刚刚为他提供了一个教席的职位，一个永久的、有声望的职位——对于这样一个年轻的科学家来说，这是一个非比寻常的荣誉。那么他应该去哪里，哥本哈根还是莱比锡？海森伯向爱因斯坦征求意见。回到玻尔那里去吧，爱因斯坦回答说。

而后海森伯向爱因斯坦告别。他对没有说服爱因斯坦感到失望。两人直到一年半后才再次见面，那时他们又一次就量子力学和现实问题进行了争论——这一次的争论将更加激烈。

第二天，海森伯告知他在慕尼黑的父母，他将拒绝莱比锡大学的邀请。他告诉自己，会有更多的邀请的，如果没有，那就说明是自己不配。

在与海森伯见面后不久，爱因斯坦写信给阿诺尔德·索末菲："在最近深入阐释量子定律的尝试中，我最喜欢薛定谔的。我不得不佩服海森伯-狄拉克的理论，但对我来说，那里没有现实的味道。"

1926 年，柏林

普朗克家的聚会

　　柏林，1926 年夏天，维尔纳·海森伯对爱因斯坦和普朗克这两位物理学传奇人物的拜访，让双方都感到失望。他们更青睐另一位精英，埃尔温·薛定谔，他目前正在像流水线生产一样地发表论文。爱因斯坦"带着可以理解的热情"向普朗克推荐了薛定谔的作品。"这可不像那地狱里的机器，"爱因斯坦一边说着，一边瞥了一眼海森伯的矩阵代数，"这是一个清晰明了的想法——在应用中必然也是这样明晰。"

　　把原子中的电子看作驻波的想法是具有实际意义的，而这正是海森伯的矩阵所缺乏的。怎么可能会有两种完全不同的理论来描述同一个现象呢？这个令人困惑的问题很快就出人意料地被解决了——由薛定谔本人解决。在 1926 年春天，他发现波动力学和矩阵力学并没有什么不同。在它们看似矛盾的外表下，隐藏着相同的理论，只是用不同的数学形式来装饰。薛定谔的波可以用来计算满足矩阵代数规则的数字，而矩阵代数稍加调整，就会产生薛定谔方程。薛定谔并不是唯一注意到这两种理论之间惊人的等价性的人。

沃尔夫冈·泡利也发现了这一点，但他没有发表任何相关文章，只在写给帕斯夸尔·约尔丹的一封信中勾勒出了一个证明。

因此现在量子物理学家有了选择：薛定谔的波或者海森伯的矩阵。更多的物理学家倾向于波，他们以前就认识它。矩阵对他们来说仍然是陌生且不可捉摸的。不过，问题仍然存在：是只有一种"正确"的方式来谈论这世界上最小的构件，还是说这只是一个口味和便利的问题？

现在是时候邀请薛定谔来柏林了，更何况他目前正在全德国做巡回演讲，宣传他的方程式。7月，薛定谔应普朗克的邀请来到了德国首都。在此之前，他在斯图加特待了几天，并计划在柏林停留之后前往耶拿，五年前他曾在那里担任助理。

普朗克夫妇在车站迎接了薛定谔，带他回到他们位于格吕讷瓦尔德的万根海姆街21号的家，这里装修得很朴素。薛定谔的行程安排得满满当当的。7月16日，他向德国物理学会发表了题为"基于波动理论的原子理论基础"的演讲。第二天，在大学的物理学座谈会上，他在一个更小的圈子里举办了另一场更专业的讲座。柏林物理学界的所有元老——爱因斯坦、普朗克、冯·劳厄和能斯特——都在场，他们赞许地听着薛定谔的演讲。终于有人用经典的概念和经过验证的数学方法来推动量子物理学发展了。讲座结束后，普朗克夫妇为薛定谔举办了一场派对。马克斯·普朗克对这次讲座备感兴奋，再加上酒精的影响，他考虑在来年自己退休时让埃尔温·薛定谔成为他的继任者。

爱因斯坦和薛定谔第一次有了更深入的对话。终于有这个机会了！——自从1913年爱因斯坦在维也纳的演讲向年轻的薛定谔打开物理学的伟大奥秘之门以来，薛定谔就一直感到与爱因斯坦很亲近。从那时起，两人就互相写信，互相寄送作品，1924 年他们甚至在因斯布鲁克举行的自然科学家会议上短暂地见过一面。薛定谔一有机会就强调爱因斯坦对他来说是一个多么伟大的榜样。

爱因斯坦仍然清楚地记得他与海森伯的那场艰难的对话，他很庆幸自己能与薛定谔相处得更好。他喜欢薛定谔：薛定谔没有海森伯那种让爱因斯坦困扰的北方人的死板和矜持。虽然海森伯是个巴伐利亚人，但他在那里仍然是人们所说的"外来人"或"普鲁士人"，因为他的语言和举止受到他父亲威斯特伐利亚血统的影响。薛定谔受过良好的教育，有修养，平易近人，举止得体，他说的是热情的维也纳方言——聚会时是个很好的聊天对象。

爱因斯坦和薛定谔在量子力学上达成了一致。波动力学是更美丽、正确而可靠的理论。二人的相似之处甚至超出了科学的范畴。两个男人都结婚了，因为他们重视家庭带给他们的关怀，但他们也都在其他地方寻找私人的欢乐。

尽管两人有如此之多的共通之处，但这并不妨碍爱因斯坦毫不犹豫地指出薛定谔物理学中的缺陷。在面向德国物理学会的演讲中，薛定谔重申了他的愿景，即他的方程所描述的波将变成电子和其他物质的真实图像——更准确地说，它们不是别人想象中的粒子，而是质量和电荷的起伏集群。爱因斯坦喜欢这样的愿景，但他仍然很谨慎。薛定谔有这样一个愿望，但没有令人信服的说法。这可能仅仅是一厢情愿的想法而已。

维尔纳·海森伯根本不喜欢薛定谔的理论，而且他没有隐瞒自己的观点。"我对薛定谔理论的物理部分想得越多，就越觉得它可恶，"海森伯给沃尔夫冈·泡利写信时说，"但请原谅我的异见，不要告诉任何人。"

爱因斯坦希望薛定谔是对的，海森伯是错的。尽管他不会当着薛定谔的面直截了当地表达出来，但他怀疑，此事并不像薛定谔想象的那么简单。

诠释现实

1926 年的春天，马克斯·玻恩已在美国待了五个月。他见识了大峡谷和尼亚加拉大瀑布雷霆般的力量："突然间，大地疯狂地裂开，形成直落的悬崖，陡峻而崎岖，是任何想象力都不可触及的。"他在乔治湖上破冰航行，参观了钢铁之城芝加哥沉闷的工人社区，乘坐火车旅行了一万多千米，在顶尖的大学里讲课，赚了不少钱。有几所大学为他提供了长期职位，但都被他婉言拒绝了，因为他觉得自己要对祖国做出贡献，而哥廷根大学为他提供了加薪的机会，使他的抉择变得更加容易。4 月，玻恩回到了德国，当时的处境变得艰难。有人在他的老板为他写的推荐信的空白处写上了"犹太人！"的字样。他的助手海森伯已经去了哥本哈根，卓有成效的多年合作已经结束。

不过，有一件事吸引了玻恩的注意：埃尔温·薛定谔即将向世界发出一系列关于波动力学的非凡论文。玻恩读了这些文章，被"彻底震惊"。他是数学界的高手，只看了几眼就认识到薛定谔所创造的理论的"迷人力量和优雅之处"，以及"作为数学工具的波动力学的优越性"。为了用矩阵力学来描述氢原子，这种最简单的原子，它的创始人海森伯需要数学天才沃尔夫冈·泡利的帮助。而波动力学可以把这一切变得轻而易举。

玻恩很惊讶，而且有点恼火。他本可以自己想到的。早在1924年，阿尔伯特·爱因斯坦就将他的注意力吸引到路易·德布罗意关于物质波的论文上。玻恩当时认为那是个不错的理论，并且在给爱因斯坦的信中写道："可能具有重大意义。"他对德布罗意的波进行了一些推测，鼓弄起了公式。然后，当需要玻恩的数学技能来驯服海森伯可怕的矩阵时，他把研究德布罗意的波的工作搁置一旁。马克斯·玻恩在哥廷根工作多年，在这里，他们一向用矩阵计算。

玻恩是哥廷根的长住居民，但不是本地人。他在普鲁士西里西亚省的首府布雷斯劳（今波兰弗罗茨瓦夫）长大。起初，吸引他的是数学，而不是物理。当他进入布雷斯劳大学学习时，他的父亲、胚胎学教授古斯塔夫·玻恩建议他不要过早地选择专业。儿子很听话，旁听了化学、动物学、法律、哲学和逻辑学的课程，而后学习数学、物理学和天文学。随后，他又到海德堡和苏黎世学习访问，直到1906年他终于在哥廷根获得数学博士学位。

紧接着，他开始服为期一年的兵役，后因他患有哮喘病，不到一年就提前结束了。他在剑桥做了半年的博士后，师从 J. J. 汤姆孙教授，然后回到布雷斯劳，在实验室做实验。但实验室的工作不适合他，他缺乏技术和必要的耐心。他不是一个好的实验者，甚至不是一个合格的实验者。

于是，玻恩回归理论界，成为世界著名的哥廷根大学数学系的一名讲师，大卫·希尔伯特是该系的负责人。"物理学对物理学家来说太难了。"希尔伯特说。数学家们应该接管。而后，玻恩成为柏林的理论物理学教授。此后不久，第一次世界大战爆发，玻恩被征召入伍，先是在空军中担任无线电操作员，然后在炮兵部队中担任研发人员。他驻扎在柏林附近，可以时不时参加大学的研讨会，也可以和爱因斯坦一起演奏音乐。

战后，1919 年的春天，马克斯·冯·劳厄向玻恩建议他们交换工作。冯·劳厄是美因河畔法兰克福的一名教授，他因发现 X 射线在晶体上的衍射理论，证明了 X 射线类似于波而于 1914 年获得诺贝尔物理学奖。他有一个"长久而热切的愿望"，就是在柏林与他的老师和偶像马克斯·普朗克一起工作。阿尔伯特·爱因斯坦建议玻恩"绝对要接受"，玻恩听从了他的建议。仅仅两年后，他又来到了哥廷根，接任理论物理研究所的所长。这个研究所只有一个小房间、一个助理和一个兼职秘书。玻恩决心扩大它的规模，直到它能够与慕尼黑的索末菲研究所竞争。经过长期的招贤纳士，他得以将沃尔夫冈·泡利和维尔纳·海森伯带到哥廷根，并与他们一起推出了矩阵理论：后经典物理学的第一个理论。

现在，随着薛定谔的工作摆上台面，玻恩又回归到了波动理论中。他看到了这个概念的力量，但他不像薛定谔那样教条地看待它。后者拒绝接受粒子和量子跃迁，对玻恩来说这就走得有些太远了。在哥廷根的小组工作期间，他一次又一次地体验到粒子概念对于理解原子之间的碰撞是多么富有成效。发生碰撞的是粒子，而不是波。它们有一个特定的位置，而不是像池塘上的涟漪那样散布在空间里。薛定谔相信的波根本不符合实验所揭示的世界。

玻恩用波动力学来计算两个粒子相互碰撞时的情况，并发现了一个惊人的现象：反弹粒子产生的波在空间中扩散，就像池塘上的水波。根据薛定谔的解释，这意味着粒子本身被分散到各个方向。而这又意味着什么呢？薛定谔还相信，碰撞的粒子，即使基于波的运动，也是粒子，而不是一团薄雾。它们必须在某个特定的地方，不能以某种神秘的方式散布在空间中。

薛定谔用一个存疑的论点来支持他的解释：他用"波包"来描述在空旷空间中飞行的粒子，而波包会永久地保持在一起。在他看来，这种稳定性证明了用波包取代传统粒子是合理的。

但这种稳定性是一个例外，而不是规律。马克斯·玻恩，这个卓越的"计算机"，用薛定谔的理论演绎了一个更复杂的场景：两个粒子碰撞，出现了完全不同的结果。碰撞后，波包溶解，在空间中向四面八方扩散，就像石头落入池塘时产生的涟漪。如果薛定谔是对的，那么粒子本身会在碰撞后消融。然而，这并不符合我们每天观察到的世界。粒子碰撞而不消融。

如果粒子真的是一团波球，它们最终必须与物理学家和其他人所看到和测量到的结果相一致。这正是尼尔斯·玻尔提出的对应法则所要表达的意思：量子物理学对粒子碰撞的描述必须与经典物理学对其的描述相容。它最终必须符合人们在世界中的日常直觉。粒子不能在空间中传播，它们有确定的位置。两个粒子相撞后，它们会飞散开来，不是朝着任意的方向，而是朝着一个明确的方向，就像在康普顿效应中可以观察到的那样。这是粒子的行为，而不是波，无论你观察它们多久，都是如此。

玻恩仔细地思考了一下。他到底算出了什么？他找到了一个优雅的解释。从碰撞地点传播的波不是实际的粒子，而是它们出现的概率。在反弹粒子波动较高的地方，它更有可能出现；在波动较平缓的地方，粒子则不太可能被发现。

玻恩因此从海森伯的公式转向了薛定谔的公式，但他没有支持薛定谔的解释。他仍然相信，粒子不能就这样摒弃掉。"然而，"他在论文《碰撞过程的波动力学》中写道，"有必要完全放弃薛定谔旨在复兴经典连续性理论的物理思想，只采取其形式并用新的物理内容来填充它。"

这如何能结合起来呢？马克斯·玻恩成功地同时保留了粒子和薛定谔方程，诀窍在于重新诠释波函数。玻恩重新解释了波，不再把它们理解为粒子本身，而是理解为粒子出现的概率。在波振荡得比较高的地方，找到粒子的概率就比较大。在它较低的地方，则不太可能找到粒子。

如果玻恩是对的，那么薛定谔方程描述的就是个全新的东西。例如，对于一个电子来说，薛定谔方程描述的不是它的质量分布或者电荷分布，而是在这里或那里找到它的概率。

然而，重新解释波函数是有代价的。玻恩否定了波的实在性，对他来说，它们只是概率分布、数学构造。

清醒的"计算机"玻恩并不为波动而哀悼。最重要的是理论要符合实验。在美国期间，他努力地用烦琐的矩阵力学来描述原子的碰撞。回到德国后，他在很短的时间内利用波动力学就这个问题发表了两篇开创性的文章。第一篇只有四页，题为《关于碰撞的量子力学》，于 1926 年 6 月 25 日送到了《物理学报》的编辑手中。玻恩在其中写道："我自己更倾向于放弃原子世界中的确定性。"十天后，他将第二篇更详细、更透彻的文章也寄给了《物理学报》。

埃尔温·薛定谔很惊恐。他否认粒子的存在，而现在，玻恩用薛定谔的理论拯救了这些粒子，在这个过程中也粉碎了物理学的永恒原则——决定论。薛定谔想用他的波函数来描述一些物质的东西，一些可以被观测到的东西，像我们周围的树木、椅子、书籍和人一样真实的东西。这与概率分布无关。

艾萨克·牛顿所想象的宇宙是一个决定论的宇宙。这里面没有巧合。我们不了解其中的因果关系，才觉得那是巧合。每个粒子在每个时间点上都有一定的位置和一定的速度。作用在粒子上的力决定了其位置和速度的变化。在含有大量粒子的气体和液体中也是如此——理论上是这样的。但在实践中，规模如此庞大的粒子聚集是不可能观察到的。正因如此，詹姆斯·克拉克·麦克斯韦和路德维希·玻尔兹曼这样的物理学家只能用概率和统计来解释气体的特性。在一个严格按照自然规律演化的决定论的宇宙中，概率是人类无知的不幸结果。如果人类的头脑足够强大，可以知道宇宙的状态和在某一时间点上的作用力，那么我们还是可以计算出每一个未来的状态。在经典物理学中，决定论和因果关系——每一个结果都有一个原因的原则——就像被一条脐带联结起来。因果关系催生了决定论。

"这就是整个决定论的问题所在，"玻恩在他的论文中写道，这篇文章作为以概率解释量子力学的基础而载入史册，"从我们的量子力学的角度来看，没有任何量能在特定情况下以因果来决定碰撞的效果。但在经验中，我们到目前为止还没有发现任何的迹象，表明原子的某种内在特性能决定碰撞的结果。我们是否应该希望以后能发现这种特性（例如原子内部运动的某种相位），并在特定情况下确定它们？或者我们应该相信，理论和经验的相符是无法给出因果条件的，而是基于一种预设的和谐，这种和谐又是建立在不存的这种条件上的？我自己更倾向于放弃原子世界中的确定性。"

这真是闻所未闻。马克斯·玻恩毫不客气地质疑了三个世纪以来的科学。决定论是经典物理学的核心。如果不再有一条因果之间不分岔的直线路径，那么因果原则还有什么意义呢？如果一切都只是概率，那么合理的物理学怎么可能还存在呢？

当两个台球发生碰撞时，它们几乎可以向任何方向反弹。与原子碰撞的电子也几乎可以向任何方向反弹。但玻恩认为，其中是有区别的。台球的运动在它们碰撞之前就已经固定了。这是可以预测的。原子的碰撞则不同。物理理论无法回答"粒子在碰撞后如何运动？"，而只能回答"碰撞后出现某种运动状态的可能性有多大？"。我们不可能预测电子在碰撞后会飞到哪里，只可能计算出其运动方向处于某个角度范围内的概率。这就是玻恩的意思，是他说要"用新的物理内容来填充"薛定谔方程的意思。

"新的物理内容"意味着波函数没有物理现实，而只存在于可能的中间世界，并且描述了抽象的可能性，如电子与原子碰撞后可能散射的角度。波函数的值是复数，它的平方是实数。玻恩声称，这些实数存在于概率的空间中。

马克斯·玻恩对波函数的重新解释，为以后量子力学的"哥本哈根解释"铺平了道路。不久之后，尼尔斯·玻尔推测，像电子这样的微型物体，在不被观察或测量的情况下，不会存在于任何地方。在两次测量之间，它只存在于波函数所描述的那个可能的幽灵般的中间世界。只有当它被测量或被观察时，波函数才会"坍缩"到电子的一个"可能"状态，而成为它的"实际"状态，所有其他状态的概率下降至零。

玻恩因此将薛定谔的波函数重新解释为概率波：真实的波变成了抽象的波。他在第一篇文章中写道："从我们的量子力学的角度来看，没有任何量能在特定情况下以因果来决定碰撞的效果。"因此，他放弃了原来的决定论，但有所保留："粒子的运动遵循概率规律，但概率本身的演化符合因果原则。"

在第一篇文章和第二篇文章发表之间的时间里，玻恩意识到了他发动的革命多么具有颠覆性。他不仅将物理学"真正概率化"，还重新解释了概率本身。麦克斯韦和玻尔兹曼计算的概率是一种未知的概率。"我有 50% 的机会通过考试"并不意味着成绩取决于偶然。成绩已经是确定的了，只是人们还不知道它。玻恩所设想的"量子概率"不会因为人们掌握了更全面的信息就消失。它属于原子层面的现实。尽管我们可以确定放射性样品中的某个原子会衰变，但我们无法预测特定的某个原子是否会立即衰变，这并不是因为缺乏信息，而是由于放射性遵循的量子定律的本质。

过去是先有现实，然后物理学家计算出概率；现在是先有概率，然后现实从中产生。这似乎像是变戏法，但对物理学来说却是一个巨大的进步。

然而几乎没有人关心此事。玻恩的解释是静悄悄地潜入量子物理学的，并未大张旗鼓。玻恩后来说："我们已经习惯了统计学方面的考虑，对我们来说，再深入一个层次似乎意义不大。"当然，其他量子物理学家说，薛定谔对于他提出的波的认知是错误的，它是关于概率的，我们一直都知道。海森伯声称从一开始就知道他在用概率进行计算，但他从来没有把它写在任何出版物里。有关量子力学的教科书在解释概率的时候，往往不把它归功于玻恩，这一点让玻恩在整个余生都很苦恼。

另一方面，埃尔温·薛定谔和阿尔伯特·爱因斯坦也很恼火。薛定谔强烈反对玻恩对他的方程所做的解释。在 1926 年 8 月 25

日致威廉·维恩的信中，他否认"这样的单一事件是绝对偶然的，即完全不确定的"。薛定谔还不加深究便拒绝了玻尔的一个观点，即不可能对原子过程进行时空描述。他的理由是："物理学并非只由对原子的研究组成，科学并非只由物理学组成，生活并非只由科学组成。原子研究的目的是将我们在这方面的经验加入我们的其他思考中。就外部世界而言，所有这些其他的思考，都是立足于时空之中的。"

薛定谔确信，如果玻恩是对的，量子跃迁将不可避免地卷土重来，因果关系将受到威胁。"我不需要赞美您对扰动问题的数学推导的美妙和清晰，"他在 1926 年 11 月给玻恩的信中写道，"但我的印象是，您和其他赞同您的人太沉迷于过去 12 年里在我们的思维中获取一席之地的那些概念了（例如定态、量子跃迁等），以致无法完全公正地尝试再次走出这种思维模式。"

这就是埃尔温·薛定谔成为异议者的时刻。他为这一理论贡献了最重要的方程式，但这个理论已不再是他的理论。薛定谔一生都保持着他对波动力学的解释，并且毕生都在努力将原子现象解释得更清晰。"我无法想象一个电子像跳蚤一样地跳来跳去。"他说。

理念之争

　　1926 年，德国正在复兴。恶性通货膨胀得到了遏制，更多的货物再次在港口被转运，新的运河、发电站和港口被建造起来。并非所有煤矿的产出都化为了赔款，德国铁路的列车也可以重新在开放的线路上不间断地连续行驶数个小时了。有钱的德国人在巴黎购买皮草，在阿罗萨喝香槟，在上巴伐利亚的冰碛山上开汽车。柏林也开始活跃起来。这个灰色的、尘土飞扬的战败国的首都已经俨然成为一个生机勃勃的热闹国际大都市。甚至游客也再次到来，美国人想看看他们祖先的土地变成什么样了，英国人则寻求摆脱阶级社会的束缚并享受快乐。白天，古老的普鲁士式的审慎统治着城市，而晚上，约瑟芬·贝克会在选帝侯大街上跳舞。柏林的夜总会迎合了各种性取向的需求——而刑法典第 175 条规定，男性之间的性行为是应受到惩罚的罪行。"5 月 17 日出生"是男同性恋者的代号。这就是双重道德标准。

　　政治局势处于一种岌岌可危的状态。希特勒的政变已经失败。萨克森出现了共产主义运动，莱茵兰则出现了分离主义者的叛变。

政府无法确定军队的忠诚度。有些人担心国家会分裂，而有些人正希望如此。

德国的复兴主要归功于一个人——古斯塔夫·施特莱斯曼，这位脖子粗壮、穿着随意剪裁的西装的外交部长。他推出了一种新的、防止通货膨胀的货币，由土地和工业贷款支持：地产抵押马克。他说服他的政府同事接受了美国金融专家查尔斯·道威斯的计划，这将使德国在不进一步破坏经济的情况下支付赔款。

第一次世界大战结束后还不到十年，德国就将成为世界上第二强大的工业国家。1925 年 12 月 1 日在伦敦签署的《洛迦诺公约》为德国的复兴铺平了道路，并允许德国再次建造飞机和飞艇，此前根据《凡尔赛和约》，德国是被禁止这样做的。齐柏林飞艇时代开始了。1926 年，国际联盟接纳德国。德国科学家不再受人排斥，其他国家的同行又开始与他们交谈。德语重新获得了它作为国际科学语言的地位。

1926 年 7 月 23 日下午，多雨的夏季里阳光明媚的一天，科学家们正在慕尼黑探讨物理学的未来。奥地利物理学家埃尔温·薛定谔从苏黎世出发，途经斯图加特、柏林、耶拿和班贝格，来到慕尼黑大学的礼堂就物理学的未来发表演讲，题为"波动力学的基础"。

直到几个月前，薛定谔还是一个科学界的局外人。苏黎世离量子物理学的大舞台柏林、哥廷根和慕尼黑很远。但是，当波动力学于 1926 年的春夏之交在物理学家中如野火般蔓延开来时，薛定谔就成了众望所归的人，每个人都想当面和他讨论他的理论。

当阿诺尔德·索末菲和威廉·维恩邀请薛定谔到慕尼黑举办两场讲座时，他立即接受了。第一场讲座于 1926 年 7 月 21 日在索末菲的"周三座谈会"上举行，薛定谔轻松自如地讲了下来，获得了友好的掌声。在物理学会地区协会举办的第二场讲座却不太顺利，其原因是维尔纳·海森伯的出现。大厅里嗡嗡作响，人声嘈杂。男人和几个女人挤过一排排的椅子，四处寻找认识的人，互相问候、点头，挥手和握手。阳光透过高高的窗户洒在大厅里。

科学界的杰出人物在前排就座，他们衣领笔挺，长衣飘飘，打过蜡的头发油光锃亮。其中包括物理计量学研究所所长兼大学代理校长威廉·维恩，以及理论物理研究所所长，身材瘦弱、有着轻骑兵军官魅力的阿诺尔德·索末菲。后排坐着学生，其中有一位年轻的美国化学家莱纳斯·鲍林，他在 4 月拿着古根海姆奖学金来到了欧洲。鲍林比海森伯大 10 个月，但在通往辉煌的科学事业的道路上，他还没有走得那么远。

维尔纳·海森伯很晚才带着一头亮眼的金发、一张无精打采的脸和一双清澈闪亮的眼睛进入大厅。他此时 24 岁，却已经是量子力学的守护神。他在薛定谔提出波动理论的几个月前得出了他自己的理论，他毫不谦虚地直接称之为"量子力学"。站在讲台上的应该是他，而不是薛定谔。海森伯缩短了他到挪威徒步旅行的时间，跨过大半个欧洲来到慕尼黑保卫他的地盘。他去北方是为了躲避花粉症和爬山，并（用他自己的话说）"碾轧对手"，向其他量子物理学家展示他们的错误。几周前，他在米约萨湖露营，在明亮的夜晚思考量子力学，用它来计算长期以来令人困惑的氦原子光谱，从古德布兰斯达尔徒步来到松恩峡湾，之后满怀自信地来到了慕尼黑。斯堪的纳维亚半岛漫长夏日的阳光在他脸上留下了棕褐色的痕迹。

相对不明显的是在场者之间的冲突。维恩和索末菲致力于将物理学带回原有秩序，回到一个让艾萨克·牛顿和詹姆斯·克拉克·麦克斯韦感到高兴的状态。物理学使世界不仅可计算，而且生动。物理学不仅提供公式，而且还能提供世界观。

这就是老派物理学大师们对埃尔温·薛定谔寄予的厚望。维恩和索末菲正是在这种愿望的驱使下邀请他去慕尼黑的。他们所从事的物理学研究受到了威胁，来自维尔纳·海森伯的威胁。他的矩阵力学是一个形式上的怪物，是对物理直觉的侮辱。甚至位置和运动在其中都没有保留它们的意义。他是通过漫长而孤独的斗争，在消除了思想中的所有直观之处后得到他的理论的。他发明了一种形式主义，提出了许多哲学问题，而且非常烦琐，非常奇怪，以至于大多数物理学家不得不熟悉一个新的数学分支才能理解它。他让他们看起来像小学生，其中只有少数人能够真正吃透海森伯的公式。

在海森伯的理论出现的几个月后，薛定谔在阿罗萨的一个冬季假期中发明了他的波动力学。他发现了一种描述原子内部过程的简单方法，它具有与海森伯理论相同的解释能力，使用了物理学家已经熟知并使用了几个世纪的公式，有望使这些过程像池塘上的涟漪一样生动。

薛定谔仿佛在黑暗的量子世界中点亮了一盏灯，仿佛物理学家现在可以清楚地看到他们正在处理的问题。薛定谔的波动力学承诺，世界上最小的构件根本不是玻尔、海森伯等人认为的那种神秘的东西。相反，它们遵从众所周知的、可理解的规律，正如在新生课堂中讲授的那样。

薛定谔和海森伯的冲突并不在于数学。他们的理论在形式上是等价的，可以相互转换，埃尔温·薛定谔本人展示了这一点，沃尔夫冈·泡利在汉堡以及卡尔·埃卡特在加利福尼亚也展示了这一点。这不是关于公式的问题，而是关于解释的问题。薛定谔把原子理解为一个振动的系统。是的，他解释明白了。他对物理过程进行了生动的描绘：这是海森伯认为不可能做到的事情。海森伯并不理解，他只是计算。他走向矩阵力学的关键一步，正是对理解的背离。而现在薛定谔正以这种难以置信的可理解的波动力学与他竞争。

这关乎物理学的"灵魂"，正如薛定谔所说。物理学应该使我们更接近世界，而不是像海森伯的矩阵那样使我们更疏远它。薛定谔为"人类接近所有这些东西"而感到高兴，这要归功于他轻轻滑动的波浪。他把自己的理论称为"物理的"，因此不言而喻，他是在暗示海森伯的理论为非物理的。海森伯的矩阵所描述的从一种状态跳到另一种状态的现象，令他反感。

他在 1926 年 5 月发表在《物理学年鉴》上的《论海森伯-玻恩-约尔丹的量子力学和我的量子力学的关系》一文中，表达了他是多么厌恶他们的理论。在其中，他以一种前所未有的坦率口吻写道，他"不赞同甚至排斥"海森伯理论中的"代数和晦涩"。

这种拒绝完全是相互的。海森伯写信给沃尔夫冈·泡利说："薛定谔所写的关于他的理论的清晰性……我认为这是垃圾。"泡利称薛定谔的解释为"苏黎世的地方迷信"——这种说法很快就传开了。当它传到薛定谔的耳朵里时，他感到被冒犯了。泡利向"亲爱的薛定谔"道歉，并请他"不要把这看作对您个人的恶意，这只是在表达一种客观的信念，即仅仅用连续物理学［物理场论］的概念无法把握量子现象显示出的一些自然向度"。"亲爱的薛定谔，您有一个漂亮的理论，但不要误会，它并不适合我们的世界。"

不，真的，这些都不是针对个人的，但在很大程度上是科学家之间的。这意味着什么呢？就个人而言，海森伯和薛定谔之间没有任何矛盾。但在科学上，对他们而言一切都是矛盾的。两人都早就认识了对方的理论，而现在，在7月的那一天，在慕尼黑宏伟的路德维希大街的演讲厅里，他们第一次见面。

瑞士天体物理学家罗伯特·埃姆登负责主持会议。他欢迎了在场的所有人，并感谢了薛定谔的到来。薛定谔大步走到讲台前，身材瘦小，穿着亚麻布西装，打着领结。因在山区多次停留，他的皮肤呈现出古铜色。山区的空气缓解了他的结核病——他一生都遭受着结核病的折磨，并有一天会因此而死去。

薛定谔以他那旋律般的、带有维也纳口音的语言开始了演讲。他介绍了使他的名字不朽的方程式，人类思想设计出的最美丽和最奇怪的方程式之一。他用它优雅地描述了电子在原子核的力场中的运动，以至于他的一些同事称其为"超然的概念"。

它像魔法一样。薛定谔保留了量子力学的形式，同时描述了一个老派物理学家所向往的世界：从一个状态平滑、稳定、清晰地滑向另一个状态的世界，没有跳跃和间断。

他确信他的波动方程不是一个抽象的构造。它描述了一个具体的、真实的波。但究竟是什么在振荡？这种波的水是什么？薛定谔犹豫了一下。也许类似于电子的电荷在空间的分布。他认为，一个电子实际上根本不是一个粒子，而是一个看起来像粒子的波。

埃尔温·薛定谔是一位令人印象深刻的演讲者，很快就赢得了满堂喝彩。实验物理学家和慕尼黑大学校长威廉·维恩在1925年12月通过薛定谔从阿罗萨寄来的明信片成了得知其发现的第一人，如今他听到了他所希望听到的：薛定谔已经"以一种令人满意且最严格地遵守经典理论的方式"揭开了原子的奥秘。维恩松了一口气，因为"理论的现状"对他来说已经"变得无法忍受"。现在他欣慰地指出，"量子理论终将回归经典理论"，年轻的物理学家们"不能再在全量子和半量子那不连续的沼泽里四处游荡了"。在玻尔的原子模型中，电子从一条轨道跳到另外的轨道，这就是"原子神秘主义"。海森伯的矩阵力学则是一个形式上的怪物，与使维恩感到自在的实验事实相去甚远。维恩认为，这两种研究的发展都被误导了，并希望它们会随着薛定谔波动力学的出现而消失。

美国学生莱纳斯·鲍林对埃尔温·薛定谔使量子理论清晰起来的方式印象深刻，以至于搁置了他以前所有的研究，并决定效仿薛定谔的做法。他一连几个晚上都沉浸在波动力学中。几个月后，他将转学到苏黎世，跟随薛定谔学习。

但薛定谔并不能赢得所有听众的青睐。"我不相信薛定谔。"索末菲几天后在给泡利的信中坦言。他称赞薛定谔的宇宙力学是"令人钦佩的微观力学"，然而，它"并没有从根本上解决量子难题"。在薛定谔演讲的过程中，索末菲没有发表自己的意见。他不想让自己邀请来的客人下不来台。

海森伯也能忍住——直到最后一刻，直到薛定谔第二次演讲结束。在接下来的讨论中，他没法再克制下去了。量子力学明明是他的发明，而现在薛定谔却好像一个救世主那样站在那里。他不能让这种情况持续下去。这是他的城池，他的理论，他的地盘。他在这里学习、钻研并获得了博士学位。

海森伯站起来并开始发言。所有的目光都集中在他身上。他公开地强烈反对薛定谔的言论。这么多的实验结果表明，原子并未平稳地振动，它们内部会发生突然的碰撞，他怎么还坚称原子是那样的呢？光电效应、弗兰克-赫兹实验、康普顿效应又怎么解释呢？

薛定谔的理论都给不出答案。海森伯喊道，它甚至与普朗克的辐射定律都不相符。它当然解释不了：没有粒子，没有不连续性，没有量子跃迁，这些现象就都无法解释，而那些元素恰恰都是薛定谔想要摆脱的东西。

愤怒的威廉·维恩跳起来斥责海森伯。他理解海森伯的不满，毕竟薛定谔战胜了矩阵力学，让量子跃迁和诸如此类的理论变得一无是处。维恩补充说，他确信"薛定谔教授"肯定会很快回答所有悬而未决的问题。两人都还清楚地记得，三年前，维恩不想让海森伯通过他的博士答辩。多亏了他的导师索末菲的一席好话，海森伯才最终获得了博士学位。而现在，维恩看到了让海森伯失败的机会。"年轻人，你还得继续学物理。"他对海森伯说，并示意他重新坐下。"他差点把我赶出会场。"海森伯后来回忆说。

当维恩请薛定谔回应时，薛定谔变得更加谨慎了。他承认，海森伯对波动力学的反对是有道理的，但他相信，他很快就能消除这些反对的声音。但海森伯并没有让这个话题就此结束。他看到了一个更深的问题。如果这些波不能被观察到，它们怎么可能是"真实的"？我们凭什么认定，我们为了解椅子、树木和其他事物而学到的常识，在亚原子的世界中也一定能帮助我们？这个世界与我们所熟悉的任何东西都不能相提并论，海森伯确信这一点，这也让他的话语变得坚定起来。物理世界深处的黑暗核心怎么可能被一个简单的波动方程照亮。这肯定是不可能的，不然，他为解开这些谜团而付出的努力就都是徒劳的。

这不是海森伯期望中的主场作战。索末菲仍然礼貌地保持着沉默。海森伯越是激烈地反驳薛定谔，其他听众就越不信任他：为什么在从最小的尺度上理解物质时要放弃常识，放弃几百年来经过考验和完善的直觉？这个海森伯肯定是怕竞争对手威胁到他在历史舞台的地位，起了嫉妒心了。

受到打击后，海森伯灰溜溜地回到了他父母在霍亨索伦大街的房子。他觉得自己还没真正开始战斗就被赶下了战场，并担心"看到许多物理学家将薛定谔的这种诠释视为一种解脱"。海森伯抱怨说，即使是索末菲，也"无法逃脱薛定谔数学的说服力"。这不是反对薛定谔，只是说他的方法不是理解量子的正确方式。"尽管薛定谔本人很好，但我觉得他说的物理很奇怪，"他在给沃尔夫冈·泡利的信中写道，"听到它时，你会觉得年轻了20多岁。"

海森伯需要几天时间来恢复冷静。他通过写信来发泄心中的郁闷。"几天前，我在这里听了薛定谔的两场讲座，从那时起，我就坚信薛定谔对量子力学的物理解释是不正确的。"他这样告诉他在哥廷根的同事帕斯夸尔·约尔丹。但他知道，面对薛定谔这个人和他的数学散发的迷人魅力，仅靠信念是敌不过的。

当尼尔斯·玻尔得知他的助手与埃尔温·薛定谔的争执时，他也很担心。他决定让双方再次相聚，邀请薛定谔来到哥本哈根，"在鄙校研究所关系更紧密的同人圈子中更深入地探讨尚未解决的原子理论问题——如您所知，目前海森伯也在这里"。薛定谔心怀感激地接受了这一邀请。他期待着能够与玻尔讨论这"紧迫而困难的问题"，但首先他要和他的妻子安妮去南蒂罗尔的山区去避暑。在去与玻尔讨论之前，他确实应该好好地休养一下。慕尼黑的那一幕只是一场大戏的开始。

从天而降的雕像

1926 年 9 月，剑桥。保罗·狄拉克开始了一段旅程。量子力学是欧洲大陆上热议的新研究课题，狄拉克希望能有自己的发言权。他想解释原子是如何运作的，于是开始在欧洲各国游学，向量子物理学的名人学习：哥本哈根的尼尔斯·玻尔、哥廷根的马克斯·玻恩、莱顿的保罗·埃伦费斯特。

横跨北海的旅程需要 16 个小时。秋天的风暴已经开始肆虐，狄拉克晕船，渡海的大部分时间都在呕吐。再也不要穿越这个海峡了？不，狄拉克不这样想。他决定继续航行，穿越惊涛骇浪，克服自己晕船的弱点。"狄拉克就像甘地，"一位同事这样评价他，"他不在乎寒冷、不适、营养等等外在条件。"狄拉克不抽烟，不喝酒。他最喜欢的饮料是水。对他来说，晚餐喝粥就足够了。尼尔斯·玻尔说："在所有物理学家中，狄拉克拥有最纯净的灵魂。"

这种纯净是狄拉克在科学上的优势，但在社会交往中是个弱点。有一次，当一些物理学家在一起喝茶时，沃尔夫冈·泡利不小心加多了糖，坐在他周围的同事们都在笑他。但狄拉克没有，他仍然保持沉默和严肃。同事们问他怎么看糖这个问题。狄拉克想了想，说："我认为一块糖对泡利教授来说已经足够了。"他们随后改变了话题。但两分钟后，狄拉克说："我想每个人都是一块糖就够了。"谈话继续进行。不过狄拉克仍在沿着自己的思路琢磨，最后说道："我认为糖块是这样设计的，一块就够了。"

现在，狄拉克和玻尔待在一起已经四个月了。有很多东西需要讨论，但狄拉克却沉默不语。"这个狄拉克似乎对物理学了解很多，却一句话不说。"玻尔这样说。但实际上，狄拉克在哥本哈根思考了很多，只是他更喜欢单独行动。如玻尔所说，狄拉克在所有访问过哥本哈根研究所的人中是"最奇怪的一个"。

相反，狄拉克也对玻尔感到惊讶。他钦佩他，并惊讶于他的社交能力，以及他低声说话的演讲方式。"大家都全神贯注地听着，"狄拉克这样说，但又抱怨道，"玻尔的论点大多都只是定性的，我无法真正地弄清楚它们背后的事实。我想要的是可以用方程式表达的论点，而玻尔的研究很少提供这样的论点。"玻尔会成为"一位优秀的诗人"，狄拉克推测，"因为不精确的措辞是有利于作诗的"。

狄拉克对玻尔很好奇，也很仰慕他，但并没有像丹麦人习惯的那样，把他作为偶像来崇拜。这正是这个来自英国的高个子独行侠赢得玻尔尊重的原因。玻尔致力于将他的哲学灵感转化为文字，狄拉克寻求逻辑的准确与清晰。只有在对自己陈述的每一个细节都有十分把握的时候，他才会表达出来。他的优势在于用优雅的数学方法来捕捉自然的本质。玻尔依赖于这样的人。而狄拉克需要一个像玻尔这样的人。他知道仅靠公式是不够的，你还必须解释它们。狄拉克更愿意把诠释的问题留给别人：玻尔、海森伯、薛定谔。

狄拉克在哥本哈根的大部分对话中都只有三种回应："是"
"不是""我不知道"。他过着极其规律的生活，几乎就像伊曼努
尔·康德一样，每周有五天进行理论研究，周六钻研技术项目，周
日去远足——每周都是这个节奏。

在他的小书房里，保罗·狄拉克在 12 个星期内撰写了两篇开
创性的论文，改变了量子力学的世界。

他后来将第一篇论文作品称为他的"最爱"。自从薛定谔提出
他的波动力学以来，人们普遍的共识是，物理学容不下两个量子理
论，有一个肯定是多余的。在他最爱的这篇论文中，狄拉克证明，
海森伯和薛定谔的量子力学公式乍看之下差异很大，实际却是等价
的，可以相互转换。其他人也曾证明过这一点：薛定谔本人、泡
利、埃卡特。但狄拉克更进一步。他发现了一个支撑这两种理论的
数学结构，而且是以前没有人发现过的。他把这种结构称为"变
换理论"。它甚至比海森伯的矩阵更远离物理视野。数学的抽象之
处完全难不倒狄拉克。通过这个理论，他可以从数学上证明薛定谔
方程的合理性。薛定谔几乎是以艺术的方式创造了这个方程，狄拉
克则将诗歌变成真理。

几周后，在第二篇论文中，他开辟了一个新的领域。这个领域
在一个世纪后仍然是物理学的基础之一：量子场论。

在哥本哈根待了一段时间之后，狄拉克前往哥廷根，拜访马克
斯·玻恩、维尔纳·海森伯和帕斯夸尔·约尔丹。他与罗伯特·奥
本海默一起租住在哥廷根一家人的别墅中。奥本海默是一个健谈、
爱自我推销、才华横溢的美国人，也是马克斯·玻恩的博士生。虽
然两人性格迥异，但狄拉克与奥本海默还是成了朋友。狄拉克一大
早就起床了，而奥本海默直到清晨才睡觉。狄拉克喜欢公式，奥

本海默喜欢诗歌。他自己也写了一些。"我无法想象你是如何在从事物理工作的同时写诗的，"狄拉克对奥本海默说，"在科学领域，你想说一些以前没有人知道的东西，而且是用每个人都能理解的语言；而在一首诗中，你被迫用每个人都已经知道，但没有人能够理解的词语来表达。"他们的共同点是对物理学的热情。奥本海默后来说："当狄拉克到来并向我展示他在辐射量子理论方面的工作证据，那也许是我一生中最激动的时刻。"几乎没有物理学家理解狄拉克的量子场论，但奥本海默认为它"非常漂亮"。

德国物理学家很难与狄拉克相处。他被认为是一个怪人。哥廷根的研究者都是很优秀的数学家，但狄拉克对深奥数学的运用即使以他们的标准来看也是非同寻常的，何况他还有一种工程师般的思维，某些理论物理学家看不上这一点。这不是德国人研究物理的方式。

少数了解狄拉克工作的科学家则对他怀有深深的敬意。26 岁的维尔纳·海森伯，量子力学的鼻祖，曾半开玩笑地说："我想我必须放弃物理学了。一个年轻的英国人出现了，他的名字叫狄拉克。他是如此聪明，与他竞争是没有意义的。"

保罗·狄拉克伟大的创作时期才刚刚开始。在接下来的八年里，他会有一个接着一个的重大发现，而且每一个都比上一个更优雅。他的同事弗里曼·戴森将它们比作"一个个精雕细琢的大理石雕像从天而降。他似乎能够通过纯粹的思想变出自然法则——正是这种纯粹性使他与众不同"。狄拉克让其他量子物理学家看起来像初学者。他们在理论上出错，不得不纠正自己。狄拉克的作品第一次尝试就取得了成功。

1928 年，他设计了一个以他的名字命名的完美无瑕的方程：

狄拉克方程。它的内容是：$(i\varphi-m)\psi=0$。简洁明了，完美无缺，是其沉默的创造者的合适纪念碑，也许还是物理学中最美丽的方程式。

当狄拉克把它们写在纸上时，物理学建立于两个支柱上：爱因斯坦的狭义相对论和埃尔温·薛定谔的量子力学。但物理学家们无法调和这些改变一切的物理学发现，薛定谔本人也失败了，保罗·狄拉克却成功了。在他的方程式中，他调和了爱因斯坦和薛定谔的理论。

如果说有一个世界方程式，那就是它。狄拉克用它来描述电子：这个粒子的行为构成了化学的一切，并决定了人们对世界的认知。当光线落在人的眼睛上时，它激发了视神经中的电子。狄拉克方程支配着这个过程。更重要的是，它也适用于后来被发现的物质组成部分——一直到夸克和μ子。

通过他的方程，狄拉克也解释了沃尔夫冈·泡利在一年前提出的却无法从理论上解释的电子自旋假设。为此，他使用了一个来自数学遥远角落的抽象结构，以前只有少数不问世事的代数学家知道。它后来被称为"旋量"（spinor）。

当狄拉克用他的方程描述电子时，他发现并非只有一个解，而是两个：一个具有正能量，一个具有负能量但带正电荷。那是什么，负能量？狄拉克继续计算下去，但他无法摆脱负解。他是否碰巧找到了关于质子的描述，但不合适？这就好像电子有一个以前被忽视的镜像，就好像世界上有一些"洞"，它们的行为与以前已知的粒子相似，只是符号相反。狄拉克偶然发现了反物质，这种物质在大爆炸后不久就构成了半个宇宙。通过一个数学论证，他发现了半个宇宙。

起初，没有人愿意相信他。恩里科·费米在一次研讨会上严厉地"谴责"狄拉克的反物质荒谬。但仅仅几年后，正电子被实验检测出来，特性正如狄拉克预测的那样。维尔纳·海森伯称反物质的发现"可能是20世纪物理学取得的最大飞跃"。

然而，保罗·狄拉克并未止步于此。通过拓扑学论证，他预测了磁单极子的存在。当时，物理学的金科玉律仍认定磁极只能成对存在。有北极的地方就一定就有南极。就像一张纸：没有正面就没有背面。但在拓扑学中，有一些抽象的纸条，近看像一张双面纸，但实际上只有一面：默比乌斯带。磁单极子就像一个磁性默比乌斯带。

这世上有杰出的数学家，有杰出的物理学家，还有保罗·狄拉克，他既是一个不谙世事的数学家，同时又是一个熟谙世事的工程师，他大胆地在矢量平方根和整个镜像世界的预测之间架起了桥梁。

1932年，保罗·狄拉克担任了科学界最负盛名的教席职位：剑桥大学的卢卡斯数学教席。艾萨克·牛顿曾经坐在上面。

1926 年，哥本哈根

刀锋游戏

1926 年 10 月 1 日，埃尔温·薛定谔乘火车抵达哥本哈根。在访问了慕尼黑的阿诺尔德·索末菲和柏林的阿尔伯特·爱因斯坦之后，他的自信心得到了提升。41 岁的尼尔斯·玻尔已经是量子物理学的老前辈了，他在站台上等待着薛定谔。这是他们第一次见面。这样的机会似乎来得有些太晚了。几个月前，他们已经成为争取用波动理论诠释原子现象的盟友。但现在又不一样了：玻尔已经脱离了这个信念，而薛定谔仍然坚守着波动理论。自从马克斯·玻恩重新解释了他的波动方程后，薛定谔就从量子力学的倡导者变成了批判者之一。玻尔期待从薛定谔本人那里也听到批评的意见。

玻尔只简短寒暄了几句，就开始在车站里对薛定谔进行无情的讯问。而这将接连持续 8 天。在 10 月 4 日，玻尔才给了他的这位客人一个短暂休息的机会。这一天，薛定谔在玻尔的研究所为物理协会做了一场关于他的波动力学的讲座。之后，玻尔又把他带入了讨论。

玛格丽特和尼尔斯·玻尔是细心、友好的主人。他们把薛定谔安置在他们的客房里，如此一来，埃尔温和尼尔斯就可以尽可能多地相处。但这并不是一次和平的聚会，而是类似于科学决斗。薛定谔为他的"生动形象的立场"辩护，而玻尔恰恰质疑的就是这种形象性。他一次又一次地试图动摇薛定谔观点的基础，以证明他的思维是错误的。薛定谔则躲闪并反击。没有人屈服。"科学是一场游戏，"薛定谔说，"却是一场与现实的游戏，一场刀锋游戏。"

刚开始在玻尔身边担任助理职务的维尔纳·海森伯也在场。他比薛定谔年轻 14 岁，但总是比他领先一步。当时他们的理论就是这样，在柏林的普朗克和爱因斯坦也是如此，在哥本哈根的玻尔也是如此。薛定谔是兔子，海森伯是乌龟。

海森伯不参与玻尔和薛定谔之间的争端。大约两个月前，他在慕尼黑与薛定谔发生了冲突，结果并不理想，所以他只察言观色。他听到薛定谔推测说，在不使用量子概念的情况下推导出普朗克1900 年的辐射公式仍然是可以想象的。不可能，玻尔回答说。量子仍然存在。

海森伯几乎认不出他的老板了。玻尔原本是如此周到和友好的人，然而此时在海森伯看来，他"几乎就像一个咄咄逼人的狂热分子，不愿向他的对话者让出一步，甚至不允许对方有丝毫模棱两可之处"。

两位世界顶尖的物理学家当面对峙，但他们都没有让步，哪怕是一分一毫。在他们无情地相互攻击的句子背后，海森伯感受到了一种深深的信念。

根据海森伯的回忆录，薛定谔坚信电子运动一定有规律。其他任何东西都不是物理学，而是对物理学的投降。"你必须明白，玻尔，整个量子跃迁的想法必然会导致无稽之谈。这个理论说，原子处于定态时的电子，最初在某种轨道上周期性地循环而不辐射。但这没有解释它为什么不辐射。根据麦克斯韦的理论，它应该辐射。然后，电子会从这个轨道上跳到另一个轨道上并进行辐射。这种过渡应该是逐渐的还是突然的？如果是逐渐的，那么电子必须逐渐改变其旋转频率和能量。我们无法理解的是，那还怎么可能会有尖锐的光谱线。但如果过渡是突然发生的，或者说是跳跃式的，那就可以通过应用爱因斯坦的光量子概念来算出光的正确频率，但这时也必须问在跳跃过程中电子是如何移动的。它为什么不像电磁理论所要求的那样发射连续的光谱？它在跳跃过程中的运动是由哪些规律决定的呢？因此，整个量子跃迁的想法从根本上必然是无稽之谈。"

玻尔佯装让步，但在事实上完全没有："是的，你说得很对。但这并不能证明量子跃迁不存在。它只是证明我们无法想象它们，也就是说，我们用来描述日常生活中的事件和以前物理学实验的形象概念，不足以代表量子跃迁所涉及的过程。当你考虑到我们在这里处理的过程是不能被直接体验到的时候，这就一点也不奇怪了。我们并没有直接体验它们，也就不能将我们的概念与它们对齐。"

薛定谔感觉到玻尔想引诱他进入哲学的深水区，于是反击道："我不想和你讨论概念化的哲学问题，那应该是之后哲学家们的事；我只是想知道原子中发生了什么。对我来说，用什么语言来谈论它没有区别。如果原子中存在作为粒子的电子，正如我们迄今为止所想象的那样，它们也必须以某种方式运动。目前，准确描述这种运动对我来说并不重要，但最终一定可以找出它们在定态下或在不同状态间过渡时的行为方式。不过，我们已经可以从波或量子力学的数学形式中看到，这些问题没有合理的答案。然而，当我们准备改变这幅图像，说电子不是粒子，但有电子波或物质波时，这一切看起来就都不同了。这样，我们就不会再对尖锐谱线感到不解了。光的发射变得就像天线发射无线电波一样容易理解，以前看起来无法解决的矛盾也就消失了。"

玻尔冷静而坚定地反驳道："不，不幸的是，这不正确。矛盾并没有消失，它们只是被转移到了另一个地方。例如，你说到原子的辐射，或者更广泛地说，原子与周围辐射场的相互作用，你认为通过假设存在物质波但没有量子跃迁，困难就会被消除。但是想想原子和辐射场之间的热力学平衡，比如爱因斯坦对普朗克辐射定律的推导吧。推导该定律的关键是原子的能量具有离散值，并且偶尔会不连续地变化；自然振荡频率的离散值根本没用。你倒不会真的想质疑整个量子理论的基础吧？"

然而，这恰恰是薛定谔想要做的："当然，我并不是说这些联系已经被完全地理解。但你不是也还没有对量子力学做出满意的解释吗？我不明白为什么我们不能希望，热力学在物质波动理论上的应用，最终有可能会对普朗克公式做出完备的解释——即使到那个时候它看起来会与迄今为止所有的解释都有些不同。"

玻尔坚持反驳道："不，我们不能抱有这样的希望。因为25年以来，我们一直知道普朗克公式意味着什么。另外，我们可以很直接地看到原子现象中的不连续性和跳跃性，比如我们在闪烁屏上观察到的突然出现的闪光，或者突然有一个电子穿过云室。你不能只是把这些不稳定的事件推到一旁，假装它们不存在。"

薛定谔举起双手，做出不耐烦的姿态，他说："如果我们仍要容忍这该死的量子跃迁，那么我会为自己与量子理论扯得上关系感到遗憾。"

玻尔知道，他已经赢了。他以一种和解的语气对薛定谔说：

"但我们其他人非常感谢您做了这件事，因为您的波动力学在数学上的清晰形式和简单性，确实代表了相比于以前的量子力学形式的巨大进步。"

这样的情况持续了好几天，从清晨到深夜。对玻尔来说，这是他研究科学的一贯方式；薛定谔则觉得自己接受了一场逃无可逃的卡夫卡式审讯。几天后，本来就体质羸弱的他终于体力不支，被一场类似流感的感染击倒。他不得不躺在玻尔家客房的床上。玻尔夫人为薛定谔提供茶和糕点，而她的丈夫则坐在床边，继续纠缠他："但你必须意识到……"薛定谔则用因高烧而发亮的眼睛盯着他。两人都不能说服对方。而他们除了确信自己是对的，也给不出更多的论点了。

这场辩论的核心，是无法通过实验或数学来澄清的。这是显而易见的。这是对客观事实的诠释。两位物理学家都有一个根深蒂固的信念，他们谁都不会轻易放弃自己的任何一个观点，也都没有给对方的弱点留下一丝喘息的机会，但两个人都没能给出一个完备的量子力学的诠释。

因此，达成共识是不可能的。两个人的视角大相径庭。薛定谔认为量子物理学是经典物理学的无缝延续。玻尔认为与经典现实的决裂是不可避免的。不能再回到以前的想法，不能再回到稳定的运动和不间断的轨道上。无论薛定谔喜欢与否，量子跃迁都不会消失。薛定谔变得越来越恼火，越来越不耐烦，无法回应玻尔平静的、不间断的攻击。

精疲力竭的薛定谔登上了返回苏黎世的火车，终于摆脱了这场审讯。他松了一口气。玻尔占尽了优势，但没有说服他。不，玻尔并没有反驳他的"生动形象的立场"，尽管他承认可能要在一些细节上重新思考一下。"很有可能,"他坦言,"在某个地方走了一条必须放弃的错误道路。"

薛定谔给威廉·维恩写了一封长信,描述他在哥本哈根的经历。首先是好事:"非常高兴能够在玻尔自己的环境中彻底了解以前我从未见过的他,也很高兴能够与他就目前在我们所有人心中举足轻重的事情促膝长谈。"他发现东道主"非常具有同情心"。"几乎不会有另一个人这么快就在内部和外部都取得如此巨大的成就。在他的领域里,人们对他崇拜之至,几乎全世界都将他奉若神明,而他却仍然像个神学院的学生一样羞涩和忸怩。"但后来薛定谔谈起了玻尔"目前对原子问题的态度"。对他来说,这似乎"真的非常奇怪",他写道:"他好像真的完全相信,用普通的语言来理解原子问题是不可能的。而且,我们的谈话几乎总是立即转移到哲学问题上,你很快就会分不清自己是否真的采取了反对的立场,以及是否真的必须反对对方所采取的立场。"薛定谔承认,他自己的观点也还不够完善,但他不同意玻尔下面的这个断言,即"波动理论的形象图像与点粒子模型一样,都是无效的"。他将自己的观点总结如下:"对我来说,外部自然过程的可理解性是一个公理。经验不能相互矛盾。如果经验看起来是矛盾的,那么理论的某些连接处必然就是站不住脚的。在我看来,在最站得住脚的观念中寻找这些最站不住脚的碎片为时尚早。我指的是空间、时间和相邻时空位置之间的相互作用这些非常普遍的观念,像这些东西就都没有真正被广义相对论实质性地动摇。"

然而,"要完全确定玻尔的实际意思并不容易",薛定谔承认,"一部分原因是他经常会以一种近乎梦幻般的状态和非常不明确的方式说上几分钟,另一部分原因是他太过体贴"。玻尔礼貌地承认了他的对手在讨论中取得的成就，但随后坦率地说，"如果波动理论不过是为了方便矩阵计算而设立的一个工具，那么这一整套波动游戏对他来说就毫无意义"。科学上的争议并不妨碍双方欣赏彼此。"尽管有所有这些异议，"薛定谔在给维恩的信中还是总结道，"我与玻尔，特别是与海森伯的关系，仍是一种完全友好和真心实意的关系，他们对我的善意、亲切、关怀和细心令我感动。"空间上的距离以及几个星期的疗养也使这一本来充满磨难的记忆变得温和了许多。

哥本哈根的研究者们因为有了共同的对手而变得更团结了。"我们哥本哈根人"是海森伯对自己、玻尔和对志同道合的朋友的称呼。在经历与薛定谔的唇枪舌剑之后，尼尔斯·玻尔和维尔纳·海森伯"非常肯定"，他们反对量子物理学遵从常规的实在性的这种坚持是"一条正确的道路"。原子中发生的事情不能用传统的位置和运动的概念来描述。但他们也浅尝了战斗的滋味，未来更多的战斗尚未爆发。

变得模糊的世界

1926 年秋天，哥本哈根。海森伯在薛定谔来访后感受到的欣喜已经消逝。现在海森伯不断受到玻尔的质询，他没有退缩的空间，他的办公室和玻尔的办公室之间仅有一段楼梯之隔。玻尔可以在任何时候出现在海森伯的门口，用他的烟斗使海森伯的办公室云雾缭绕，并以他那令人畏惧的方式喋喋不休。

尼尔斯·玻尔和维尔纳·海森伯正在努力提出"哥本哈根学派"共同的量子力学诠释。他们时而并肩作战，时而相互对立。公式就稳稳地定在那里，而且在数学上是明确的。但是，当位置和速度等旧概念不再适用时，它们的意义是什么？玻尔和海森伯很快就意识到，他们的观点不像他们自己认为的那样一致。

海森伯不愿意考虑这种所谓的诠释问题，这个理论应该是不言自明的。但他更不愿意把诠释的问题留给玻尔。这是他的理论，是他的发明，他对其有解释权。

玻尔则认为海森伯是一个不成熟的思想家，虽然头脑灵敏而富有想象力，但在哲学上却很浅薄。理论已经提出来了，现在需要的是智慧。而智慧正是玻尔的强项，他是最佳人选。

两个人每天都会在一起待上好几个小时，玻尔以他那无情的方式讲课，而海森伯越来越频繁地试图打断他，多插上几句。在许多个晚上，他们在研究所旁边的大众公园散步时仍会交流。海森伯那套家具齐全的公寓就在玻尔研究所的屋檐下，从那里可以看到公园里的树木。即使在这里，海森伯也无法得到片刻的宁静。有时，深夜里，尼尔斯·玻尔仍然会站在他门前，手里拿着一瓶雪利酒，讨论一个思想实验，澄清或补充以前说过的话。玻尔不知道什么是空闲时间，该说的必须马上说出来。

在谈到埃尔温·薛定谔时，两人意见一致。薛定谔将量子系统描述为轻轻滚动的波，认为粒子和它们的跃迁是海市蜃楼。他们相信薛定谔走错了路，认为他受到了物理学中怀旧情结的诱惑。在海森伯看来，现在老路已经走不通了，他想彻底地改变方向，从头开始思考。他认为，为了理解量子现象，物理学家必须学习一种全新的语言。

玻尔认为，海森伯声称要重新发明物理世界是夸大其词和自以为是。经典力学中被证实的量——位置、速度和能量——不能简单地被废除。我们不是生活在一个矩阵和概率的世界里，我们生活在人、椅子和湖泊构成的世界里，在这个世界里，事物有其固定的位置，波是波，粒子是粒子，这些概念仍能指导我们很好地理解这个世界。一定有什么地方是能联系上的。量子世界的跳跃性一定能够通过什么方式与经典世界的连续性相结合。

海森伯问自己，玻尔是否在某些方面、在某种程度上被斯堪的纳维亚式忧郁所困扰。他似乎想待在这种挫败的状态中。玻尔似乎认为，量子力学不能用经典物理学的手段来理解，但他同时又想把它建立在经典的概念上。怎么可能做到这一点而不产生矛盾呢？然而玻尔似乎对这种矛盾很感兴趣。

海森伯想知道，问题到底是什么。量子力学毕竟是有效的。它的预测总是正确的，无论实验者检查多少个小数位。然而，玻尔总是能设法指出缺陷，把他的手指压在逻辑上的含糊之处。海森伯后来回忆说："有的时候，我感觉玻尔似乎真的想把我领到薄冰上。我记得我有时会为此感到有点恼火。"如果玻尔能如此轻易地把他引上冰面，也许他们确实是走在危险的地方。

玻尔试图同时用波动理论和粒子理论来寻求依据——是的，它们相互矛盾，但它们也相互补充，共同为原子内部的过程给出了一个完整的图像。

海森伯十分反对这种模糊不清的解释。玻尔总是提起波，这在海森伯看来意味着对薛定谔的让步太大。他的量子力学中可没有提到过波。海森伯想（如保罗·狄拉克所说）"倾听数学的声音"。海森伯认为，他的理论可以自我解释，不需要任何额外的哲学解释。对于其中的一些量，例如，对于能量、电动量和动量的时间平均值，矩阵力学已经提供了解释。海森伯希望以后也能这样：通过"干净的逻辑推理"，从公式中得出正确的诠释，不留任何讨论的空间。

当马克斯·玻恩在 1926 年夏对波函数提出他的概率论诠释而引起公众注意时，海森伯并没有感到很高兴。玻恩借助薛定谔的波动力学研究了原子碰撞，并提出了一个猜想：电子的波函数描述的是在某一位置发现电子的概率。海森伯对"诠释""猜想"这些字眼很不舒服。这毕竟留有辩解的余地。

几个月过去了，异议依然存在。在 1926 年的降临节①期间（圣诞节前的四周），有一个谜题特别让玻尔和海森伯在漫长的夜晚无法入眠：云室痕迹之谜。

云室是原子物理学早期的一个装置，当时实验还是一种工艺。尼尔斯·玻尔在 1911 年听说了这种实验，这是欧内斯特·卢瑟福告诉他的。卢瑟福说，苏格兰的物理学家和气象学家 C.T.R. 威尔逊有了一项发明：一个有观察窗的盒子，密封并充满了含有饱和水蒸气的空气。威尔逊想制造人工云，以便在实验室中产生阳光下的人工云中的光现象，称为日华。他让盒子里的空气膨胀，空气随之冷却，水蒸气在灰尘颗粒上凝结成小水滴。当威尔逊将所有的灰尘从室内移走时，里面仍然形成了云雾。这是为什么？威尔逊只能想到一种解释。水在空气中的离子上凝结了。事实证明，穿过云室的辐射将电子从空气分子中扯了出来，即电离它们，并以这种方式留下水滴的痕迹——类似于飞机在空中留下的冷凝痕迹。威尔逊由此为物理学家提供了一种工具，可以用它来观察放射性物质所发射的辐射粒子的路径，这在以前是无法观察的。云室是后来粒子加速器中房屋般大小的探测器的祖先。

在 20 世纪 20 年代，测量技术还远未达到能够检测单个电子的程度。但它们的痕迹可以在云室中显示出来，肉眼可见——它们看起来真的像小型飞机后面的冷凝痕迹。经典物理学家期望的正是如此。

然而，20 世纪 20 年代的量子物理学家们不这么想，维尔纳·海森伯和埃尔温·薛定谔不这么想。通过他的矩阵力学，海森

---

① 降临节始自圣诞节前第四个星期的星期日，结束于圣诞节。——译者注

伯想废除原子中的经典粒子路径。在薛定谔的波动力学中，电子随着时间的推移在空间中扩散。但在云室中，它们似乎遵循清晰的路径。这要如何结合起来呢？

"自然界的行为真的会像它在原子实验中表现的那样荒唐吗？"海森伯这样问自己。当他还在犹豫的时候，玻尔却已经能振振有词地回答了。观察和测量在量子力学的诠释中扮演着至关重要的角色，使在自然界中所有寻找规律性或者因果关系的尝试都化为泡影。

海森伯不能轻易放过这些解释。与玻尔讨论时，他一直迷失在哲学的迷雾中，这使他疲惫不堪。而这些讨论往往在绝望中结束。"科学在对话中诞生。"海森伯总爱这样说。但也不尽然。

玻尔和海森伯在 1927 年的头几个星期里也无休无止地徒劳争吵，直到如海森伯后来所写的，他们"陷入了疲惫的状态。鉴于不同的思维方式，这种状态有时会引起紧张"。他们交换过太多次想法，几乎完全是白费口舌，两人都因对方不理解自己而备感受挫。

2 月，玻尔的坚持走到了尽头。他前往挪威的居德布兰河谷度过四周的滑雪假期。原本的计划是海森伯也会一起去，但他们现在都不想提起此事。他们需要和平，需要与对方保持距离。

玻尔休息了四个星期。海森伯感到解放了。他可以不受干扰地在公园里散步，而不会被玻尔吸引到谈话中。他睡得更好，也很开心"能够独自思考这些无望的难题"。

但在他心中，他仍能听到玻尔的反对意见。好吧，让我们假设玻尔是对的，位置和速度仍然有意义，尽管不再是经典物理学所理解的意义了。如果粒子也是波，它们能有什么意义呢？如何将这一意义转化为公式，而不是玻尔的杂乱无章的文字？

一天晚上，海森伯坐在他的阁楼公寓里，不受干扰地思考着矩阵和粒子路径的问题。一方面，有云室里的痕迹，大家都能看到；另一方面，还有量子力学，经典粒子轨迹在其中没有位置。那么，这个理论是错误的吗？不，海森伯坚持认为，"它太有说服力了，不允许有任何改变"。理论和现实之间的鸿沟似乎无法弥合。

当天晚上，海森伯并未停止思考。双方之间必定有所联系。午夜时分，他想起了爱因斯坦的一句话。前一年夏天，在他们一起走过柏林的大街之后，爱因斯坦曾用云室痕迹的问题来反对海森伯的理论。爱因斯坦当时说："留心自己真正观察到的东西可能具有一定的启发性，但从原则的角度来看，想把一个理论只建立在可观察量上是非常错误的。因为在现实中，情况正好相反，是理论决定了什么可以被观察到。"那时海森伯曾想过这样一个问题：什么是第一位的，理论还是观察？当然是观察，当时的海森伯认为这是理所当然的。你之所想，必为你所见。这不是实证研究的关键吗？

但在这个晚上思考粒子轨迹时，爱因斯坦的话对海森伯来说突然有了不同的意义：理论决定了可以观察到的东西。海森伯后来说："我立即明白过来，必须在这一点上寻找关闭了这么久的大门的钥匙。"

海森伯兴奋起来了。这一次是有成效的。他不能再待在办公桌前，于是飞奔下楼，来到了大众公园。明朗的夜空下，他走在梧桐树、椴树和银杏树林立的小路上，再次思考了这个问题：当电子飞过云室时，你到底看到了什么？你没有看到它在飞。你看不到一个连续的轨迹——你只是在脑海中构建了一个轨迹。你看到一系列单独的水滴，电子引发了它们的凝结。每个液滴都比电子大得多，它也只是大约位于电子飞过的地方。所以你真正观察到的根本不是一个稳定的轨迹，而是"一串离散的电子的粗略位置"。我们不知道它是如何从其中一处来到下一处的，正如我们不知道电子在原子中从一个能级跳到另一个能级时在做什么。

那么，如果你相信爱因斯坦的话，你会得到什么？当你让理论来决定你能观察什么，会有什么结果？在大众公园的黑暗中，维尔纳·海森伯提出了一个关键问题："量子力学是不是能描述这样一种情况，在这种情况下一个电子近似地（有一定程度的不确定）处于某一个特定的位置，并且大约（又有一定的误差）带有一定的速度？而我们是否有可能让这些误差小到不会给实验带来麻烦？"

海森伯匆匆回到研究所，上楼来到办公桌前，抓起笔和纸，潦草地写下方程式，找到了答案：可以的！这是可以的！量子力学似乎对可测量和可感知的东西都设置了限度。但这些限度是如何被设置的，而且边界在哪儿？

量子力学禁止同时确定一个粒子精确的位置和速度。你可以准确地测量位置或准确地测量速度，但不能两者同时精确测量。因此，如果你想精确地知道其中一个量，你就必须与自然界达成妥协，放弃确定其他量。人们只能用两只眼睛中的一只来观察原子：看见位置的眼睛或看见速度的眼睛。但如果你同时睁开双眼，它们就会失焦。

维尔纳·海森伯就是这样发现了位置和运动之间的测不准关系的，这种关系后来被认为是量子力学的核心——不确定性原理。换句话说：位置和动量的不确定性的乘积不能小于普朗克常量。如果海森伯是正确的，那么原子领域的任何实验都无法克服不确定性原理所设定的限制。当然，他不能严格地"证明"它，但他确信他是对的，"因为实验中的过程，观察中的过程，本身必须满足量子力学的规律"。

海森伯取得了他和玻尔几个月来都没有取得的成就。他在量子力学的数学和云室的观察之间建立了一座桥梁。而在所有的人中，他最伟大的批评者阿尔伯特·爱因斯坦给了他至关重要的提示："是理论决定了什么可以被观察到。"

在接下来的几天里，海森伯检查了这座"桥梁"是否坚固。他在自己头脑的实验室里测试不确定性原理，做了一个又一个思想实验，看看是否有实验会违背不确定性原理。也许用一个强大的显微镜来观察一个飞行的电子，可以同时观察它的位置和速度？但是这样的显微镜必须用高能量的伽马射线来操作才能有足够的分辨率，而这些伽马射线会使电子偏离方向。这显微镜的分辨力公式，在四年前差点让维尔纳·海森伯与博士学位失之交臂；而现在他正用它来支撑自己最重要的发现。

当玻尔在挪威滑雪的时候，海森伯把这一切都想出来了。他给沃尔夫冈·泡利写了一封长达 14 页的信，其中详细解释了他的发现。由于担心玻尔的愤怒，他寻求泡利的支持。海森伯只给玻尔写了一封短笺，说他"取得了进展"。

"这将是量子力学中的重要一天。"泡利回复说。海森伯受到了鼓励，鼓足勇气把给泡利的信写成了一篇文章，在玻尔从挪威回来之前把它寄给了《物理学报》。

玻尔回来后读了两遍这篇手稿，先是感到惊讶，而后又陷入担忧。当两人见面时，玻尔告诉惊恐的海森伯，一定是出了什么问题。玻尔声称，正是在伽马射线显微镜的思想实验中，海森伯犯了一个错误。海森伯将伽马射线视为一种粒子流。错了，玻尔说，它们是波。粒子，海森伯反驳道。波，玻尔坚持着。又是这套烦人的游戏。

在挪威期间，玻尔一直在研究他自己的想法，即如何克服量子力学悖论。他将研究结果称为"互补原理"。他声称，在有些情况下，我们可以用两个不同的视角来把握一个相同的事件——例如，同时用波和粒子的角度去解读。这些观点是相互排斥的，但也是相辅相成的，只有它们在一起才能充分描述事件。它们是"互补的"。

玻尔认为他的想法是更好的，海森伯的不确定性原理只是一个特殊情况。海森伯实在不想继续反驳他了。几天来，他设法避免与玻尔进一步讨论。玻尔希望海森伯能主动意识到他已经迷失了方向，但海森伯仍然坚定不移。玻尔坚持认为，他应该撤回他的文章。海森伯顿时泪流满面。当一个儿子与父亲决裂时，痛苦是难免的。

玻尔也觉得够了，而且两人都同意他们大致上有相同的意见。海森伯在他文章的"更正附录"中提到了玻尔的反对意见，玻尔因此没有继续坚持让海森伯撤回他的文章。在海森伯的要求下，玻尔在 1927 年 4 月向爱因斯坦发送了他关于不确定性原理的文章，并附上一封表扬信。爱因斯坦没有答复。量子力学的诠释就这样横空出世了，后来被称为"哥本哈根解释"，这让哥廷根的马克斯·玻恩很恼火：矩阵、概率、不确定性、波、粒子、互补性，这一切都被纳入哥本哈根解释中。

在他的论文中，维尔纳·海森伯动摇了阿尔伯特·爱因斯坦和埃尔温·薛定谔认为是物理学根基的原则：因果原则。"在因果原则的绝对表述'如果准确地知道现在，我们就能计算出未来'中，错误的不是结论，而是前提。"他写道。我们无法知道目前的状态。

我们甚至不能同时知道电子的确切位置和速度，而只能计算出电子未来有可能出现在某个位置和带有某个速度的概率。"因此，量子力学确定了因果原则的无效性。"论文的最后一句话这样写道。爱因斯坦在以相对论颠覆时间和空间的概念时都未曾如此大胆。牛顿曾经设想的钟表宇宙已经不复存在。伊曼努尔·康德的名言"所有的变化都是根据因果关系的法则发生的"也已不再成立。

海森伯写道，希望"在被感知的统计世界背后仍有一个因果关系适用的'真实'世界"是"徒劳无用和毫无意义的"。"物理学只应正式地描述感知之间的联系。"

现在是海森伯离开的时候了，他在哥本哈根已经学得够多的了。他接受了莱比锡大学前一年提供给他的教席，在 25 岁的年纪成为德国最年轻的教授。但在离开哥本哈根后，他的悔恨之情溢于言表。他在 1927 年 6 月给玻尔写了一封信，在信中他承认自己因为"看起来对他忘恩负义"而感到羞愧。他写道："我仍然几乎每天都在想这一切是如何发生的，我很惭愧，因为时间不能倒退，过往不能被改变。"那年晚些时候，海森伯再次前往哥本哈根，与玻尔和解。

其他物理学家需要一段时间来理解不确定性原理的含义。一些理论学家说，因果原则在一年前就被马克斯·玻恩废除了。一些实验者则把不确定性原理视为一种挑战，用复杂的仪器对量子现象进行更清晰的描述。这是一种误解。世界并非只是看起来模糊不清。它**本身就是模糊的**。"我们必须意识到，"维尔纳·海森伯说，"我们不能用自己的语言描述它。"

1927 年，科莫

彩排

1927 年的夏天，意大利北部毗邻瑞士的科莫湖。神学家罗马诺·瓜尔迪尼经常在这里度暑期。自然科学如今迅速崛起，这令他有些担忧。瓜尔迪尼指出，在现代，"知识和技术力量的每一次增长都被简单地看作一种收获"。但是，他说："这种确定的信念已经被动摇了。"现在，这不再是一个通过更多知识来增加权力的问题，而是驯服权力的问题。瓜尔迪尼警告说，否则，"全球灾难"将在所难免。

物理学家们这年夏天在科莫湖旁边的科莫城开会，他们对知识有着不可抑制的渴求，其中有些人将在不久之后研制出原子弹。维尔纳·海森伯和意大利物理学界的天才恩里科·费米都是25岁。尼尔斯·玻尔来了，他仍在为量子力学的诠释而挣扎。沃尔夫冈·泡利也在，马克斯·玻恩、亨德里克·洛伦兹、阿诺尔德·索末菲、路易·德布罗意、马克斯·普朗克、阿瑟·康普顿和约翰·冯·诺伊曼也都前来参加。据《物理学报》报道，来自瑞士、瑞典、美国、西班牙、苏联、荷兰、意大利、英国、印度、德国、法国、丹麦、加拿大和奥地利等 14 个国家的物理学家将在科莫会面。

他们举行了纪念亚历山德罗·伏打逝世 100 周年的活动。伏打出生于科莫，发明了电池，电压的单位也是以他的名字命名的。这是"伏打世纪展览"的框架方案，在这个展览中，法西斯政府的贝尼托·墨索里尼将这位自然科学家塑造成了民族英雄。

阿尔伯特·爱因斯坦没有出席，他拒绝踏足法西斯意大利。埃尔温·薛定谔也取消前往。他在几周前作为马克斯·普朗克的接班人，正忙着在柏林安顿下来。玻尔还得再等一个月才能在布鲁塞尔见到他们。

自维尔纳·海森伯写下关于不确定性原理的开创性论文以来，已经过去了 6 个月。从那时起，尼尔斯·玻尔一直在准备自己的论文。他既会亲自动笔，又会找人代笔。在海森伯因为与他讨论得筋疲力尽而从哥本哈根逃到莱比锡后，玻尔的新助手奥斯卡·克莱因现在不得不忍受玻尔每天的胡言乱语。玻尔大声地琢磨着不确定性原理，慢慢地、费力地，努力寻找措辞方式，尝试用不同的句子。晚上，克莱因会写下他从玻尔那里听到的内容。第二天，玻尔会丢下克莱因的笔录，重新开始这个过程。当玻尔夫妇前往他们位于哥本哈根北部海岸的乡间别墅，并在那里度过夏天时，克莱因不得不陪同他们。困难仍在继续。玛格丽特·玻尔平时是平静和快乐的化身，可即使是她也要无法忍受了，有时她甚至泪流满面——这不是像海森伯那样因为反对她丈夫的科学立场，而是因为他在自己身边总是想着别的事情。这本来应该是全家一起度假，结果尼尔斯总让玛格丽特独自带着五个孩子。

1927 年 9 月 16 日，尼尔斯·玻尔在卡尔杜奇研究所宏伟的木质镶板大厅里发表讲话。此前他一遍又一遍地修改手稿，没有完成就把它带到了科莫。他在上场前又调整和改动了一番，最后带着他那充满了增删内容、边注和箭头的笔记走上了台。他抬头向台下扫了几眼，收拾起心情，开始用带有丹麦口音的英语演讲。他声音极小，以至于许多听众不由自主地把身子往前凑。在后排，几乎不可能听清他所有的话。玻尔第一次公开谈论他的互补原理。然后他解释了海森伯的不确定性原理，最后解释了测量在诠释量子力学中的作用。这些主题中的任何一个单拎出来都完全足以撑起一场完整的演讲。而且每一个主题都不是简单易懂的，即使对知识渊博的听众来说也是如此。此外，这些主题之间的关系一点都不明显。玻尔却将它们巧妙地联系起来，还将薛定谔的波函数和玻恩的概率解释融入其中。他试图大展拳脚：对量子力学提出物理层面的新理解。听众既感到困惑，但又印象深刻。"哥本哈根解释"，这个尽可能优雅地安排的思想和表现形式的大杂烩，在这一天，在物理学家的词典中找到了它永久的位置。

玻尔的演讲是他与海森伯关于量子力学诠释长达数月的论争的精髓。他的出发点是，每一次测量都会扰乱被测系统。这没问题。当然，他接着说，在量子力学中，一个测量首先定义了被测量的量。测量的结果取决于被测量的内容。这也没问题。但现在海森伯已经表明，对一个量的测量会阻止对其他量的确定。诚然，一项测量在某一方面增加了我们对被测系统的认知，但它在另一个方面却减少了认知。如果你知道一个粒子的位置，你就不能知道它的动量；更重要的是，玻尔用他那折磨人的复杂句子说，它没有动量——直到你测量它，但是在这种情况下，位置成了未知的。

为了更容易让人理解，他介绍了他的互补原理。一个量子系统只能从对立面来理解。波和粒子，位置和动量。它们彼此格格不入，却又互相补充。太复杂了。玻尔试图让听众理解这样的句子："那么，根据量子理论的本质，我们必须满足于将经典理论所特有的时空表征和因果关系的要求作为描述经验内容的互补而互斥的性质，并且分别象征着观察或定义的可能性的理想化。"

互补性应该可以做到这一点，应该可以调和所有看似不相容的东西，海森伯的不确定性原理，玻恩的概率，薛定谔的波——这绝不是薛定谔所认为的经典波，玻尔说，因为只有你不测量它们，它们的振荡才是可以预测的。然而，最重要的是，它应该使这一切与玻尔自己的原则相协调，这个原则是他的量子思维的基础：任何实际描述量子系统的行为和属性的语言最终都必须可以转换为经典物理学的语言。我们不观察概率云，我们不测量模糊性，实验的结果是具体的数值。

玻尔这样说到底是什么意思？没有人完全明白，甚至玻尔自己也不明白。有些听众只是感到困惑，另一些人怀疑玻尔想告诉他们一些他们已经知道的事情，只是以一种完全不可理解的方式。

讲座结束后，马克斯·玻恩站起来简短地表示认同。这个理论站得住脚，可以用来计算和预测，这对他来说就足够了。然后维尔纳·海森伯开口了。只有少数业内人士知道这位量子力学的发明者在之前的几个月里与他的导师玻尔歧见不断。他们现在似乎已经和解了，海森伯已经不再与玻尔争论，他对玻尔只有赞美和感谢。

没有人反驳。爱因斯坦和薛定谔，他们可以做到这一点，但却不在场。所以玻尔对量子力学的解释开始占了上风，因为没有反对的意见。

玻尔将演讲内容整理成文，交给了英国科学杂志《自然》——

这又是一个"难产"的过程，拖了几个月的时间。他写完初稿后弃置不用，从头改起。这还是在沃尔夫冈·泡利施以援手的情况下。《自然》杂志的编辑们从要求变成了恳求。玻尔对延误表示歉意，但他坚持使用挑战语法极限的句子："事实上，我们在这里发现自己正走在爱因斯坦所走的用我们从感受中借来的感知模式去适应对自然规律不断加深的认识的道路上。"这篇文章就这样刊登出来了，不过附上了一篇编辑评论，其中表示希望玻尔的概念不是量子力学的最终定论，因为它"显然不能用清晰的语言来表达"。

科莫的这场演讲只是为即将到来的大辩论进行的彩排。就在这些物理学家在科莫分开的几周后，他们在布鲁塞尔再次聚首，在第五次索尔维会议上讨论"电子和光子"。这一次，阿尔伯特·爱因斯坦和埃尔温·薛定谔也出席了。

1927 年，布鲁塞尔

大辩论

　　著名的荷兰物理学家亨德里克·安东·洛伦兹是个好人，他和善、周到，很有人缘。他能说流利的德语、英语和法语。爱因斯坦曾称洛伦兹为"聪颖通达的奇迹，活着的艺术品！"1926 年 4 月 2 日，洛伦兹与比利时国王阿尔贝一世进行了一次私人会面。他肩负的使命有些敏感：请求国王允许他邀请德国物理学家来到比利时。

　　被称为骑士王的阿尔贝一世对德国人的态度并不友好。第一次世界大战开始时，德国军队于 1914 年入侵了中立的比利时。作为佛兰德斯集团军的指挥官，阿尔贝领导了对德军的最后攻势，直到 1918 年 11 月停火，解放了比利时西部地区。他不打算再让任何一个德国人踏上比利时的土地。

　　但洛伦兹利用他圆通和讨喜的特点，征得了国王的同意，得以邀请德国物理学家参加预计于第二年秋天在布鲁塞尔举行的第五次索尔维会议。作为科学委员会的主席，洛伦兹劝说阿尔贝一世，战后七年了，是时候对德国人采取些许和解的态度并深入互相了解了。洛伦兹认为，科学可以在这方面发挥先锋作用。此外，从长远来看，很难一直把德国科学家拒之门外，毕竟他们为物理学做出了巨大的贡献。在觐见的当天，洛伦兹就给爱因斯坦写了信，告诉他自己取得了突破。

这是一次了不起的改变，因为在战后德国科学家确实是受许多国家排挤的。他们被孤立，是国际科学界的圈外人。1921 年 4 月份受邀参加第三次索尔维会议的唯一的德国人是阿尔伯特·爱因斯坦，而他还不算典型的德国人。但爱因斯坦决定不去参加会议，以抗议对他同胞的排斥。相反，他在美国进行巡回演讲，为在耶路撒冷创办希伯来大学筹集资金。两年后，他宣布他也将拒绝第四次索尔维会议的邀请，因为德国科学家仍在遭受抵制。"在我看来，将政治卷入科学事务是不对的，"他在给洛伦兹的信中说，"个人也不应该对他们国家的政府负责，他们只是恰好属于这个国家。"

现在，亨德里克·洛伦兹说服了国王，使他相信和解是更好的道路，德国人由此得到了可以受邀参会的许可。洛伦兹本人也没有想到会有这样的成功。从 1925 年开始，他就接替亨利·柏格森担任国际智力合作委员会的主席。然而，他一直认为德国的科学家还不会这么快就被允许再次参加国际会议。

不过，后来国际氛围发生了变化。1925 年 10 月，经过德国、法国和比利时外交官几个月的准备，《洛迦诺公约》在马焦雷湖畔的一座优雅的宫殿中经谈判后达成。他们同意维持目前的国界，并对争议做出了仲裁。这些条约为德国在 1926 年加入国际联盟铺平了道路。德国逐渐从第一次世界大战中恢复过来，战后的萧条让位给了对新思想、新艺术形式和新技术发展的热情。人们惊叹于航空奇迹，开始驾驶汽车，打电话，去看电影。

索尔维会议，1927年摄于布鲁塞尔。

后排从左至右：奥古斯特·皮卡斯特，埃米尔·昂里奥，保罗·埃伦费斯特，爱德华·赫尔岑，泰奥菲勒·唐德尔，埃尔温·薛定谔，尤勒斯-埃米尔·费斯哈费尔特，沃尔夫冈·泡利，维尔纳·海森伯，拉尔夫·福勒，莱昂·布里渊。

第二排座席从左至右：彼得·德拜，马丁·克努森，威廉·劳伦斯·布拉格，亨德里克·克拉默斯，保罗·狄拉克，阿瑟·霍利·康普顿，路易·维克多·德布罗意，马克斯·玻恩，尼尔斯·玻尔。

前排座席从左至右：欧文·朗缪尔，马克斯·普朗克，玛丽·居里，亨德里克·安东·洛伦兹，阿尔伯特·爱因斯坦，保罗·朗之万，夏尔·欧仁·居伊，C.T.R.威尔逊，欧文·理查森。

在多年的民族主义之后，一种新的国际精神成为世界主流。1927年5月，一个名叫查尔斯·林德伯格的年轻美国人成为当时世界上最有名的人。他驾驶着"圣路易斯精神号"飞机从纽约飞往巴黎。这架飞机由钢管和云杉木制成，上面覆盖着塑料，以1 700升汽油为燃料，行李甚至比海森伯去黑尔戈兰岛时带着的还要少：只有五个三明治。"如果我到了巴黎，我就不需要任何东西了，"林德伯格说，"如果我没有到巴黎，我也不需要任何东西了。"林德伯格比海森伯小两个月。

在这种乐观的氛围下，阿尔贝一世被说服，再次向德国科学家开放国门。洛伦兹在爱因斯坦的支持下，开始筹备第五次索尔维会议。这次的正式会议名称是"电子和光子"，但量子力学才是真正的主题。会议开始前不到六个月，海森伯发表了他的不确定性原理，现在要开始讨论下一步的问题了。这将是物理学史上最著名的会议，物理学家们在一个世纪后仍会谈论它——以及当时两位顶尖物理学家在布鲁塞尔的对决：尼尔斯·玻尔和阿尔伯特·爱因斯坦之间的辩论。英国的科学家和作家C.P. 斯诺后来写道："从没有过比这更深刻的智力辩论。"

第五次索尔维会议在1927年10月24日至29日于布鲁塞尔举行，这是索尔维化学公司的总部所在地，该公司通过生产碳酸钠（用于合成洗涤剂）赚钱。欧内斯特·索尔维与他的兄弟阿尔弗雷德一起于1863年创建了公司，并为此开发了"索尔维工艺"。他也是社会项目和教育项目的赞助人，并于1911年举办了第一次索尔维会议。这些会议非常有价值，只有受邀者可以参加。第五次会议是参加人数最多的一次。29名与会者中的17名，在这次会议之前或之后获得过诺贝尔奖。唯一参加的女性甚至获得了两个诺贝尔奖，她就是玛丽·居里。她的前情人保罗·朗之万也在其中，他们之间曾有过一段风流韵事。

几乎所有对量子物理学有发言权的物理学家都来到了布鲁塞尔：马克斯·普朗克、阿尔伯特·爱因斯坦、保罗·埃伦费斯特、马克斯·玻恩、尼尔斯·玻尔、埃尔温·薛定谔、路易·德布罗意、亨德里克·克拉默斯、沃尔夫冈·泡利、维尔纳·海森伯、保罗·狄拉克。这是他们唯一一次齐聚一堂。只缺一个人：阿诺尔德·索末菲。他在战争期间公开支持占领比利时，因此没有受到邀请。

像爱因斯坦一样，尼尔斯·玻尔是第一次参加索尔维会议。1921 年那次会议刚好赶上他生病，1924 年则是他自己拒绝接受邀请的。他担心如果他去了，可能会被扣上排斥德国人的帽子。

1927 年 10 月 24 日，一个灰暗多云的星期一的早晨，在布鲁塞尔的利奥波德公园的生理学研究所里，量子物理学界的知名人士聚集在一起，人们充满了期待。

亨德里克·洛伦兹对与会者表示欢迎，然后邀请在曼彻斯特大学接替欧内斯特·卢瑟福担任物理学教授的威廉·劳伦斯·布拉格发言。布拉格 37 岁，是一个害羞、紧张的澳大利亚人，在他只有 25 岁的时候就和他的父亲一起因用 X 射线分析晶体结构而获得了诺贝尔奖。他用他那浓重的澳大利亚方言报告了最新的分析数据如何揭示了原子的结构——一切都非常安静、严谨……甚至还有点无聊。之后众人围绕着这个枯燥的主题展开了小范围的讨论。海森伯、狄拉克、玻恩和德布罗意都有疑问和评论。洛伦兹能说流利的德语、英语和法语，为语言上不太顺畅的人做翻译。然后大家一起去吃午饭。

下午，35 岁的美国人阿瑟·康普顿报告了他用电子和 X 射线进行的实验。康普顿是一个实验物理学家，但并不是只会做实验。他对自由意志等哲学问题感兴趣，还设计了一种更软的新型减速带。就在几周前，他被授予诺贝尔奖。但他很谦虚，不会把 X 射线被电子散射时频率降低的现象称为"康普顿效应"。

布拉格和康普顿的发言散发着一个共同的信号。詹姆斯·克拉克·麦克斯韦在 19 世纪提出的电磁学理论曾经坚若磐石，现在却开始动摇了。用它来解释布拉格和康普顿观察到的现象，总是以失败告终。在它失败的地方，爱因斯坦的光量子概念可以使理论与实验结果相吻合。然而，在第一天结束时，爱因斯坦是到场的最重要的物理学家中唯一还没有说过话的人。这只是还没到他开口说话的时刻而已。

经过一番犹豫，阿尔伯特·爱因斯坦拒绝了在演讲中阐述他在量子力学上的立场的邀请。他在给洛伦兹的信中说，他"没有能力"这样做，他觉得自己与"量子物理学的风暴式发展'脱节'了"，他无法参与其中，至少没办法以做出实质性贡献的方式参与其中："我现在已经放弃了这个希望。"然而，爱因斯坦并没有说出全部真相。他当然希望自己能参与其中。他只不过是静静地听着，等待着他的机会。

尼尔斯·玻尔，量子物理学的另一位巨擘，也没有在 1927 年的布鲁塞尔发表报告。他同样没有在最近推进量子力学的理论发展。但他有自己的门生，海森伯、泡利和狄拉克正在继续阐发这一理论。

不过，布鲁塞尔会议主要探讨的并不是单纯的理论问题，而是关于理论的诠释问题。它们描述的是一个什么样的世界？其中的因果关系又如何？当没有人抬头看它时，月亮还在那里吗？以前，这样的问题都是哲学家们的事。现在，物理学家必须做出回答才能理解他们自己的理论。玻尔坚信他知道答案。

现在他想说服爱因斯坦。玻尔很好奇：爱因斯坦对量子物理学的最新发展会有什么反应？爱因斯坦的判断对玻尔意义重大，因为爱因斯坦仍然是物理学界的教皇。

在会议过程中，与会者之间的冲突线变得清晰起来：旧量子物理学与新量子物理学。阿尔伯特·爱因斯坦、埃尔温·薛定谔、马克斯·普朗克、亨德里克·洛伦兹这些老一辈的人都在捍卫经典物理学的既定秩序，在这种秩序中，波轻轻地滚动，粒子在稳定的路径上移动。他们是"现实主义者"，他们想描述世界的真实面貌。

年轻的"工具主义者"以维尔纳·海森伯、沃尔夫冈·泡利和保罗·狄拉克为代表，他们渴望推动量子力学发展，将其应用于原子和辐射的悬而未决的问题。他们对任何涉及哲学、语义学或细枝末节的东西都缺乏耐心。

只有尼尔斯·玻尔拒绝选边站。那些年轻的冲动者是他的学生。但他也不能忽视爱因斯坦的反对意见，这既是出于他对老朋友的尊重，也因为他自己是个哲学怀疑论者。

在布鲁塞尔自由大学举行了招待会之后，第二天的会议平静地开始了。但在午休之后，气氛变得严肃起来。公爵之子路易·德布罗意介绍了"量子力学的新动态"。他用法语谈到了他是如何产生所有物质都是由波组成的想法的，以及埃尔温·薛定谔如何将这种方法发展为了波动力学。接下来他说，经过后续的思考，他参考量子力学最新的成果，进一步发展了这个想法。通过对薛定谔方程的巧妙运用，他在不改变数学的情况下勾勒出一幅新的量子力学图像。他抛弃了玻尔关于"互补性"的神秘学说，根据这种说法，波和粒子是对立的、不完整的、互补的量子图像。相反，他说在量子世界里波和粒子是和平共处的。

德布罗意正在努力地尝试前人没有做过的事情：在波动力学和哥本哈根学派之间建立一座桥梁。他谨慎地承认，玻恩对概率的解释是有道理的，但现在我们必须看看这一切是如何结合起来的。德布罗意概述了一个理论，其中粒子被波"引导"，他称之为"导航"。这使他既能够保留波，同时又可以把粒子的位置还给它们，即使这个位置是一个"隐变量"——这里的"隐"是对量子力学而言的。一个电子，它的行为并不像哥本哈根学派所说的那样，要么像波，要么像粒子——不，它同时是两者：像一个在波上滑浪的粒子。德布罗意把他的方法称为"导航波理论"（Théorie de l'onde pilote）。德布罗意的粒子以一种完全决定论性质的方式行事，却符合海森伯的不确定性原理，因为它们的路径是隐藏的。没有任何测量可以完全捕捉到它们的运动，正如海森伯所声称的那样。这几乎像一个魔术：因果关系和决定论，这两个自古以来的物理学支柱，可以被保留下来，连同量子力学以及它与实验结果的惊人吻合性。

但这两个阵营并不想和解。不相信粒子的埃尔温·薛定谔，甚至压根没有听报告。沃尔夫冈·泡利称德布罗意的方法"非常有趣，但却是错误的"，并声称德布罗意的冲浪粒子与之前的粒子碰撞量子理论相矛盾。泡利的攻击基于一个歪曲的类比，但却让德布罗意措手不及，他只能结结巴巴地回答。虽然他是对的，但他站在那里就像被驳倒了一样，而说得不对的泡利却信心满满地重新坐下来。

一个更有分量的反对意见来自亨德里克·克拉默斯。他指出，反射光粒子的镜子会受到粒子撞击时的一个轻微的反冲力。克拉默斯声称，德布罗意的理论无法解释这种反冲力，而现在更加不确定的德布罗意也无法反驳他。

德布罗意后来回忆说："不确定派的追随者大多是不妥协的年轻人，他们对我的理论持冷淡的拒绝态度。"他们只是问，公式在哪里。但德布罗意无法在黑板上写下任何东西。他有的只是这个想法。他希望得到爱因斯坦的帮助。也许他能让那些犹豫不决的人站在正确的一边？但爱因斯坦仍然沉默不语。德布罗意十分消沉。他非但没有让双方和解，反而让所有人都反对他。

1927 年 10 月 26 日，星期三，轮到年轻人发言了。早上，玻恩和海森伯走上了讲台。他们一起提出了基于矩阵的量子力学表述，其中随机量子跃迁扮演了至关重要的角色。他们一开场就挖苦了薛定谔："量子力学基于这样一种直觉，即原子物理学和经典物理学之间的本质区别在于不连续性的出现。"然后他们礼节性地向坐在不远处的显赫人物们致敬：玻恩和海森伯强调，量子力学"是普朗克、爱因斯坦和玻尔所创立的量子理论的直接延续"。

在介绍了矩阵力学、狄拉克-约尔丹的变换理论和玻恩的概率解释后，海森伯和玻恩转向了不确定性和"普朗克常量 h 的实际意义"。他们声称，这个 h 不外乎"对不确定性的普遍度量，而不确定性是由波粒二象性引入自然法则的"。因此，如果没有辐射和物质的波粒二象性，就不会有普朗克常量，也不会有量子力学。他们的结论是对爱因斯坦和薛定谔的挑衅："我们认为量子力学是一个完备的理论，它的物理和数学假设都不应该被进一步修改。"简而言之，量子物理学已经定型、成熟，任何进一步的修补、挑战或解释都是多余的。

量子力学是"完备的"，这就是玻尔、玻恩、海森伯和泡利带到布鲁塞尔的信息。他们坚信，他们可以提出一个结论性的量子力学表述。几年前，量子物理学还是一个由不断新出现的临时模型艰难组成的架构，这些模型不断地被下一个实验所推翻。现在，所有的基本构件都联合起来了：矩阵力学、薛定谔方程，以及海森伯刚刚发现的量子力学的核心——不确定性原理。

　　年轻的德国人给听众留下了深刻的印象，形势似乎在朝对他们有利的方向发展，即使房间里的一些人，以爱因斯坦为首，仍然怀有疑虑。爱因斯坦认为，量子力学是一项令人印象深刻的智力成就，但不是真正解释世界上最小的建筑模块的理论。但在随后的讨论中，他继续保持沉默。没有人反驳玻恩和海森伯。狄拉克、洛伦兹和玻尔只是对一些小问题进行了评论。

　　爱因斯坦沉默的背后是什么？也许是不可动摇的平和心态，也许是难以置信的惊奇。保罗·埃伦费斯特想弄清楚，于是他在给爱因斯坦的小纸条上写道："别笑，在炼狱里有一个专门为'量子理论教授'服务的部门，每天给他们讲 10 多个小时的经典物理学。"爱因斯坦回答说："我只是在笑他们的天真。谁知道几年后谁会笑到最后呢？"

　　然而，爱因斯坦并不满足于等待和观望。他采用游击战术：避免公开辩论，但在吃饭的时候会挑逗挑逗。早晨的时候，他就把所谓的对量子力学的反驳带到了大都会酒店的餐厅，伴着咖啡和羊角面包开始讨论。泡利和海森伯只是侧耳听着，然后挥手说："对，是对的，真是对的。"玻尔听得更仔细，而后思考这些话，在午餐时与海森伯和泡利一起讨论，晚餐时则提出他对这种反驳的反驳。第二天早上，同样的过程会重新开始。

"对我来说，见证爱因斯坦和玻尔之间的对话是非常美妙的，"作为两人的朋友，保罗·埃伦费斯特在大会结束后不久的一封信中写道，"像在下象棋一样。爱因斯坦总是给出新的例子。在某种意义上，第二类永动机就是可以打破不确定性关系的。玻尔总是从一团哲学的烟雾中挑选工具，来一个接一个地打破这些例子。爱因斯坦就像玩偶匣，每天早上都会重新跳出来。好笑极了。但我几乎毫无保留地支持玻尔，反对爱因斯坦。他现在对玻尔的态度，与当年捍卫绝对时空观的人对他的态度如出一辙。"几天后，埃伦费斯特当着他朋友的面说："爱因斯坦，我为你感到羞愧。你现在反驳新的量子理论，就像你的对手反驳相对论一样。"海森伯看了一眼泡利，示意道：终于有人说出来了。这对爱因斯坦来说是一场败仗，他忠诚的朋友埃伦费斯特已经改换了立场。

每晚凌晨一点，玻尔都会来到埃伦费斯特的房间，说上几句神秘的话并留下大量的烟草味，待到三点后离开。这让埃伦费斯特不太高兴，他既不喜欢虚无缥缈的话语，也不喜欢气味刺鼻的烟斗。他抱怨"玻尔念咒般的可怕术语，没人能总结出他到底要说什么"。

到了周三的下午，埃尔温·薛定谔有了反击的机会，但他并没有利用这个机会，而只是对他的波动力学进行了轻淡的辩护。"目前在这个名称下有两种理论，"他用英语说，"它们实际上是密切相关的，但又不完全相同。"确实，它应该是一种理论，但不幸的是它有两种，两者之间还存在着鸿沟。有一种理论很好地描述了可以想象的波，这样的波在三维空间中类似于声波或经典的光波。另一个理论描述了抽象的高维度空间中的波。薛定谔解释说，问题在于，对于除了运动的电子之外的任何东西来说，这是一个存在于三维以上空间中的波。只有在极少数特殊情况下，才只需要三个维度。氢原子的单个电子可以在三维空间中表示，但氦原子的两个电子需要六个维度。这些想法可能会抑制人们对他的理论的热情，他自己也承认这一点。但这不是坏事。这个多维空间只是一个数学工具，叫作位形空间。该理论所描述的，无论是一个电子还是多个电子，无论是碰撞中的电子还是环绕原子核的电子，都处在我们所知的空间和时间中。"然而，事实上，两个概念还不能完全统一。"薛定谔不得不承认。

他希望这种统一能够成功，但其他的权威理论家并不同意。大多数物理学家更愿意使用他的波动力学，而不是海森伯的矩阵力学，但很少有人认为波是对电荷云和质量分布的现实描述。他们采用玻恩对概率的解释，而薛定谔则坚持拒绝这种解释。他清楚地表明了他对"量子跃迁"的想法有多么不以为然。

自从埃尔温·薛定谔收到在布鲁塞尔演讲的邀请后，他就知道自己在那里与矩阵力学的支持者必有一战。因此，他已准备好在演讲结束后的讨论中回应对手的攻击，但他没有想到这番进攻会如此猛烈。第一刀来自玻尔：他问薛定谔，他在演讲后半段提到的"困难"是否意味着前面提到的结果是错误的。薛定谔坚定地作答。然后玻恩开口了，对另一个计算的结果表示怀疑。薛定谔现在没有那么多耐心了，他澄清说，这个计算是"完全正确和可信的，玻恩先生的这种反对是没有根据的"。

在其他几个人发言后，轮到海森伯了。他说："薛定谔先生在演讲结束时称，他讨论的观点孕育了这样的一种希望：一旦我们的知识更加深入，就有可能在三维空间解释和理解多维理论的结果。我在薛定谔先生的计算中没有看到任何东西可以证明这种希望。"

薛定谔回答说，他"希望能达到一个三维的表征"，这"不完全是空想"。几分钟后，讨论结束。薛定谔感觉到被冒犯了。在会议的其余部分，他都保持了沉默。

星期四休会一天。洛伦兹、爱因斯坦、玻尔、玻恩、泡利、海森伯和德布罗意乘坐火车前往巴黎，参加法国科学院为纪念波动光学的创始人之一奥古斯丁·菲涅耳逝世 100 周年而举办的活动。"真正的战斗从明天开始。"维尔纳·海森伯在 10 月 27 日星期四的晚上写给他父母的信中写道。

海森伯很喜欢他在布鲁塞尔的生活：与同行一起抽烟喝酒，住在大都会酒店，听歌剧，"真的很体面"，最重要的是被国际科学界所认可。每个人都在谈论他的理论，他的不确定性原理。

星期五，讨论变得更加激烈起来。正式的发言已经结束，接下来的环节是对"会上提出的想法进行综合讨论"。英语、法语和德语的声音从四面八方响起，开口者都请求洛伦兹让自己发言。埃伦费斯特跳了起来，在黑板上写下了《创世记》中关于巴别塔的一句话："因为耶和华在那里变乱天下人的言语。"他在同行们的笑声中回到了自己的座位上。

亨德里克·洛伦兹试图给讨论一个方向，把话题引向因果关系、决定论和概率。量子事件有原因吗？这是玛丽·居里在四分之一个世纪前就冥思苦想过的问题。洛伦兹提出的问题如下："难道不可能通过使决定论成为一种信仰来保留它吗？是否一定要把非决定论提升到一个原则的层面？"他自己没有给出答案，而是请玻尔说一说对"我们在量子物理学中面临的认识论的问题"的看法。现在决定性的时刻已经到来，房间里的每个人都知道。玻尔将试图说服爱因斯坦接受哥本哈根解释。

玻尔走到演讲台前。他对在场的所有人说话，但他实际上是在对爱因斯坦说话。他回忆起他在科莫的演讲，那是对爱因斯坦的演讲，但他没有听到，因为他不在现场。玻尔谈到，他坚信波粒二象性是世界本质的一部分，这种二象性只能用他提出的互补性概念来理解，而这种互补性是不确定性原理的基础，它对经典物理学的概念设置了不可逾越的限制。然而，为了能够毫不含糊地描述量子实验的结果，实验装置和观察结果必须用一种"从经典物理学的语汇中适当提炼出来的"语言来表述。

爱因斯坦仔细听着。八个月前，也就是 1927 年 2 月，当玻尔在思考互补性问题时，爱因斯坦在柏林做了一个关于"光的起源问题的理论和实验"的讲座。他当时说，理解光的性质需要的既不是波动理论，也不是量子理论，而是这两种概念的综合。爱因斯坦在 1905 年提出光量子的概念时就已经要求进行这种综合，但这种希望落空了。现在他听到玻尔把这两个概念分隔开来。要么是波，要么是粒子，结果取决于实验装置。绝不是两者都有。没有综合。

这并非只是关于波与粒子的问题。它是关于物理学到底是什么的问题。科学家们一直把自己看作不干涉自然的观察者。是的，他们在实验时会进行干预。但当他们观察时就不一样了，观察者和被观察者之间泾渭分明。在经典理论中，观察者不会影响被观察者，爱因斯坦也想保持这种状态。

然而，尼尔斯·玻尔打破了这一点。他声称，在原子世界中，观察者和被观察者无法分隔开来。根据哥本哈根解释，被他称为新物理学"本质"的"量子假设"在此适用。在对原子现象的研究中，从被测量者和测量仪器之间的相互作用来看，"无论是现象还是观察手段，都不能归结为普通意义上的独立物理现实"，玻尔这样说道。

玻尔想象中的现实在没有观察的情况下是不存在的。只要没有人测量一个电子的属性，那么它就没有位置，没有速度。在测量之间询问电子的位置或速度是毫无意义的。未被观察到的，就相当于不存在。只有通过观察或测量，它才成为现实。玻尔说，认为物理学的任务是描述自然界，这是错误的。物理学的任务是找出我们可以就自然说些什么。

爱因斯坦的看法不同："我们称之为科学的东西只追求一个目标：确定那是什么。"物理学希望客观地把握现实，不受任何观点的影响。这就是爱因斯坦和哥本哈根学派之间的鸿沟。"原子或基本粒子本身并不真实，"海森伯说，"它们形成了一个由可能性和概率组成的世界，而不是由事物和事实形成的世界。"只有在观察中，这些可能性才会成为现实，玻尔和海森伯说。而对爱因斯坦来说，这不再属于自然科学了。科学不是发明自然，而是探索自然。物理学的灵魂就是这场争论的核心。

玻尔的讲话结束后，爱因斯坦仍然沉默不语。其他三位与会者相继发言。然后爱因斯坦给了洛伦兹一个信号。他终于要开口了。大厅里一片寂静。爱因斯坦站起身来，在观众的注视下走到了黑板前。他的立领（领尖整齐地向前折叠）和长领带，让他看起来就像来自19世纪一样。

爱因斯坦一开始很谨慎地说："我意识到，我对量子力学的本质了解得还不够深。但我还是想在这里提出一些一般性意见。"那只是客套话罢了。"我对量子问题的思考比对广义相对论深入一百倍。"他后来对一个朋友坦言。有人认为，爱因斯坦并不了解量子力学。错了，他比任何人都更了解它。他只是不认可它，认为它是不完备的。

爱因斯坦没有回应玻尔明确讲给他听的发言。他无视玻尔争取让他接受量子力学的努力，对玻尔关于波粒二象性的分析和互补性的想法完全没有任何表态，对玻尔的哲学解释也无动于衷。

它直指玻尔最薄弱的地方：声称量子力学完全穷尽了对可观察现象的解释的可能性。为什么这种丑陋的理论要给可以探索的东西划定界限？爱因斯坦慢慢地表明，玻尔理解的量子力学，并不是一个完整的、没有矛盾的理论。他开始使用他最喜欢的工具：思想实验。

"让我们想象一个电子飞向一个屏幕。"爱因斯坦说。他转向黑板，拿起粉笔，画出了电子的路径，并用一条垂直于路径且中间留了一道缝的直线来表示屏幕。他侧对着下面的人解释说，电子穿过屏幕的孔时会衍射。在屏幕的另一侧，他画了个半圆，以表示薛定谔的电子波，这样的波从孔中向一个感光屏发射出去。电子将落在感光屏上。如果我们在这里观察到电子，爱因斯坦指着屏幕顶部的一个点说，那么它就不可能打到这里，爱因斯坦又指着屏幕底部的一个点说。但根据哥本哈根解释，薛定谔波"表示这个粒子在某个地方的概率"，因此将落在整个感光屏上，而不仅仅是在一个点上。它"没有显示出偏好的方向"，爱因斯坦继续说。只要电子在屏幕的某一点被观察到，其他地方的波就会立刻消失，这就是著名的"波函数坍缩"。爱因斯坦说，它不能是这样的，因为这将"与相对论产生矛盾"，相对论不允许这种"长距离作用机制"。在一个点上发生的事情不能毫无延迟地影响其他点上发生的事情。在因与果之间，至少要有一个与光速相应的延迟。因此，爱因斯坦得出结论，玻尔对量子力学的解释并没有为正在发生的事情提供一个结论性的图景。

爱因斯坦提出了一个不同的画面。每个电子仍然是一个粒子，它沿着许多可能路径中的某一条，直到击中感光屏。球面波也存在，是的，但对应的不是单个电子，而是"一团电子"。量子力学并不描述单个量子的过程，而是描述这种过程的"集合"。爱因斯坦用一种"纯统计"的解释反驳了哥本哈根解释。

他放下粉笔，拍拍手上的灰尘。"在我看来，只有不仅用薛定谔波来描述这个过程，而且在传播过程中对粒子进行定位，才能避免这种异议。我认为德布罗意朝这个方向的努力是正确的。"简而言之，量子力学可能没有错，但它是不完整的。量子过程的现实性在于更深层次。德布罗意是在正确的轨道上，而海森伯和泡利走错了路。爱因斯坦坐了下来。

玻尔、海森伯、泡利和玻恩相互对视。这算是爱因斯坦对量子力学的反驳吗？没错，波函数的确会突然坍缩，但它是抽象的概率波，不是在我们生活的三维空间中传播的真正的波。

"我觉得，"玻尔说，"我处于一个非常困难的境地，因为我不完全理解爱因斯坦到底想表达什么观点。这无疑是我的错。"然后他说了一句惊人的话："我不知道量子力学是什么，我认为我们正在处理一些数学方法，这些数学方法可以用来充分描述我们的实验。"

玻尔没有回应爱因斯坦的论点，而只是重申了自己的立场。他又开始谈论波粒二象性和互补性。玻尔说的是观察，爱因斯坦说的是现实。在他们的第一次公开论争中，这两位量子物理学大师完全是在各说各话。"想法之混乱让人困惑至极。"保罗·朗之万说。

爱因斯坦在提出他的论点后，又陷入了沉默。讨论会慢慢结束，与会者离开了生理学研究所。但争端才刚刚开始。尼尔斯·玻尔和阿尔伯特·爱因斯坦在大都会酒店的装饰艺术大厅再次相遇了。一天晚上，德布罗意看到两人坐在那里全神贯注地"决斗"，但不幸的是，他听不懂两人的对话。他不会说德语。

不可能，爱因斯坦说，一个基本的物理理论不可能是一个统计理论。当然，也有统计学理论，例如热力学和统计力学。但它们不是根本。统计学只是填补所述过程中知识空白的一种手段。爱因斯坦说，量子理论也是如此。人们一次又一次地听到他说："善良的上帝不掷骰子。"玻尔在某个时候回应说："爱因斯坦，我们的工作不可能是告诉上帝他应该如何统治世界。"

然而，他并没有成功地反驳爱因斯坦关于波函数坍缩的反对意见，而且波函数的问题很快被称为"测量问题"。一个未被观察到的电子像波一样在空间中流动，然后在测量过程中，突然——噗！——浓缩在一个地方，这怎么可能呢？玻尔没有答案。对这个问题，量子力学并没有提供答案。

爱因斯坦试图解释电子从屏幕上的孔到感光屏的飞行过程。也许可以通过在中间插入另一个有两个孔的光圈来骗过不确定性原理？玻尔思考了几个小时。爱因斯坦是否考虑到了孔洞的位置是如何精确知道的？当电子通过这个孔时，它的反冲力如何？玻尔和爱因斯坦一次又一次地让电子在他们头脑的实验装置中飞翔。玻尔很难用一句完整的话加以解释。爱因斯坦本来仍有希望，但当玻尔表明，用于揭示电子位置的仪器本身便受制于不确定性原理，因而电子的位置也跟着不确定起来，这个希望也破灭了。

爱因斯坦很不安。他没有迅速反驳。第二天早上，他想出了一个新的、更复杂的思想实验。他增加了屏幕上的孔洞数量，用上了更多的测量仪器。但随着实验越来越复杂，他也越来越不耐烦。胜利的天平似乎已向玻尔倾斜。现在玻尔是量子物理学的教皇，而爱因斯坦则是亵渎者。

后来，海森伯回顾这次会议，把它解释为玻尔、泡利和他自己的胜利，是"哥本哈根精神"降临量子物理学的时刻。原子世界中的位置和动量——爱因斯坦在几年前才重新定义的术语——意味着什么，现在由玻尔、海森伯和泡利决定。海森伯写道："我在各方面都对科学成果感到满意。玻尔和我的观点已被普遍接受。至少没有人再提出重要的反对意见，甚至薛定谔和爱因斯坦也是如此。"他没有提到玻尔的观点和他的观点是不一样的。他们在春天就掩埋了彼此的矛盾，但实际上两人依然看法不一。海森伯仍然认为，世界在原子尺度上与在经典尺度上看起来非常不同。玻尔坚持认为只有一个世界。

会议结束时，阿尔伯特·爱因斯坦没能成功反驳量子力学。但他仍然忍不住抱持坚定的反对态度。毕竟，他的思想基础正处于危险之中。他相信有一个客观的物理世界，它按照固定的规律在空间和时间中演变，不受我们人类影响，但我们可以对它进行探索。量子力学动摇了这些基础。爱因斯坦认为这是对现实的一种侮辱。

玻尔和海森伯声称，当物理学进入原子层面时，它的数学符号就会改变意义。这是对爱因斯坦所构想的物理世界的攻击。他用相对论重塑了空间和时间，创造了这个连续性、因果性和客观性的世界。现在他应该看着它再次被拆毁？绝不可能。在从布鲁塞尔返回的路上，爱因斯坦与路易·德布罗意一起乘坐火车，途经巴黎。"继续加油吧，"他在两人分别时鼓励德布罗意，"你在正确的道路上。"但德布罗意因在布鲁塞尔得不到支持而十分消沉，不再相信这一点。

爱因斯坦回到柏林时精疲力竭，情绪低落，但并没有改变主意。1927年11月9日，在索尔维会议结束的一周多以后，他写信给索末菲："就量子力学而言，我认为它包含的真理和不涉及量子的光的理论差不多。"该理论可能是"统计规律上的正确理论"，但"对各个基本过程的理解不充分"。

尼尔斯·玻尔在布鲁塞尔占了上风，这不仅是由于他的说服力，也是由于他吸引了一大批追随者。在曼彻斯特的卢瑟福实验室，他了解到具有良好协作的工作氛围是多么重要，因此他在自己位于哥本哈根的研究所里营造了这种氛围。任何想在量子物理学方面有所作为的人都会来找他。"条条大路通哥本哈根研究所。"年轻的苏联物理学家乔治·伽莫夫曾打趣道。相比之下，柏林的威廉皇帝物理研究所，在其创始人阿尔伯特·爱因斯坦的领导下，不过是一个地址罢了。爱因斯坦喜欢这种方式。他喜欢单独工作。

尼尔斯·玻尔培养了整整一代理论家。他的学生填补了整个欧洲理论物理学教席的空缺：这次索尔维会议后，维尔纳·海森伯立即升任教授和莱比锡理论物理研究所所长；沃尔夫冈·泡利在苏黎世联邦理工学院担任教授；帕斯夸尔·约尔丹在汉堡接任了泡利的职位；亨德里克·克拉默斯则在1926年被任命为乌得勒支大学理论物理学教授。他们之间会交换学生和助手。这样一来，玻尔的量子物理学观点就通过他的学生在国际上传播开来。

一个例外是保罗·狄拉克，他是玻尔学生中的数学高才生。他对玻尔和爱因斯坦之间的辩论没有那么感兴趣。他后来说，他听了这些讨论，但没有参与其中。"我更感兴趣的是找到正确的方程。"对狄拉克来说，很明显，量子力学还不完备。爱因斯坦在布鲁塞尔可能被迫处于守势，但狄拉克认为，从长远来看，他很可能是正确的。

德国蓬勃发展，爱因斯坦病倒

柏林，20 世纪 20 年代末。德国正在从战争的动荡中恢复过来。大约 20 年前奥维尔·莱特飞行的地方滕珀尔霍夫菲尔德建成了世界上最大的机场，每天有来自欧洲各地的 50 余班飞机在这里降落。它也吸引了陆路旅行的游客。只要交纳少量费用，任何人都可以进入机场，想待多久就待多久。成群结队的游客和当地人坐在咖啡桌前吃吃喝喝，听着发动机的嗡嗡声，看着那些闪闪发光的机器翱翔在高空中，或者从不知何处滑翔出云层。飞行是一场伟大的、迷人的冒险。1928 年，飞行员约翰·亨利·米尔斯（John Henry Mears）和查尔斯·科利尔（Charles Collyer）在驾驶单引擎的"仙童 FC-2W"环球旅行的途中在滕珀尔霍夫菲尔德降落下来。在到达柏林前不久，他们在一片田地里着陆，向农民问路。他们在柏林停留了几个小时，在阿德隆酒店休息，早餐吃了鸡蛋、火腿，喝了黑啤酒，然后起飞前往始发地纽约。他们将在那里完成环球航行，用时为 23 天 15 小时 21 分 3 秒。这创下了世界纪录。

僵化的民族主义帝国已经成为——至少在接下来的几年内——

朝气蓬勃的、进步的共和国。随着36名女性进入国会，德国这时的女议员比任何其他国家的都多。至少在原则上，女性可以做她们想做的任何工作。她们担任工程师、机械工程师和屠夫的工作。德国吸引着寻找没有阶级之别的田园风光的外国人，这里拥有历史建筑、鹅卵石街道、啤酒馆与随和的习俗。约瑟菲娜·贝克身着香蕉裙在柏林轻盈起舞，马克斯·赖因哈特是一位戏剧明星。最成功的戏剧是贝托尔特·布莱希特著、库尔特·魏尔作曲的《三毛钱歌剧》，包豪斯引领了建筑界的潮流，科学、艺术和文化一起蓬勃发展。

青年运动正在逐渐蔓延开来。晒得黝黑的年轻人占据了浴场和海滩，大方地展示自己的身体。像维尔纳·海森伯这样的"驴友"在全国各地游走。但仔细观察会发现，青年运动并不像乍看之下那么单纯。许多组织是政党的分支，其中就有褐衫队。

阿尔伯特·爱因斯坦现在已经49岁，身体不好。他感到自己的身体已逼近极限了。在1928年4月对瑞士的短暂访问中，他在拖着行李箱爬上一个陡峭的斜坡时倒下了。起初人们担心他是心脏病发作，后来诊断为心肌异常增大。爱因斯坦感觉自己"几乎一命呜呼"了。回到柏林后，埃尔莎负责照看他，她控制着爱因斯坦与外界的接触，限制朋友和同事的来访。

当爱因斯坦身体逐渐恢复的时候，玻尔的一篇文章《量子假设和原子学的最新进展》以三种语言同时发表。这是他在科莫的演讲稿的最终修订版——无数次修订中的最后一次，玻尔认为这份定稿可以持久有效地呈现他对量子力学以及他提出的互补性这个概念工具的诠释。玻尔给薛定谔寄去了一份副本，后者仍然不能接受不确定性原理的限制。薛定谔在1928年5月5日回复道，如果位置和动量的概念只允许对量子系统进行不精确的描述，那么就必须用不受这种限制的新概念取代它们。找到这种新概念框架自然是"异常艰难的"，因为这种"必须进行的概念重建触及了我们认知的最底层"，即"空间、时间和因果关系"。玻尔先是礼貌性地表示感谢，而后明确表示，他很难完全同意"发展'新'概念的必要性"。他说，不确定性原理不是对经典概念适用性的偶然限制，而是在分析观察过程时所发现的互补性的一个必然结果。薛定谔将他与玻尔的交流告知爱因斯坦。爱因斯坦认同薛定谔的看法。"如果位置和动量的概念本身只有模棱两可的含义的话"，那么薛定谔提出的"放弃这两个概念"的要求就是"正当合理的"。爱因斯坦宁愿抛弃他自己重新发明的传统基本物理学概念，也不愿接受哥本哈根学派的思想。"海森伯和玻尔的冷静哲学——或是宗教？——设计得很巧妙，暂时为其信徒提供了一个柔软的床垫，使他们不容易被惊醒。所以让他们躺着吧。"

在病情发作四个月后，爱因斯坦走路时仍然颤颤巍巍的，但至少他可以动了，不需要再卧床不起。为了进一步恢复，他在波罗的海边的宁静村庄沙尔博伊茨租了一所房子。在那里，他阅读他最喜欢的哲学家斯宾诺莎的著作，并享受着摆脱"在城市中挣扎的白痴生活"给他带来的宁静。他花了将近一年的时间来恢复元气，终于回到了办公室。通常，他在上午工作，中午回家吃饭，休息到下午三点，然后继续工作，"有时通宵达旦"，他的私人秘书海伦·杜卡斯说。

1929 年的复活节假期，沃尔夫冈·泡利到柏林拜访了爱因斯坦。他听说爱因斯坦仍然坚信，在现实中，自然现象不受所有观察者的影响，按照固有的自然法则发展。泡利认为这一立场是"反动的"。由于他的固执己见，爱因斯坦正在逐渐变成一位陌生的老朋友。"我们中的许多人认为这是一个悲剧，"马克斯·玻恩写道，"因为他在孤独中摸索前进，而我们则怀念过去那个领袖和先驱。"

当阿尔伯特·爱因斯坦在1928年从马克斯·普朗克本人手中接过德国物理学会的马克斯·普朗克奖章时，他宣称："我对年青一代物理学家的成就极为钦佩，这些成就被概括为量子力学。但我还是相信，统计学的限制只会是暂时的。"爱因斯坦已经踏上了他生命中最后的求知之旅：寻找一种统一场论，将电磁学和引力结合起来。他希望从中拯救因果关系和不受观察者影响的现实。谁是这里的反动分子？玻尔还是爱因斯坦？当两人在第六次索尔维会议上再次相遇时，爱因斯坦已经康复并准备好对量子力学发动又一次的进攻。

1930 年，布鲁塞尔

绝地反击

在布鲁塞尔，第六次索尔维会议于 1930 年 10 月 20 日星期一拉开帷幕。这次会议持续六天，主题是"物质的磁属性"。议程与三年前高度一致。保罗·朗之万接替已经过世的亨德里克·洛伦兹，担任组委会主席和主持会议。

此次阵容不亚于 1927 年，拥有 12 位已经得过或将会获得诺贝尔奖的科学家。与会者中有保罗·狄拉克、维尔纳·海森伯和亨德里克·克拉默斯，当然还有尼尔斯·玻尔和阿尔伯特·爱因斯坦。阿诺尔德·索末菲这次也在其中。玻尔和爱因斯坦就量子力学的解释和现实的本质进行的第二轮对决已经准备就绪。

玻尔和爱因斯坦来到布鲁塞尔时准备充分，就像两位国际象棋大师参加世界冠军赛一样。在过去的三年里，玻尔一次又一次地在脑海中重现爱因斯坦在第五次索尔维会议上用于反驳量子力学的思想实验。他已经发现爱因斯坦的论证有漏洞，但他并不满足于此。他设计了自己的思想实验，用越来越复杂的屏幕、狭缝、快门和时钟的排列组合来测试他对量子力学的解释是否有弱点，但他一直没有发现。

阿尔伯特·爱因斯坦再次对量子力学发起全面攻击，尼尔斯·玻尔再次为其辩护。他认为自己已经准备好应对一切了。但是，在一次正式会议之后，爱因斯坦构想出了一个"光盒"。这是一个想象出来的盒子。爱因斯坦设想出了一个棘手的思想实验。爱因斯坦告诉玻尔，想象一个盒子，里面有几个光粒子和一个时钟。它的一个侧面上有一个孔，里面有一个自动的快门，与盒子里的时钟相连。称一下盒子的重量。设置时钟，使快门在某一时刻打开，然后又迅速关闭，时间只够一个粒子从盒子里逃出来。爱因斯坦解释说，我们现在知道了粒子从盒子里逃出来的确切时间。玻尔无动于衷地听着。到目前为止，一切都很清晰，无可争议。不确定性原理只适用于互补的一对变量，例如位置和动量或能量和时间。单个变量本身可以根据需要来精准确定。然后，爱因斯坦打出了他的王牌——"再称一下盒子的重量"。在这一刻，玻尔恍然大悟，他遇到了麻烦。

爱因斯坦利用了他还是伯尔尼的一名专利员时的伟大发现：质量就是能量，能量就是质量。$E=mc^2$。重量上的差异是衡量逃逸粒子能量的一个标准。这么小的差异用 1930 年的仪器是无法检测出来的，但这是技术上的小问题，原则上的大问题。你知道粒子是什么时候逃出来的，你也知道它的能量。两者是同时的，与不确定性原理相矛盾。量子力学是不是被推翻了？

玻尔被打了个措手不及。他看不到出路，没有答案。泡利和海森伯试图安抚量子力学的这位元老："这不可能是对的，一切都会好起来的。"他们的心意是好的，但没有什么帮助。玻尔与他的追随者讨论了整个晚上。这绝不可能是对的。他警告说，这将是物理学的末日。至少对于玻尔所理解的物理学来说是这样。

那天晚上，沉默寡言的爱因斯坦大步流星地回到了大都会酒店。他身姿挺拔而威严，抽着雪茄，胜利的喜悦写在脸上，露出了淡淡的微笑。在他身后，被激怒的玻尔满头大汗地讨论着，打着手势，外套挎在胳膊上。他的比利时朋友和同事莱昂·罗森菲尔德说，他看起来像"一条被鞭打的狗"。

在爱因斯坦眼中，这根本不意味着物理学的终结，反而是它的救赎。它拯救的是独立于所有观察者而存在的现实。这就是阿尔伯特·爱因斯坦对物理学的理解。

玻尔那天晚上很晚才睡。趁大家都睡着了，他在头脑中把爱因斯坦的光盒细致地拆解成各个部分，寻找出错之处。他比爱因斯坦本人更仔细地检查了这个盒子。玻尔在想象中把这个盒子附在一个带有刻度的弹簧天平上。他让里面的钟表嘀嗒作响。他在出口孔洞处构建了锁的机制，连螺丝和螺母都考虑进去了。有时，一个人思想的伟大就体现在对细节的关注上。

第二天早上，疲惫却骄傲的尼尔斯·玻尔进入了大都会酒店的早餐室，不再让人联想到一只被鞭打的狗。他立即开始阐述他夜间沉思的成果。爱因斯坦忘记了一些东西。当称重时，盒子在地球的引力场中会有微小的移动。这导致了其质量的小幅不确定，从而导致了逃逸粒子的能量也随之不确定。此外，时钟在引力场中的位置决定了它的运行速度。爱因斯坦本人多年前就证明了这一点。因此时间的测定也是不精确的。综上所述，这两个不精确的结果刚好可以和不确定性原理相对应。

杯子里的咖啡越来越凉。多漂亮的反击啊！玻尔将爱因斯坦所谓的反驳变成了对不确定性原理的精彩确证，同时还巧妙地运用了爱因斯坦自己的相对论。

现在轮到爱因斯坦不知所措了。如同三年前一样，玻尔又化解了他的进攻。爱因斯坦可以继续争论。如果量子力学需要相对论来拯救它，它怎么可能是一个自洽的理论？但爱因斯坦不再争辩了。是时候承认失败了，至少就目前而言。这是玻尔和爱因斯坦之间的最后一次公开辩论。不过，这并不是爱因斯坦对量子力学的最后一次攻击。他改变了策略，不再试图绕过不确定性原理。在未来，他瞄准了另一个薄弱点——"幽灵般的超距作用"。

1930 年 11 月，阿尔伯特·爱因斯坦在莱顿大学发表了关于他的光盒的演讲，他是那里的常客。讲座结束后，一位听众说他认为这与量子力学没有冲突。"我知道。"爱因斯坦回答说。不存在任何矛盾。但该理论还是不正确的，爱因斯坦坚称。

爱因斯坦很固执，但不是小气。尽管他不喜欢量子力学，但他在 1931 年 9 月再次提名维尔纳·海森伯和埃尔温·薛定谔为诺贝尔奖候选人。他在提名信中写道："我相信该理论中包含了一部分终极真理。"一部分真理，但不是所有的。爱因斯坦真正的"心声"在继续对他耳语，说量子力学不是玻尔认为的终极智慧。

在第六次索尔维会议结束之后，爱因斯坦前往伦敦并停留了几天。10 月 28 日，他作为贵宾出席了在萨伏依酒店为贫穷的东欧犹太人举办的慈善晚宴，主办方是英国社团 ORT-OZE^① 联合委员会。委员会主席罗斯柴尔德男爵是东道主，乔治·萧伯纳担任司仪。近

---

① ORT 和 OZE 都是犹太慈善团体，全称分别是"犹太人手工业和农业工作协会联盟"（Union of Societies of Handicraft and Agricultural Work among Jews）和"保护犹太人健康协会联盟"（Union of Societies for the Protection of the Health of the Jewish）。——编者注

千名客人前来。爱因斯坦在衣着考究、珠光宝气的富人和美女中感到不自在，但为了行善的事业，他不得不参演这场"猴戏"，穿上紧绷绷的燕尾服，系上白色的领带，与排起队来要亲眼见到这位"犹太圣人"的人一一握手。

74岁的萧伯纳站起来，提议"为爱因斯坦教授的健康干杯"。萧伯纳说，有像拿破仑这样的人，他们创造了帝国。但有一种人超越了他们，那就是创造宇宙的人。而在这样做的时候，他们的手没有沾上人类的血。萧伯纳说："这样的人，我用双手的手指就数得过来：毕达哥拉斯、托勒密、亚里士多德、哥白尼、开普勒、伽利略、牛顿、爱因斯坦。"观众的掌声雷鸣般地响起。"而我还有两根手指没有用上。"他继续说道，下面传来一片笑声，而爱因斯坦则露出了苦笑。"托勒密创造了一个持续1 400多年的宇宙，"萧伯纳接着说，"牛顿创造了一个持续300多年的宇宙。爱因斯坦也创造了一个宇宙，但我还不能告诉您它会持续多久。"但在场者中没有多少人真正地知道，爱因斯坦目前正在吃力地为拯救他的宇宙根基而战。

在萧伯纳讲完话之后，爱因斯坦站起来，感谢他"对那个神话中的我令人难忘的谬奖，我的这个形象没少给我添麻烦"——但爱因斯坦对科学却只字不提。"我想告诉诸位，"他最后说，"我们民族的生存和命运与其说取决于外部因素，不如说取决于我们是否坚持我们的道德传统，尽管在我们的头上有过狂风暴雨，但这些道德传统却使我们生存了几千年。"大约6周前的1930年9月14日，640万德国人在国会选举中投票给纳粹党，人数是1928年5月选举时的8倍，这令许多温和派公民感到恐惧。纳粹分子已经证明，他们并非只是又一个极端右翼的边缘团体。他们是在国会中拥有 107 个席位的第二强大的团体。社民党领导的大联盟被瓦解，总理海因里希·布吕宁只领导着一个少数派政府，他不得不用紧急法令来治理国家。纳粹党的代表们身着棕色的党服参加了 10 月 13 日新国会的第一次会议。同一天，犹太人在柏林的街道上被追赶，受到侮辱和殴打。沃特海姆百货公司的橱窗被砸碎，关于右翼政变即将发生的传言不胫而走，魏玛共和国摇摇欲坠。

在阿尔伯特·爱因斯坦看来，支持希特勒的选票和反犹主义的攻击，都只是不断蔓延的更深层恐惧、绝望和不安全感的症状，而那些感受是由经济困境和失业造成的。在 1928 年和 1930 年的选举之间，发生了华尔街大崩盘事件。

大萧条打击了整个欧洲，德国受到的影响尤其严重。第一次世界大战后，德国经济复苏很大程度上是通过美国的短期贷款，以信贷方式融资。随着秩序越发混乱和资本亏损的增加，美国银行要求立即偿还这些贷款。几乎没有任何外国资本流入德国。结果，德国的失业人数从 1929 年 9 月的 130 万上升到 1930 年 10 月的 300 万以上。

爱因斯坦认为纳粹的兴起和对犹太人的迫害"暂时只是当前经济危局的后果和共和国的儿科疾病"。**暂时**。然后，他不得不眼睁睁地看着"儿科疾病"变成威胁生命的疾病，最终害死了共和国，而不是产生免疫力。德国的第一个共和国只剩下了一副空壳。"国家的权力来自人民"是《魏玛宪法》的第一条。但事实上，这个国家已经变成由法令来统治。经民主选举产生的国会无能为力。

在关注政治的人中，人们的担忧正在增加。"我们生活在一个糟糕的时代，"西格蒙德·弗洛伊德在 1930 年 12 月给阿诺尔德·茨威格的信中写道，"我应该用老年人的钝感来克服它，但我不能不为我的七个孙子感到遗憾。"在接下来的几年里，弗洛伊德在他的日记中记录了越来越明显的右翼趋势和对犹太公民的攻击迹象。

许多人不知道该如何看待这一发展。许多人不喜欢纳粹，但布尔什维克不会更糟糕吗？

德国物理学家对纳粹主义的崛起有不同的反应。有些人采取了坚定的反对立场。有些人逃到了其他国家。有些人则视而不见，或试图接受它。另一些人轻易地顺从了它。比如菲利普·勒纳和约翰内斯·斯塔克，他们都获得了诺贝尔奖，也都是旗帜鲜明的反犹主义者。他们认为发展"德意志物理学"的时机已经到来，并反对相对论和量子力学，因为他们认为这些理论过于晦涩、数学化，而且总体来说"犹太化"。

阿尔伯特·爱因斯坦并没能很快地意识到，在这个纳粹分子掌控的国家中他没有立足之地。1930年12月初，他离开了德国，在美国南加利福尼亚的加州理工学院待了两个月，该学院在之前的几年里已经成为美国极其重要的科研中心。路德维希·玻尔兹曼、亨德里克·洛伦兹和埃尔温·薛定谔已经在加州理工学院发表过演讲。当爱因斯坦的船在纽约停靠时，在他人的劝说之下，他为一大群等待的记者举行了一刻钟的新闻发布会。"您对阿道夫·希特勒怎么看？"一个人喊道。"他全靠德国人空着的肚子，"爱因斯坦回答说，"只要经济条件改善，他就不会再有什么影响力了。"

1931年12月，他再次前往加州理工学院，第二次在此逗留。德国的经济状况和政治形势进一步恶化。在横跨大西洋的旅行中，爱因斯坦在日记中写道："今天我决定基本上放弃柏林的职位。此后，我余生都将是只候鸟！"

在加利福尼亚，爱因斯坦碰巧遇到了改革教育家亚伯拉罕·弗莱克斯纳，他本人就是德国移民的儿子。弗莱克斯纳当时正在建立一个新的研究中心，即位于新泽西州的普林斯顿高等研究所。凭借路易斯和卡罗琳·班伯格兄妹捐赠的500万美元，弗莱克斯纳希望建立一个"学术社区"，使其能够完全致力于科研，摆脱教学义务。在偶然遇到了世界上最著名的科学家之后，弗莱克斯纳没有浪费这个机会。他立即开始追随并延揽爱因斯坦。1933年，爱因斯坦成为普林斯顿高等研究所的首批教授之一。他将在那里度过余生。

爱因斯坦经过协商，只需每年在普林斯顿待五个月，其余时间在柏林。"我不会背弃德国，"他向《纽约时报》强调，"我的家始终在柏林。"该协议为期五年并从1933年开始，正好是爱因斯坦在加州理工学院第三次逗留后。而幸亏他接受了这个协议，因为正是此次在帕萨迪纳逗留期间，在1933年1月30日，希特勒被正式任命为德国总理。

1933年12月10日，爱因斯坦夫妇带着足足30件行李在不来梅港登上了"奥克兰号"汽轮。

在安全的加州，爱因斯坦起初保持沉默。他佯装时机一旦成熟就会返回德国，并写信给普鲁士科学院询问他的薪水问题。但是暗地里他已经另下决心。"鉴于希特勒，我不敢踏上德国的土地，"他于2月27日写给在柏林的玛格丽特·莱巴赫，"我已经取消了我在普鲁士科学院的讲座。"同一天晚上，柏林的国会大厦陷入火海。纳粹党对左翼政治家、知识分子和记者的第一轮恐怖行动开始了。

1933年3月10日，阿尔伯特·爱因斯坦在离开帕萨迪纳的前一天接受了一次采访并发表了一份声明，在采访中他解释了他对德国现状的看法:"只要我可以选择,我就只会留在一个政治自由、宽容和在法律面前人人平等的国家。政治自由包括以口头和书面形式表达政治信念的自由,而宽容包括尊重任何的个人信念。这些条件目前在德国没有得到满足。那些为促进各国相互理解做出杰出贡献的人,其中包括一些重要的艺术家,正在那里遭受迫害。"采访爱因斯坦的记者发现,他在走过加州理工学院的校园时身体正在颤抖。3月11日,爱因斯坦和他的妻子离开了帕萨迪纳,他们不知道接下来的旅程将通往何方。

爱因斯坦的话在全世界引起了轰动。在许多地方,人们不太清楚应该如何看待希特勒。也许,德国以外的一些人认为,他对待犹太人很糟糕。但至少他恢复了德国人的自信,并让欧洲不受布尔什维克的影响。但是达到这一切的代价真的如爱因斯坦所说的那样高吗?德国报纸借机展示对"元首"的忠诚,并对此表示愤慨。"来自爱因斯坦的好消息——他不会回来了"是《柏林日报》的标题,而《人民观察家报》则印刷了反对他的煽动性小册子。

阿尔伯特·爱因斯坦的反纳粹立场让正在政治动荡中摸索应对之道的马克斯·普朗克感到尴尬。1933年3月19日,普朗克在给爱因斯坦的信中写道:"在这个动荡和困难的时期,关于你公开和私下表达的对政治的看法,已是谣言四起,我对此深感苦恼。我没有能力验证它们。只有一件事我看得很清楚,那就是这些信息使所有尊重和崇敬你的人都格外难以为你出头。"这是一个经典的用来劝阻人们站出来反对纳粹的论调。想想你所爱的人正处于危险之中!普朗克倒置了因果,指责爱因斯坦道:"你在这里的同族同胞和教友的情况已经很困难了,他们根本没有因为你的言论而改善处境,反而受到了更大的压迫。"

1933 年 3 月 28 日，在"贝尔根兰号"汽轮上，爱因斯坦给他在苏黎世的儿子爱德华写了一封信："目前，我不会回德国，或许以后也不会回去了。"另一封信寄给了普鲁士科学院。爱因斯坦因"目前德国的大环境"而提出辞职——这让普朗克松了一口气，因为他一直在担心，有一天他将无法再保留怯懦的观望态度，而是必须开除爱因斯坦，以明确地展示立场。

爱因斯坦在安特卫普下船后，立即找了辆汽车送他前往德国驻布鲁塞尔大使馆，在那里交出了他的护照，并宣布放弃德国公民身份。1933 年夏天的时候，他待在了比利时和牛津。他再也不会踏上德国的土地了。

1933 年 4 月 1 日，纳粹党呼吁"抵制犹太人"。纳粹冲锋队被派驻在犹太人的商店门外，犹太学生、助教和讲师被阻止进入大学，他们的借书证也被抢走。普鲁士科学院秘书恩斯特·海曼代表科学院发表声明，指责爱因斯坦"煽动暴行"，并声称"出于这个原因，科学院没有理由对爱因斯坦的辞职感到遗憾"。在学院的其他成员中，只有爱因斯坦的老朋友马克斯·冯·劳厄反驳了这种说法。学院不必被纳粹牵着鼻子走，它会自己主动投诚。

4 月 6 日，在给普朗克的信中，爱因斯坦在比利时北海沿岸写下了他对前同事行为的看法："从学院的角度来想，它只是在外部压力下做出这样的诽谤性声明。但即使在这种情况下，这也算不得光彩，学院中一些良知尚存的人如今已经为此感到羞愧了……"

阿尔伯特·爱因斯坦不知道该去哪里。他收到来自世界各地大学的工作邀请，但他应该接受哪一个？埃尔莎和他搬到比利时海岸的一栋别墅住了 6 个月。关于德国计划暗杀他的传言传到了比利时。《纽约时报》报道说，冲锋队已经搜查了爱因斯坦在波茨坦的房子，并没收了一把面包刀。同时，比利时政府安排了两名警卫驻守在爱因斯坦的家中。

1933 年 9 月，爱因斯坦在比利时太过担心自己的安全，因而搬迁到了英国。他在诺福克海岸的一个小房子里安静地度过了一个月。

爱因斯坦经人劝说，在一次为难民筹款的活动中发表了演讲。欧内斯特·卢瑟福主持了这场于 1933 年 10 月 3 日在皇家艾伯特音乐厅举行的活动。爱因斯坦用带有士瓦本口音的英语演讲，磕磕巴巴地念出他的稿子，但这并不影响观众的热情。有一万人挤进了大厅为他欢呼。应组织者的要求，爱因斯坦在演讲中一次也没有提到"德国"这个词，但他话里话外无不在谈论德国的现状以及它对世界造成的危险。

四天后，即 1933 年 10 月 7 日，爱因斯坦重新启程前往美国。在南安普敦，他登上了"威斯特摩兰号"，他的妻子埃尔莎和秘书海伦·杜卡斯先前已在安特卫普登上了同一艘船。他计划在普林斯顿高等研究所度过接下来的五个月，但这一去他将永远不会再回到欧洲了。

在检疫站，爱因斯坦收到了研究所创始人兼所长亚伯拉罕·弗莱克斯纳的一封信。弗莱克斯纳请求他为了自身的安全"保持沉默，谨慎行事，拒绝公开露面"。"毫无疑问，在这个国家也存在着有组织的不负责任的纳粹团伙。"弗莱克斯纳写道。不需要爱因斯坦的智慧就能看穿，弗莱克斯纳真正关心的是他刚成立的研究所的声誉和它所依赖的资助者的看法。在接下来的几周里，弗莱克斯纳养成了扣留爱因斯坦的邮件、代替爱因斯坦取消邀请和会面的习惯——甚至包括去白宫的邀请。爱因斯坦对弗莱克斯纳的钳制越来越反感。正是因为这种束缚，他才离开了德国。在给朋友的信中，爱因斯坦留下的回信地址是"普林斯顿集中营"。

他向研究所的理事们抱怨弗莱克斯纳，向他们列举了后者的不当行为，要求他们"提供不受干扰的和人道的工作环境，并提供安全保障，使我所做的每一件正当的事都不会受到任何干扰。而如果这被认为不切实际的话，我不得不与你们谈判，以一种有尊严的方式来解除我与贵机构的关系"。威胁是有效的。对研究所来说，比一个直言不讳的爱因斯坦更有害的是一个愤怒的爱因斯坦。弗莱克斯纳必须放过他。他重新获得了自由，但对研究所的管理工作失去了所有影响力。这是宫廷小丑的自由。

1931 年，苏黎世

泡利的梦

苏黎世，1931 年夏天。沃尔夫冈·泡利穿过花园大门，走向湖边的宏伟房子。外部世界和他的内心生活之间存在着一种奇怪的对比。这栋别墅有塔楼、三角墙和大窗户，有果树和修剪整齐的灌木丛，还有苏黎世湖上的帆船，这一切构成了一幅完美的田园画。但沃尔夫冈·泡利的内心里却波涛汹涌。泡利，这位极具天赋的物理学家，无法应付他的生活了。这就是他在这里的原因，这就是他在这一天带着焦急的期待来到这栋湖边别墅的原因。这里是卡尔·古斯塔夫·荣格博士的居所，这位举足轻重的精神病学家曾经是西格蒙德·弗洛伊德的学生，现在也是他最大的对手。这是泡利和荣格的第一次相约。

沃尔夫冈·泡利是物理学史上最伟大的人才之一。"一个能与爱因斯坦相媲美的天才，"马克斯·玻恩这样称赞他的学生，"纯粹从科学的角度来看，也许比爱因斯坦还要伟大。"玻恩强调纯粹从科学上讲的意思是，从个人品性上讲，泡利绝对算不上天才。他屡次与同事发生冲突，以其幽默的挖苦得罪人。他没有女人缘，女性能避开他则是幸事。他还有酗酒问题。

尽管如此，他的同事们还是很欣赏泡利。他的批评通常一针见血，而且不拐弯抹角。"也许比他发表的论文更有分量的是他通过口头讨论或者信件对现代物理学的发展所做的无数没有记录下来的贡献。"他的朋友保罗·埃伦费斯特这样评价道。但就算是埃伦费斯特，他最好的朋友，也没有察觉出藏在表象下的悲剧。

沃尔夫冈·泡利1900年4月25日出生于维也纳。当时在这个城市里，充满活力的气氛与世纪末的动荡交织在一起。他的父亲和他一样名叫沃尔夫冈，在从医学转向科学之前是一名医生——在这个过程中，他把自己的姓氏从帕斯切尔斯改为泡利，并从犹太教改信天主教，因为担心日益严重的反犹主义会损害他的学术生涯。小沃尔夫冈在成长过程中对家族的犹太历史一无所知。在得到一个同学的提醒后，他才询问父母并得知真相。1919年，他父亲被任命为维也纳大学生物化学与物理化学教授和研究所所长，因而认为同化这个家庭的决定是正确的。1938年，德国"接管"奥地利后，他又被认定是犹太人，因而不得不离开该国，去了苏黎世。

泡利似乎从小就注定要进入物理学领域。他的教父是恩斯特·马赫，维也纳极具影响力的物理学家和哲学家。他与马赫最后一次见面是在14岁的时候，他后来形容自己与马赫的关系是"对我的思想生活最为重要"。他很快就被认为是神童，对此他自己曾说过："是的，神童——'神'已经不见了，但'童'还在……"

沃尔夫冈·泡利的母亲贝尔塔是一位著名的维也纳记者、和平主义者、社会主义者和女权倡导者。艺术家、科学家和医生在泡利家中来来往往。贝尔塔强烈地影响着小沃尔夫冈的思想，尤其是在第一次世界大战期间。战争拖得越久，小沃尔夫冈对它的反抗就越激烈。

泡利具有很高的天赋，但不是一个模范学生。他对学校感到厌烦。在特别无聊的课程中，他会在课桌下阅读爱因斯坦的相对论著作。相传，在一节物理课上，教授在黑板上计算时犯了一个错误，但找了很久也没找到。在全班同学的大笑声中，他绝望地喊道："泡利，快告诉我错误在哪里，你肯定已经知道了。"

18 岁时，泡利从维也纳的"精神荒漠"中逃离出来。奥匈帝国正在走向衰落，其首都的荣耀正在消退，优秀的物理学家正在离开维也纳大学。泡利去往慕尼黑向阿诺尔德·索末菲学习，后者刚刚拒绝了维也纳的教授职位。索末菲即将把慕尼黑变成一个"理论物理学的培育基地"，最好的老师将在这里培育出最伟大的人才。从 1906 年开始，他就一直在致力于实现此事，但他的研究所仍然很小，一眼望得到头。它只有四个房间：索末菲的办公室、一个演讲厅、一个研讨室和一个小图书馆。地下是一个实验室，马克斯·冯·劳厄的 X 射线是高能电磁波的理论就是 1912 年在这里得到证实的。

索末菲是一位优秀的理论家，更是一位优秀的老师。他熟谙给学生们布置任务的技巧，既能提高他们的能力，又不会让他们过度受挫。尽管他已经教过一些有天赋的学生，但他很快就意识到，泡利身上带有一种特殊的天赋。

1918 年，泡利高中毕业后直接去了慕尼黑，被吸引到索末菲的"培育基地"。在第三学期，索末菲要求他为《数学科学百科全书》写一章关于相对论的内容。爱因斯坦本人并不想写这一章，索末菲又没有时间，而泡利已经很熟悉相对论了。

不到一年后，这一章就完成了，237 页长，394 个脚注。泡利在学习之余写完了这一章。爱因斯坦看得很陶醉："任何研究这部成熟大作的人，都不会相信作者是一个 21 岁的年轻人。都不知道该最佩服什么，对观点演绎的内心理解、数学推导的准确性、深刻的物理观点、清晰的系统表述能力、高超的文字功底、对课题全面的理解抑或是评论的严密性。"几十年来，这一章一直是诠释相对论的标准作品。

很快，沃尔夫冈·泡利因其对新的推测性想法进行尖锐、准确和绝不妥协的批评而闻名并受人敬畏。他的好朋友保罗·埃伦费斯特称他是"上帝之鞭"，其他人则称他为"物理学的良心"。他批评一位年轻物理学家的工作，称其"错得一塌糊涂"。当一位同事说"我不能像您那样快速地思考"，从而让他慢下来时，泡利回答说："我不介意您思考得慢，但我介意您出版的速度比您思考的速度快。"通过这样的言论，泡利为自己赢得了傲慢的名声。那些更了解他的人知道，他只是一个直率的人，但并不会出口伤人。"泡利是一个极其诚实的人，"他的同事维克托·魏斯科普夫说，"他有一种孩子般的诚实。他总是直接说出他的真实意见，没有任何禁忌。"

有一个关于他的笑话在同事之间流传："泡利死后，上帝给了泡利与自己交谈的权利。泡利问上帝，为什么精细结构常数是 1/137。上帝点点头，走到黑板前，开始以极快的速度推导出一个又一个方程。泡利一开始极其满意地看着，但很快他就开始果断地猛烈摇头……"

当泡利认真思考时，他有来回摇晃身体的习惯。他的物理直觉在他同时代的人中无人能及。甚至连阿尔伯特·爱因斯坦在这方面也没有超过他。

泡利对自己的研究工作的批评甚至比对其他人的批评更加严厉。有时，他似乎太了解物理学和它的困难，这似乎抑制了他的创造能力。他缺乏伟大的发现者偶尔需要的那种无知。因此，他原本完全可以凭借直觉和想象力做出的发现会悄悄溜过他的掌心，落到不那么有天赋也不那么谨慎的同事身上。

即使面对阿尔伯特·爱因斯坦，泡利仍然自信满满，毫不掩饰。"爱因斯坦所说的并不那么愚蠢。"沃尔夫冈·泡利还是个学生时就曾在座无虚席的讲堂说道，听者中包括刚刚做了客座演讲的爱因斯坦本人。

他不放过任何一个人。除了一个。泡利唯一不会毒舌相向的人是索末菲，他总是称呼他为"导师先生"。当索末菲说话时，泡利会平静而谦逊地听着："是的，导师先生；不，导师先生，您这样的说法也许并不是那么恰当。"

作为一名学生，泡利享受着慕尼黑的夜生活。傍晚时分，他会在咖啡馆里待到关门，然后回到自己的房间工作，度过余下的夜晚。他通常对上午的讲座不闻不问，只在中午左右出现。但他听到的内容足以让索末菲把他引向量子物理学的奥秘。他后来说："每一个习惯于经典思维方式的物理学家在第一次了解玻尔的量子理论的基本假设时，都受到了冲击，我也不例外。"

在他的博士论文中，索末菲给泡利布置了一个任务，即把玻尔-索末菲原子模型的规则应用于氢分子，这个氢分子因两个原子中的一个被剥夺了一个电子而被电离了。泡利提供了一个理论上完美无缺的分析，然而，这与实验室的测量结果并不相符。这不是他的错，因为玻尔和索末菲理论的预测能力已经达到了极限。泡利获得了他的博士学位。1921年10月，还在攻读博士学位和完成相对论文章的那一年，他就启程前往哥廷根，成为马克斯·玻恩的助手了。这时，38 岁的玻恩只在这个大学城任教了六个月。

"小泡利"给玻恩留下了深刻的印象。他在沃尔夫冈·泡利到任后不久写信告诉爱因斯坦："我不会找到更好的助手了。"玻恩和泡利一起工作，将天体力学的方法应用于原子和分子上。使他们团结在一起的还有他们笨拙的动手能力。泡利在实验室里甚至比玻恩更笨拙。

不知何故，坏运气似乎和泡利如影随形。在他的同事中，特别是实验物理学家中，流传着一个"泡利效应"的说法。物理学家有一个关于自己的理论，根据这个理论，"天才守恒定律"在理论家和实验家之间适用。一个出色的理论家是一个糟糕的实验家，反之亦然。沃尔夫冈·泡利就是这一理论的活生生的验证。他的天才完全体现在理论方面。只要是泡利出现的地方，就会有东西坏掉，这简直成了迷信。泡利参观了一个天文台，巨大的折射镜就突然严重受损。有一次，在哥廷根的一个实验室里，一个用于研究原子的复杂实验装置在没有任何明显原因的情况下发生了故障。这怎么可能呢，实验者们想知道，因为泡利此刻远在瑞士。实验室主任写了一封讲述此事件的幽默的信，寄到泡利在苏黎世的地址。回信上有一个丹麦的邮戳。泡利当时在哥本哈根。在测量仪器发生故障的确切时刻，他的火车刚好停在了哥廷根车站。在汉堡，最重要的实验者只会隔着实验室紧闭的门与泡利对话——出于他们对仪器的担心。

玻恩必须认识到，他这位极富天赋的助手以自己的方式做事。泡利的卓越智力仍然活跃，尤其是在晚上。他保持着加班和晚起的习惯。当他要替他的老板代讲上午 11 点的课时，玻恩不得不让女佣在 10 点半叫他起床。

泡利只是玻恩名义上的"助手"。尽管这个"神童"的生活方式反复无常，而且长期不守时，但玻恩还是意识到，他从泡利身上学到的东西反而比他能教给泡利的多。泡利有敏锐的物理直觉，把他引向正确的轨道，而玻恩必须用数学上的勤奋来赶上。当他们在仅仅一个学期后分道扬镳时，老师比学生遭受的损失更大。1922年 4 月，泡利去了汉堡，从大学城来到大城市，用他自己的话说是"从矿泉水到香槟酒"。他和他的新朋友，包括物理学家奥托·斯特恩、数学家埃里希·赫克和天文学家沃尔特·巴德，连续几夜在圣保利区^① 附近游荡。酒精的问题正在酝酿。

两个月后，泡利又来到哥廷根参加"玻尔节"，这是量子力学最激动人心的年代的前奏。正是在这个场合，他第一次见到了玻尔。他还第一次见到了维尔纳·海森伯，他是量子物理学天空中的另一颗新星。伟大的玻尔问泡利，他是否想来哥本哈根。泡利当然希望如此。他以自己的方式告诉玻尔："我不觉得您布置给我的科学任务会给我带来多少困难，但学习丹麦语这样的外语却远远超出了我的能力。"1922 年秋天，泡利到达哥本哈根，而这两个假设都被证明是错误的。他能处理好语言问题，但在科学上却无能为力。

在哥本哈根，泡利着手分析"反常塞曼效应"，这是一种无法用玻尔-索末菲原子模型解释的原子光谱现象。当原子暴露在一个磁场中时，它们的光谱线会分裂。一条线变成两条、三条甚至更多。阿诺尔德·索末菲巧妙地修改了玻尔的模型，使其能够解释两倍和三倍的谱线的出现。磁场会拉伸、扭曲和旋转电子的环绕路

---

① 圣保利区，位于汉堡市易北河北岸，这里以其红灯区而闻名。——译者注

径。索末菲用三个"量子数"来描述这些效应。但这些谱线的数量可以增加得更多，变为四倍或六倍。这正是玻尔将经典物理学和量子理论混用所无法解释的地方。

泡利想补救这种状况，但他没有成功。他一次又一次地误入歧途。"不管怎样都不对！"他向索末菲抱怨道，"到目前为止，我是彻彻底底地错了！"渐渐地，他陷入了越来越深的绝望状态。他在哥本哈根的时间已经不多了。当他漫无目的地在城市街道上闲逛时，一位同事问他："你看起来很不开心啊？""当你思考反常塞曼效应时，怎么高兴得起来呢？"泡利严肃地回答道。他怀疑"反常塞曼效应没有特定的周期模型，因而必须做出一些真正前所未有的事情"。

泡利回到汉堡后没有取得任何成就，却从助教晋升为讲师。反常塞曼效应的谜题并没有放过他，哥本哈根也没有放开他。他一次又一次地乘坐火车和渡轮穿越波罗的海，他一直在寻找解决之道。玻尔的原子模型中缺少什么？他的绝望感越来越强，酗酒问题也随之而来。问题？喝酒是不假，但这不算什么问题。泡利说："喝葡萄酒对我很有好处。在喝完第二瓶葡萄酒后，我会变得更有礼节（当我清醒时，我从来没有这样过），然后可以给我周围的人留下一个极深的印象，尤其是女性！"他开始过双重生活：白天，他是一个受人尊敬的大学讲师；晚上，他是一个享乐主义者。天黑后，他在圣保利的酒吧和综艺剧院间漫游，那里的柜台上到处都是洒落的啤酒，墙壁上满是烟草味，被禁止在慕尼黑演出的约瑟芬·贝克在那里跳着她的查尔斯顿舞。泡利向他的同事们隐瞒了他去圣保利的事情。

泡利对酒精的印象是错误的。酒精并不能改善他的举止，而是放松了他的自制力。他因此变得好斗，还参与打架。有一次，当他在附近一个他最喜欢的酒吧里吃饭时，那里发生了一场争吵，泡利被卷入其中。他大发雷霆，直到有人威胁要把他从二楼窗户扔出去才清醒过来，事后他也不理解自己为什么要那样做。他开始与女人发生关系。当他发现她们是吸毒者，只想从他那里得到钱来买毒品时，已经太晚了。泡利逐渐失去了控制。

1924年秋天，他的日间生活有了进展。阿诺尔德·索末菲的一个提示使他走上了正确的道路。在他的教科书《原子结构和光谱线》(*Atombau und Spektrallinien*)的第四版中，索末菲提到了英国长学制学生、35岁的埃德蒙·斯托纳在《哲学杂志》上发表的一篇论文。在卡文迪许实验室与欧内斯特·卢瑟福一起做实验的斯托纳声称，大型原子中的电子的排序方式与玻尔所述的不同。玻尔抗议斯托纳的反对意见。泡利立即豁然开朗。虽然他并不以运动能力著称，但他扔下索末菲的课本，从座位上跳起来跑到图书馆，抓起《哲学杂志》。现在他明白了原子壳层里发生了什么。解决方案在于第四个量子数。电子有一个还没有人认识到的属性，这个属性被泡利称为"不相容"。它只能有两个值，或者说0或1，一个电子在原子中允许的状态数量因此增加了一倍——突然间，所有的东西都合在一起了。电子会按照它们应该有的方式进行分配。而光谱线也应该分裂，正如实验者几十年来一直观察到的那样。

沃尔夫冈·泡利对电子排列的解释的关键是将永远以他的名字命名的原则："泡利不相容原理"。一个原子中从来没有两个电子处于相同的状态。这是自然界的伟大定律之一。有了它，泡利就可以解释为什么元素周期表中的元素会按它们所在的顺序排列，以及电子如何在惰性气体的原子中排列。他可以解释为什么物质的结构是这样的，但他无法解释他自己的原理本身。这是一个基础原理。

泡利终于达到了他的目标，尽管是目标找到了他，而不是他找到了目标。他在《物理学报》上发表的《关于原子中电子群闭合与光谱复杂结构的联系》一文中承认："我们无法为这一原理提供更详细的理由，但它似乎呈现出非常自然的一面。"

泡利已经展示了他的能力，而且这还远没有结束。他参与了对海森伯的矩阵力学的阐述，证明了矩阵力学和波动力学的等价性，帮助海森伯提出了不确定性原理。即使经历了这一切，他仍然是一直以来的桀骜不驯的风格。他既不想屈从于"慕尼黑数字神秘主义"（索末菲派），也不想屈从于"反动的哥本哈根政变"（玻尔派）。

1930 年，沃尔夫冈·泡利大胆地预测存在一种神秘且当时未知的粒子：没有电荷，几乎没有质量，能够从几乎所有的测量设备中逃逸而不被发现。他称其为"中子"，后来又改称为"中微子"。这是一个巨大的进步，因为在此之前，物理学家一直认为物质完全由电子和质子组成。26 年后，中微子将被证实存在。

泡利正处于他科学事业的高峰期，但这同时也是他个人生活的低谷。1927 年，他的母亲在得知他父亲有外遇后服毒自杀了。泡利失去了心底的平衡，与柏林的一名舞蹈家凯特·德普纳结了婚。婚后两个月，他在给一个朋友的信中写道："如果我的妻子有一天从我身边逃走，您（以及我所有的其他朋友）将得到一份印刷的通知。"又过了几个月，这段婚姻便宣告破裂，凯特和一个化学家跑了。"如果她带了一个斗牛士，我就会理解，"泡利说，"但偏偏是这样一个普通的化学家……"

泡利借酒浇愁，在危机中越陷越深。他变胖了，脸肿了起来。

在一次美国的巡回演讲中，他不顾禁酒令，喝得酩酊大醉，从楼梯上摔了下来，肩膀骨折。他的右臂被打上了夹板，现在他甚至需要一个助手在他讲课时为他在黑板上写字。

回到苏黎世后，泡利继续喝酒，并开始吸烟。从 1928 年起，他就在苏黎世联邦理工学院担任理论物理学教授。他从一个聚会来到另一个聚会，随意与女人睡觉，与男人打架。苏黎世联邦理工学院的管理部门叫他去面谈。如果他的表现没有改善，他将失去工作。成为"比爱因斯坦还要伟大"的天才对于一个抑郁的人来讲有什么用？在这个有趣而机智的教授的外表下，隐藏着空虚和绝望。长期影响泡利睡眠的不安梦境如今在白天也困扰着他：几何图形加上钟表等实物的图案混合在一起，还有神秘的符号，比如衔尾蛇、人兽同体以及半蒙着面的裸女。酒精已经无法阻止这些图像霸占他的头脑了。沃尔夫冈·泡利快崩溃了。

他的父亲建议他去咨询世界著名的精神分析专家卡尔·古斯塔夫·荣格，他就住在苏黎世的附近。泡利对父亲的恨多于爱，但他还是听从了建议，与荣格进行了预约。

沃尔夫冈·泡利只在有充分准备的情况下才会赴这样的约。他事先阅读了荣格的作品。泡利在荣格的作品《心理类型》中的一段话下做了标记："如果人格面具是理性的，那么灵魂就肯定是感性的。一个非常阴柔的女人有一个阳刚的灵魂，一个非常阳刚的男人有一个阴柔的灵魂。这种对比源于这样一个事实，例如，男人不是在所有事情上都是男性化的，通常也有某些女性化的特征。"泡利是理性的，这一点毋庸置疑，他的阳刚之气也是不容置疑的。他的困难是否源于隐藏在阴影中的女性一面？

他心中产生了一种从未体验过的感觉。他觉得自己被困在了内心的矛盾中，而这些矛盾正在撕扯着他。但他也感到有一种似曾相识的感觉。荣格的"对立统一"理论试图统一人身上不可调和的东西，使他想起了量子物理学家在理解物质本性时的挣扎，以及尼尔斯·玻尔的互补理论。男性和女性是否就像波和粒子一样？

泡利非常擅长用机智和嘲弄来掩饰自己的不安全感，对他来说，阅读荣格对内向思维类型的描述，就像看着镜子中的自己一样。"他的判断显得冷酷、顽固、随意而无情；他的思维过程虽然有着清晰的内在逻辑，但他不清楚它们如何与现实世界相联系；如果遇到不理解他的人，他就会收集证据来证明他人有多么愚蠢；或者他会成为一个厌世的单身汉，却有一颗幼稚的童心；他会显得刚强，不可亲近，傲慢；他害怕女性。"

当沃尔夫冈·泡利第一次进入荣格的房子，爬上宽大的弧形楼梯来到一楼时，他充满了兴奋和期待。56岁的荣格医生满头白发，嘴角叼着烟斗，在他的书房里欢迎了这位31岁的新病人。他把书房留给了那些他特别想接触的病例。书架上放着炼金术的书籍，这是荣格的个人喜好。他邀请泡利在两把扶手椅中进行选择，一把可以通过大窗户看到苏黎世湖，另一把对着书架。荣格在一个沙发上坐下来。他感觉到了从泡利身上散发出来的绝望和不安。多年以后，荣格描述了他对泡利的第一印象：

> 他是一个受过高等教育的人，异常理性，这当然是他困难的原因；他过于偏向理性和科学了。他有非凡的头脑，并因此而闻名。他不是一个普通人。他向我征求意见，因为他的内心被这样的偏向性彻底地撕裂了。不幸的是，这样理性的人通常不注意自己的情感生活，因而与情感世界脱节。他们主要生活

在一个自己想象出来的世界里。这使得他在与他人的交往中完全失去了自我。最后，他开始酗酒，从而变得害怕自己，不能理解发生在自己身上的事情，失去了理智，一直闯祸。这就是为什么他决定来咨询我。

泡利开始讲述：女人，酗酒，愤怒，孤独，可怕却又历历在目的梦，对自己变疯的恐惧。荣格听得很入迷。这样的个例，这样的智力，这样考验他的心理理论的试金石，以后怕是再也遇不到了。什么力量在撕扯着这个人？他怎样才能帮助他恢复平衡？荣格后来在他的《精神与象征》一书中写道："那么，我们该如何看待这位在梦中和清醒的幻想中产生曼陀罗①的硬派科学理性主义者呢？他不得不去看精神病医生，因为他认为自己正在失去理智，突然被最令人吃惊的梦境和幻觉所袭击。当上述的这位强硬的理性主义者第一次向我咨询时，他处于如此恐慌的状态，不仅是他，连我自己都觉得风是从疯人院吹来的！"

在泡利的梦境图像中，荣格看到了他从炼金术中了解到的古老符号。他认出了无意识的深层基本结构，他称之为"原型"。这不是妄想，而是泡利从阴影中发展出的一面。泡利在对女性的恐惧中，在对男性的攻击中，显示出来他对这一阴影面的防御。这个刚愎自用的人怎么能接受那些与现代物理学极为遥远的东西呢？

然而，荣格担心自己这个强者的评论，甚至自己的存在会摧毁眼前的弱者泡利，可能会抑制他做梦和自由地畅所欲言。他认为最

---

① 荣格认为曼陀罗是内心向外投射的图案，在精神紊乱的状态下会自发流露于梦中，发挥整合功能，减少心理秩序的混乱。——编者注

好与泡利保持距离。荣格认定，泡利必须去找一位女性治疗师进行治疗。他递给泡利一张纸，上面写着他的实习生埃尔娜·罗森鲍姆的地址，然后便与泡利道别了。罗森鲍姆只和他一起工作了九个月。一个彻头彻尾的初学者。

荣格认为，只有女人才能帮助泡利改善他与女性的艰难关系，并与他自己的女性化、创造性的一面坦诚相见。但这根本不适合泡利。在女性面前，他只会没有安全感并会感觉到压抑。但正是出于这个原因，荣格才会那样做。他让泡利没有选择。泡利很失望，但他愿意尽力尝试。他闷闷不乐地给罗森鲍姆写了一封信，找她预约。

沃尔夫冈·泡利去见埃尔娜·罗森鲍姆时，他满腹疑虑；而当泡利离开那里时，罗森鲍姆很惊恐。

"您派给我的是什么样的人？"第二天她问荣格，"他是怎么了？他是不是快疯了？"

荣格反问道："发生了什么事？"

罗森鲍姆说，泡利向她讲述时，伴随着"极为强烈的感情，一边讲一边在地上打滚"。"他疯了吗？"她再次问道。

"不，不，"荣格回答，"他是一个德国哲学家。他没有疯。"

泡利与埃尔娜·罗森鲍姆一起，开始对他的梦进行分析。在接下来的五个月里，他给她写下了一千多个梦境和幻象。"您要读这些东西，我是一点也不羡慕。"他向她坦言。她承受住了，她能够帮助泡利。虽然在他的余生中，他的脑子里仍然充满了幻梦，但他不至于垮掉，也不再陷入抑郁，而且学会了如何忍受孤独，并停止酗酒。

荣格在这段治疗时间内一直与泡利保持着距离，但会及时跟进治疗的最新进展。从远处观望，他观察到泡利"创造了一个新的人格中心"。泡利的梦境报告构成了他关于"自性化过程象征"的理论基础。泡利同意他将它们公开发表，而荣格向他保证会匿名。在荣格的文章中，他只称泡利是"一个受过科学教育的年轻男性"。

五个月后，埃尔娜·罗森鲍姆对他的治疗结束，她搬去了柏林，荣格认为现在已经到了亲自治疗泡利的时候了。

在治疗过程中，医生和病人成为朋友。他们发现，他们有着类似的激情。两人都是科学家。两人都认为，只要物理学忽略了人类思维的运作，它就仍然不完整。他们就科学、哲学、宗教和思想史进行了热烈的讨论。泡利不仅每周与荣格去一次图书馆，而且还经常与荣格一家共进晚餐。

荣格痴迷于他的原型理论，相信那些原始的、无意识的符号是我们对世界所有认知的基础。他对卡巴拉（Kabbalah），即古老、深奥的犹太神秘主义的传统非常着迷。

泡利则欣赏约翰内斯·开普勒，他曾试图从纯粹的几何学的角度推导出行星系统的结构，但没有成功。泡利还赞赏罗伯特·弗卢德（Robert Fludd），他与开普勒同时代但不太知名，是玫瑰十字会的成员，他认为理解宇宙的关键在于简单的几何形式。泡利现在认为，量子物理学必须与荣格的分析心理学结合起来，以便理解世界：无意识、意识以及其他的一切。

他们都痴迷于数字。泡利对精细结构常数感到困惑，它通常用 α 表示，是宇宙的基础常数，表征电磁力的强度。他的老师阿诺尔德·索末菲将其定为 1/137。但是为什么偏偏就是 137？是谁或者是什么设定了这个 α，就只是为了让原子和分子不发生坍缩？

137！荣格因为卡巴拉而熟知这个数字。是的，137就是卡巴拉！在希伯来语字母表中，每个字母都与一个数字相关，如果把"卡巴拉"这个词的字母加起来，结果便是137。这不可能是一个巧合，荣格和泡利都这么认为。两人还有进一步的猜测。荣格开创了一种共时性理论，用于描述相互关联却没有因果关系的事件。没有因果关系的联系，这正是困扰量子物理学家的问题。意识和物质，波和粒子，数字和宇宙秩序，原型和物理学理论——不知为何，它们都是一体的。该死的"泡利效应"证明，物理世界中并非一切都可以用纯物理术语来解释。荣格和泡利在一个神奇的世界里越陷越深。他们一起写了一本名为《自然与精神的解释》（*Naturerklärung und Psyche*）的书。它在科学上是没有价值的，但对泡利来说，这就是治疗。在给他的朋友和助手拉尔夫·克罗尼格（Ralph Kronig）的信中，他把自己的康复归功于"对精神事物的认识"，"这是我以前不知道的，我想把它归纳为灵魂本身的活动"。泡利相信"自发的生长过程"，相信"无法用物质原因解释的客观精神"。他在信上的签名是"您的新朋旧友，W. 泡利"。

1934年10月底，泡利结束了与荣格的精神分析研究，但两人仍是笔友。泡利继续用自己的梦向荣格提供研究材料。但他稳定了自己的情绪。他又要结婚了，并且这次婚姻持续了下来。他与妻子弗兰卡过着普通市民的生活，没有孩子，直到1958年12月5日，他因严重的胃痛被送入红十字会医院。他看到了自己的房间号。"是137！"他喊道，"我不可能活着离开这里了！"10天后，沃尔夫冈·泡利去世。

哥本哈根的浮士德

哥本哈根，1932 年的春天。在每年的复活节期间，量子物理学家们都会在尼尔斯·玻尔的家里聚会。同行们聚在一起，共同度过美好的一周。他们一起吃饭、演奏音乐、爬山、游泳并谈论他们喜欢的话题。

维尔纳·海森伯从莱比锡出发，保罗·狄拉克从剑桥出发，保罗·埃伦费斯特从莱顿出发。莉泽·迈特纳，"德国的玛丽·居里"（这是阿尔伯特·爱因斯坦的评价），报告了她对放射性元素的实验情况。玻尔告诉客人，请一定要带着有才华的学生。维尔纳·海森伯带上了他 20 岁的博士生卡尔·弗里德里希·冯·魏茨泽克，这位外交官的儿子有着良好的礼节，很快就会成为海森伯最好的朋友。魏茨泽克让政治上一无所知的海森伯看到了物理学以外的世界。他们一起去滑雪，就像海森伯曾经与他的导师索末菲和玻尔一起做的那样。海森伯后来在给他母亲的信中说："卡尔·弗里德里希以他特有的严肃态度面对他周遭的世界，而正是因为我们之间的友谊，我才能够稍微接触到一个对我来说本来陌生的领域。"

哥本哈根的这些会面对魏茨泽克的科学生涯产生了巨大的影响。他可以亲耳听到保罗·狄拉克如何谈论反电子的情况，尼尔斯·玻尔和保罗·埃伦费斯特如何深入研究量子力学解释的微妙细节。这一年，沃尔夫冈·泡利提供了头号话题：他的中微子假说。1932年后来被称为实验物理学的奇迹之年。卢瑟福的学生詹姆斯·查德威克在剑桥的卡文迪许实验室发现了中子。远在加州理工学院的查尔斯·安德森在捕获宇宙射线的云室中检测到了电子的反粒子，并将其称为正电子。同时，在加利福尼亚的伯克利，研究者开始了对粒子加速器的研究。物理研究越来越需要拥有大型设施的大规模团队。在办公桌前拿着笔和纸思考的孤独天才成了边缘人物。理论和实验这两种研究方法仍然属于物理学，但实验越来越靠近中心，取代了理论。卡尔·弗里德里希·冯·魏茨泽克的研究方式与他的老师不同。伟大的突破不再发生在头脑中，不再诞生于黑尔戈兰岛海滩上的散步时刻或阿罗萨的圣诞假期，也不再出现在像哥本哈根这样的会面中。它们是在大型研究机构中产生的。物理学变成了一门强调实践的学科，这一转变产生了深远的影响。

沃尔夫冈·泡利这一年没有来哥本哈根聚会。他正在与自己的生活危机做斗争。阿尔伯特·爱因斯坦从来没有来过，即便他与玻尔之间存在着友谊。他对年轻的物理学家们正在做的事情以及核物理和类似的东西不感兴趣。他对教学并不感兴趣。爱因斯坦没有博士生。

在哥本哈根没有固定的议程，但有一个固定的传统。年轻的物理学家们（其中有些人还不到30岁）会一起编排一个短剧，在剧中取笑年长的物理学家。前一年，这些物理学家中的很多人一起在电影院看了一部谍战电影，然后写了一个戏仿这部电影的剧本。

这一年，这些年轻的物理学家为自己安排了一个挑战。100 年前的 1832 年 3 月 22 日，约翰·沃尔夫冈·冯·歌德去世。物理学家们决定上演歌德的戏剧《浮士德》。在德国，各地都在举行活动，以纪念歌德逝世一百周年。在德国学校的课程中，背诵他的诗句是理所当然的，甚至连尼尔斯·玻尔的父亲也会背诵《浮士德》。选择这个主题也是向维尔纳·海森伯致敬，他对作为诗人和科学家的歌德相当钦佩。

来自柏林的 25 岁天才学生马克斯·德尔布吕克撰写了剧本。他曾经想成为一名天文学家，直到 1926 年他被维尔纳·海森伯在柏林的讲座所吸引。虽然他什么都不懂，但他对他所听到的东西很着迷，旋即开始跟随沃尔夫冈·泡利、马克斯·玻恩和尼尔斯·玻尔学习原子物理学。一年前，在罗马的一个聚会上，德尔布吕克曾与陪同母亲玛丽·居里在欧洲旅行的艾芙·居里调情。她拒绝了他。对德尔布吕克来说，这可不太容易忘怀。不久，他就抛弃了物理学，转向生物学。他将研究生命的量子物理基础，并成为分子生物学的超级教父，就像尼尔斯·玻尔之于量子物理学那样。

玻尔的学生乔治·伽莫夫 28 岁，来自敖德萨，以其机智的头脑而出名，他为剧本绘制了插图。前一年戏仿那部谍战片的想法就是他想出来的。这一次，他却没能前来。苏联没有发给他护照，想阻止苏联科学家"与资本主义国家的科学家交朋友"。伽莫夫将利用下一个机会来到西方。

德尔布吕克将其剧本命名为《哥本哈根的浮士德》。在这部剧作中，歌德《浮士德》中的角色被赋予了双重的身份：保罗·埃伦费斯特是浮士德，沃尔夫冈·泡利是靡非斯特，尼尔斯·玻尔是上帝，中微子是格蕾琴。演出将在复活节聚会结束时在研究所的报告厅举行。除了一个讲台、一张长凳和几把椅子之外，没有其他任何道具。

玻尔 27 岁的助手莱昂·罗森菲尔德扮演沃尔夫冈·泡利，即靡非斯特，这个捣乱者试图劝阻保罗·埃伦费斯特或者说浮士德走上正道。罗森菲尔德有和泡利一样的身材：小个子，胖乎乎的，秃顶。

费利克斯·布洛赫是海森伯的第一个博士生，26 岁，现在是哥本哈根的客座研究员，住在海森伯曾经发现不确定性原理的阁楼上。他扮演尼尔斯·玻尔，也就是上帝。布洛赫的身材像玻尔：肌肉发达，体格强健。

埃伦费斯特对泡利的中微子猜想不以为然。因此，德尔布吕克让他的浮士德解释说，只有疯了才会认为存在一种既没有质量也没有电荷的粒子。这样的东西不可能存在。绝对不可能。

埃伦费斯特也对泡利和海森伯多年来一直在研究的量子电动力学理论表示怀疑。他们在努力理解这样一个事实，即电子的质量和电荷值会趋于无穷大，一试再试也无法控制它们。埃伦费斯特问他的同事，这些花哨的数学噱头有什么意义？他不喜欢基于美学考虑提出物理假设的新花招。他说，美是裁缝的事，而不是科学家的事。

歌德的《浮士德》以一个序幕开始，在这个序幕中，三位大天使拉斐尔、米迦勒和加百列赞美主创造世界。靡非斯特嘲笑他们的崇拜。德尔布吕克把大天使变成了三位天体物理学家，他们大谈物理学如何解释世界：太阳的光芒，双星的辉煌。装着角和魔鬼尾巴的靡非斯特冲进会场，咒骂道："所有的理论都是垃圾。"舞台上有个人物被一张白布覆盖，现在白布掀开，露出了下面的费利克斯·布洛赫，他活脱脱地伪装成了尼尔斯·玻尔。玻尔，即上帝，问泡利，即靡非斯特：

> 你没有别的话要对我说吗？你只是来指责的吗？
> 物理学对你来说永远都没有正确的时候吗？

靡非斯特回答说：

> 不，一派胡言！我觉得，它一如既往地令人厌恶。
> 在我悲惨的日子里，它还是困扰着我。
> 我必须不断地折磨物理学家。

这是关于中微子的问题，是泡利和玻尔之间争论的一个焦点。泡利提出中微子是为了反驳玻尔的观点，即动量和能量守恒的基本定律在某些原子过程中只作为统计平均值适用。

上帝用可怕的玻尔的口气拒绝了靡非斯特的中微子猜想："这非常有趣！……但是，但是……"靡非斯特以泡利的口吻为自己辩护说："不，闭嘴！停，一派胡言！""但是泡利，泡利，我们的意见比你想象的要一致得多！"观众席发出笑声。他们从语气中认出这是在讲尼尔斯·玻尔和沃尔夫冈·泡利之间的讨论。玻尔也笑了。与歌德的上帝不同，他可以自嘲。

布洛赫扮演的上帝和罗森菲尔德扮演的靡非斯特就"校长"埃伦费斯特扮演的浮士德的灵魂进行了一场赌约。在歌德的戏剧中，靡非斯特给了浮士德一剂药水。浮士德爱上了格蕾琴并勾引她。

在德尔布吕克的戏剧中，靡非斯特把自己伪装成一个旅行推销员，头上戴着圆顶礼帽。他试图向浮士德推销海森伯-泡利的"量子电动力学"。"我不喜欢！"浮士德喊道。"那么如果是狄拉克的呢？拥有无限的自能！""我不喜欢！"浮士德再次喊道。靡非斯特还提供了"不寻常的东西"：中微子。浮士德再次拒绝道：

> 你不要再诱惑我了。
>
> 如果我对一个理论说：
>
> 留下来吧，你是如此美丽——那么你可以给我戴上镣铐，我将甘愿灭亡！

中微子出现了，展现为唱歌的格蕾琴。

> 我的电荷不见了，统计数字也不见了，我再也找不到它们了，再也没有了。

> 在你没有我的地方，没有适配的公式。
>
> 整个世界都在困扰你。

但埃伦费斯特面对中微子的魅力仍然坚定不移。说出"埃伦费斯特，我害怕您！"的台词后，格蕾琴便退场了。

这部短剧变得越来越诡异。奥尔巴赫的酒窖场景转变成美国密歇根州安阿伯的一家酒吧，前年沃尔夫冈·泡利就是在那里的楼梯上摔断肩膀的。阿尔伯特·爱因斯坦被歌颂为"国王"，他的"新统一场论"被嘲弄为跳蚤。舞台场景变成了"经典物理"和"量子理论"的狂欢之夜。两个月前被证实存在的中子，作为救世主出现了。"永恒的中性引我们上升！"合唱团在最后唱道。

在随后的几年里，哥本哈根的复活节聚会和舞台剧表演持续举行。直到第二次世界大战使它戛然而止。

有人逃亡，有人留下

1933 年 1 月 30 日，阿道夫·希特勒被任命为总理。后来的宣传部长约瑟夫·戈培尔在当天晚上的日记中写道："我们都眼含泪水。我们紧紧握着希特勒的手。这是他应得的。欢呼声不绝于耳。下面的人群在骚动。让我们开始工作吧。国会要解散了。"希特勒、戈培尔和其同党无所顾忌，在接下来的几周里，他们将德国变成了纳粹国家。他们剥夺了集会自由和出版自由的权利，武装了国防军，通过了结束议会制民主的《授权法》。许多德国人害怕独裁统治。"胡说，"沃尔夫冈·泡利说，"这样的事情会在苏联发生，但在德国不会发生——绝不可能。"

对于生活在德国的 50 万犹太人来说，一个黑暗的时代正在来临。他们逃亡得很慢。到 1933 年 6 月，只有 2.5 万犹太人离开了德国。即便纳粹分子对犹太人实施暴行，1 700 万德国人在 1933 年 3 月 5 日的国会选举中还是投票给了纳粹党。

1933 年 3 月 23 日，在纳粹党、民族人民党、中央党和其他保守政党的支持下，国会以超过三分之二的多数票通过了《消除人民和国家痛苦法》，即《授权法》。只有被削弱的社会民主党投了反对票。社会民主党领袖奥托·韦尔斯说："你可以夺去我们的自由和生命，但夺不走我们的荣誉。没有任何授权法赋予你权力去摧毁那些不可摧毁的永恒思想。"德国共产党的代表们被排除在投票之外。他们要么被拘留，要么躲藏起来。冲锋队威胁所有可能投票反对该法的议员，在议院内外都是如此。正在美国巡回演讲的阿尔伯特·爱因斯坦宣布，他将不会再返回德国。"今天，讲出那些不言自明的事情并身体力行需要很大的勇气，而真正鼓起这种勇气的人很少。您是这些少数人中的一位，我会握紧您的手，因为从任何意义上说我都对您感到亲切，"汉斯·蒂林写道，"我们清楚地看到，我们必须战斗，而且我们必须让那些依然正直的人相信，他们也不能袖手旁观。"纳粹的残暴行为使爱因斯坦重新思考了他严格的和平主义信念："我讨厌军队和任何形式的暴力。然而，我坚信，在今天，这种可恨的手段是唯一能够提供有效保护的武器。"

1933 年 4 月 7 日，纳粹党通过了《恢复职业公务员制度法》。它影响到 200 万名国家公务员，并针对纳粹党的政治对手、社会主义者、共产主义者和犹太人。第三条是众多"雅利安人条款"的一个例子："非雅利安人血统的公务员要退休；如果是荣誉公务员，则要开除公职。"

任何有犹太父母或祖父母的人都必须被解雇或开除。兴登堡总统从希特勒那里勉力争取到了"前线战士特权"，适用于第一次世界大战期间在前线为德国或其盟国服务的"非雅利安人"公务员。参加过战争的人或其父亲或儿子在战争中丧生的人可以继续服役。所有公务员必须在两周内出示"雅利安人证明"：出生证、洗礼证和结婚证以及他们的父母和祖父母的证明。

1871年帝国宪法规定犹太人为平等公民。现在他们不得不再次经历被合法化的国家歧视。而"雅利安人条款"只是一个开始。

大学也是国家机构，它们也受到《恢复职业公务员制度法》的影响。威廉皇帝科学促进会的主席马克斯·普朗克不是纳粹党员，但他为纳粹服务。他给希特勒打电报说："参加威廉皇帝科学促进会第 22 届常务会议的成员谨向总理致以崇高的问候，并在此庄严承诺，德国科学界将为重建新的民族国家而尽力配合，愿意成为国家的保护者和支持者。"

超过 1 000 名学者，包括 313 名教授，失去了他们的工作。大学里几乎有四分之一的物理学家被迫流亡，在理论学家中这个比例甚至接近二分之一。到 1936 年，已有超过 1 600 名学者被开除，其中三分之一的人是自然科学家，有 20 人是诺贝尔奖得主或未来的诺贝尔奖得主：物理学 11 人，化学 4 人，医学 5 人。犹太银行家和德国科学的资助者利奥波德·科佩尔被迫离开他所资助的威廉皇帝科学促进会的委员会。

马克斯·普朗克不能袖手旁观，不能坐视这种流亡发生。他寻求与希特勒会面，以限制针对德国科学界的损害。他获准在 1933 年 5 月 16 日的 11 点钟与希特勒会面。普朗克说，我们必须区分不同种类的犹太人，因为有些人"有价值"而有些人"无价值"。他举了诺贝尔化学奖得主弗里茨·哈伯的例子。哈伯的父母是犹太人，但他本人受洗成为基督徒，在第一次世界大战中通过产氨的过程使毒气的使用成为可能，从而为德国做出了贡献。然而，希特勒不赞成这种区别对待。"犹太人就是犹太人，"他喊道，"所有犹太人像毛球一样缠在一起。"但普朗克反对说，强迫"有价值的犹太人"移民将是"彻头彻尾的自我毁灭"。德国会失去他们的专业知识，并使外国受益。希特勒陷入了可怕的激动状态，猛烈地敲打着自己的膝盖，说话的速度越来越快，对这位 75 岁的教授大喊大叫，威胁说要把他关进集中营。普朗克只能默默地听着，最后退了出去。"可悲的傻瓜。"希特勒在他背后喊道。

马克斯·普朗克知道做出牺牲是什么感觉。第一次世界大战后，他帮助日趋式微的德国研究界恢复了活力。他在战争中失去了一个儿子。但是，现在这种牺牲有何意义？他看不出来。与希特勒的不明智的谈话让他看到：阿道夫·希特勒宁愿牺牲德国的科学，也不愿给人留下些许对犹太人宽大的印象。

1933 年 4 月，曾经对矩阵力学的公式做出贡献的那个口吃的学生帕斯夸尔·约尔丹加入了纳粹党。5 月初，约翰内斯·斯塔克被任命为帝国物理技术研究所所长。斯塔克，诺贝尔奖获得者，教条且极为好斗的反犹主义者，自 20 世纪 20 年代以来一直是希特勒的支持者。当希特勒在 1923 年被囚禁在一个堡垒中时，斯塔克和勒纳在一份报纸上公开对他表示支持："对外部世界绝对清醒与坦诚，并且内外一致，这些是我们很早就在伽利略、开普勒、牛顿、法拉第等过去的伟大研究者身上认识到并钦佩的精神。而我们在希特勒、鲁登道夫、波纳和他们的同志身上也发现了这样的精神，并甚为崇敬；我们认为他们是我们的精神家人。"

十年后的今天，斯塔克开始了他的报复。20 世纪 20 年代，他已辞掉维尔茨堡的教席职位，尝试做企业家，先是做瓷器制造商，然后经营砖厂。当他打算重返大学时，没有人给他安排工作。现在他看到了自己的机会，可以报复所有当年唾弃他的人。他与他的同事、公开的纳粹分子菲利普·勒纳一起，着手创立"雅利安人物理学"。作为帝国物理技术研究所的所长，他负责分配研究基金。

他想像"元首"领导人民一样领导德国物理学。

1933 年 5 月 10 日，德国学生组织和希特勒青年团在德国的 22 个地方开展了焚书活动，首当其冲的是波恩、哥廷根和维尔茨堡这样的大学城。它们遵循着同样的模式：冲锋队队员、纳粹党员举着火把，挥舞着纳粹党旗，走到一个公共广场，把"犹太"、"布尔什维克"或"非德意志"的书籍按固定顺序分类，扔进火堆里。他们都喊出了"焚书口号"，这些口号是统一规定的。在慕尼黑，书籍在国王广场上燃烧。在柏林，焚书的规模极大：4 万名观众聚集在大学和歌剧院之间的广场上，观看地狱般的场面。8 千米外，学生们护送着车队前往广场，卡车和汽车上满载 2 万本从图书馆和书店抢来的书。学生兄弟会成员穿着蓝色或紫色的制服，戴着红色或绿色的帽子，打着白色的裹腿，脚踩带马刺的高筒靴，排成一排，唱着纳粹颂歌和学生歌曲。广场的人行道上铺着一层厚厚的沙子，上面有一个一米高的柴火堆，学生们在行进时会用手中的火把点燃火堆。要被消灭的作者的名字被高声喊出，而他们的书则被扔进火堆烧毁了。

"反对对本能的冲动进行灵魂上的高估，人类的灵魂是高贵的！我将西格蒙德·弗洛伊德的著作掷于火中。""反对世界大战战士的文学背叛，以真实的精神教育人民！我将埃里希·马里亚·雷马克的著作化为灰烬。""反对愚民主义和政治背叛，为人民和国家献身！我把弗里德里希·威廉·福斯特的著作付之一炬。"阿尔伯特·爱因斯坦的著作也最终被烧毁，卡尔·马克思、贝托尔特·布莱希特、埃米尔·左拉、马塞尔·普鲁斯特和弗兰茨·卡夫卡的著作同样如此。午夜时分，戈培尔登上舞台，宣布："犹太知识分子死了，德国人的灵魂将可以再次得到表达。"像马克斯·普朗克这样聪明的人不可能错过或漏掉警告的信号，但他们仍然不采取行动。那时阿道夫·希特勒掌权正好 100 天。

随着德国发生的事情报道至全世界，科学家和他们的协会开始组织起来，为逃离纳粹压迫的同行提供资金和工作上的支持。由捐款资助的援助组织纷纷成立。在伦敦，学术援助委员会（AAC）于 1933 年 4 月成立，由欧内斯特·卢瑟福担任主席，旨在帮助逃出来的科学家、艺术家和作家。他们中的许多人最初越过边境逃到瑞士、荷兰或法国，并在短暂停留后前往英国或美国。

尽管种族主义法律禁止杰出的科学家进入公务员系统，尽管研究人员大规模逃亡或被驱逐，许多优秀的物理学家仍留在了德国。核裂变的发现者奥托·哈恩顽固地坚持了下来；根据阿尔伯特·爱因斯坦的说法，他是"在这段邪恶的岁月里保持正直并尽其所能的少数人之一"。哈恩继续他的研究，与他的妻子埃迪特一起为受到威胁的犹太同行奔走，并与那些流亡者通信，其中包括他的合作者莉泽·迈特纳。哈恩的朋友和同事、1914 年的诺贝尔奖获得者马克斯·冯·劳厄甚至走得更远，他冒着生命危险，多次公开批评和谴责希特勒政权。

物理学停滞不前，而物理学家们却动荡不安。这些日子里，有比矩阵和波粒二象性更重要的事情。有些人正在开发潜艇的声呐装置，有些人正在建造用于破译密码的计算机。在哥本哈根，尼尔斯·玻尔将他的研究所变成了滞留的物理学家的基地。1934 年 4 月，他把马克斯·玻恩的犹太裔同事詹姆斯·弗兰克从哥廷根带到哥本哈根担任访问教授。一年后，弗兰克转到芝加哥大学的物理化学系担任教授。

1931 年 12 月，丹麦皇家科学院将玻尔提名为嘉士伯啤酒厂创始人建立的"荣誉之家"的下一位荣誉居民。换句话说,他现在是丹麦最重要的公民,而不仅仅是其最重要的物理学家了。玻尔利用他在国内外的影响力帮助他人。在1933年,他和他的弟弟哈拉尔德帮助成立了丹麦支持难民知识分子委员会。

马克斯·玻恩也来自一个犹太家庭。他说,此前他"从来没有觉得自己是特别的犹太人",但现在"这种感觉非常强烈,不仅因为我和我的家人都被算作其中,而且因为压迫和不公正激起了我的愤怒和反抗"。由于他在第一次世界大战期间是军队中的一名无线电操作员,他有资格免于"雅利安人条款"的迫害。但他更倾向于放弃这一特权。他认为,享受这一特权就意味着与纳粹同流合污。有一天,他打开当地报纸,发现自己的名字出现在一份将被停职的公务员名单中,同时出现的还有数学家理查德·柯朗和埃米·诺特的名字。第二天晚上,玻恩家开始接到威胁电话。

玻恩在树林中散步许久,思索他应该怎么做。他应该何去何从?唯一清楚的是,继续这样下去不是一个选项。他在给埃伦费斯特的信中说:"当我想到自己可能会出于某种原因而不得不再次出现在把我赶出去的学生面前,或者生活在那些对此心安理得的'同事'当中,我感到不寒而栗。"

慢慢地,玻恩心中有了成熟的决定。最后玻恩夫妇离开了哥廷根。在这座城市里,马克斯·玻恩度过了成年后的大部分时光。他在这里创建了一个物理学中心。他妻子赫迪·玻恩在这里出生,并在这里生下他们的儿子古斯塔夫。5月15日,他们带着轻便的行李登上火车。玻恩后来写道:"我在哥廷根十二年辛勤工作所建立的一切都被摧毁了。对我来说,这几乎是世界末日。"

玻恩夫妇前往南蒂罗尔多洛米蒂山的加尔代纳山谷。他们在沃肯斯泰因（当地语中的"塞尔瓦"）的农民和木匠佩拉托内家落了脚。春天到来后，太阳在崎岖的多洛米蒂山的上空越升越高，雪开始融化。赫尔曼·魏尔来到沃肯斯泰因拜访，不久他的情人安妮·薛定谔也前来探望，她和丈夫埃尔温正从柏林的恐怖局面带来的不安中恢复。沃尔夫冈·泡利带着他的妹妹赫塔来到这里，赫塔是一名记者兼演员，在纳粹统治下的柏林失去了工作。玻恩的两个学生在沃肯斯泰因找到了他，随即也在此地落脚。玻恩就在屋前的长椅上或在森林里给他们讲课。他为自己的"小塞尔瓦大学"感到骄傲。一丝田园诗般的气息短暂浮现出来。

然而，有一个人没有出现：维尔纳·海森伯。在一封信中，他试图说服玻恩返回德国。他在德国是安全的，因为"只有极少数［犹太］人受到法律的影响"，他在寄往沃肯斯泰因的信中写道。阿道夫·希特勒曾向马克斯·普朗克承诺这一点。

海森伯后来说，1933年意味着原子物理学黄金时代的结束。可以毫无顾忌地思考原子、电子、波和矩阵的年代已经过去。海森伯看得出来，黑暗正在降临。朋友们注意到，他的眼睛里正在失去以前的光芒，而他本人也渐渐地变得深居简出。

维尔纳·海森伯尝试过达成妥协。他在第三帝国仍然是一名公务员。像所有坚持留下来的"雅利安人"教授（包括普朗克）一样，他必须提交父母的出生证和结婚证以供核实，到纳粹主义教化营接受洗脑，宣誓效忠希特勒，并在上课前高呼"希特勒万岁"。海森伯考虑辞去职务以示抗议，并向普朗克征求意见。普朗克说，没有意义，这样做只会让某个死忠纳粹分子和糟糕的物理学家取代他的位置罢了。普朗克和海森伯仍然期待着这场政治动荡不会殃及科学，局面将在某个时刻安定下来。

然而，损害已经造成了。在几个星期内，纳粹就把哥廷根大学，也就是卡尔·弗里德里希·高斯、格奥尔格·克里斯托夫·利希滕贝格和大卫·希尔伯特的成名之地，量子力学的摇篮，变成了一个二流大学。当1934年科学、教学和国民教育部长伯恩哈德·鲁斯特问著名的数学家希尔伯特，他的研究所是否真的因"犹太人和犹太人的朋友离开而受到负面影响"时，他回答说："这个研究所——已经不存在了。"

1935年12月13日，海德堡大学的物理研究所将在鲁斯特部长因病无法出席的仪式上，以其所长的名字更名为菲利普·勒纳研究所，他曾写过四卷本的《德国物理学》。勒纳声称，科学是种族问题，是血缘问题，就像所有其他人类工作一样。犹太人有他们自己的物理学，这种物理学完全不同于"德国"、"雅利安"或"北欧"的物理学。勒纳无法在这四卷著作中解释其差异是什么，以及它来自哪里。他和他的战友们说什么是"犹太"物理学，什么就是"犹太"物理学。帝国理工学院院长约翰内斯·斯塔克是这些战友中的一员，他在研究所更名仪式的演讲中对阿尔伯特·爱因斯坦的追随者大加指责，并抱怨马克斯·普朗克仍然主持着威廉皇帝科学促进会。仪式在"胜利万岁"的呼声和《霍斯特·威塞尔之歌》[①]的唱声中结束了。

马克斯·玻恩并不像海森伯那样天真。他想和家人一起去往英国，因为"英国人似乎以最慷慨和最高尚的方式来照顾被驱逐者"。玻恩被停职，但获得了自由。他是为数不多名气大到足以被

---

① 《霍斯特·威塞尔之歌》，1930年到1945年的纳粹党党歌，在此期间等同于德国国歌。——译者注

全世界认可的德国科学家之一。

剑桥大学为他提供了一份为期三年的讲师合同，他在确保这个职位是专门为他设立的之后接受了这个合同，因为他不想从一个英国科学家手中夺走职位。对玻恩一家来说，一个不确定的时期开始了。在剑桥待了三年后，马克斯·玻恩接受了在班加罗尔的印度科学研究所担任客座教授的职位。但研究所的管理层认为他的理论研究没有实际用途，没有给他一个长期职位。仅仅过了六个月，玻恩夫妇不得不再次搬家。1936 年，当爱丁堡大学邀请玻恩担任自然哲学系教授时，他正在考虑接受莫斯科的一个职位。

尽管他的人身是安全的，第二次世界大战的恐怖还是给马克斯·玻恩带来了沉重的打击。阿道夫·希特勒必须被打败，他对此深信不疑。但怎么做呢？玻恩意识到，唯一的办法就是用武力。与此同时，他又对盟军的轰炸深感震惊。经过轰炸后，整个城市都会变成废墟。"通过杀害妇女和儿童并摧毁他们的家园来推翻希特勒，这个想法在我看来很荒谬，很可恶。"他后来写道。在战争即将结束时，马克斯·玻恩患上了严重的抑郁症，以至于他无法再次工作。战争摧毁了一切。世界已经变得模糊不清，不仅是对量子物理学家而言。长期以来人们所熟悉并认为安全的事物的轮廓也开始变得模糊不清。

悲伤的结局

莱顿，1933 年。保罗·埃伦费斯特怀着惊恐的心情看着阿道夫·希特勒的上台和德国科学的衰落。他一个接一个地失去他的朋友。亨德里克·洛伦兹去世了。马克斯·普朗克陷入越来越深的困境，他代表了一个国家的科研事业，而他本人却不赞同这个国家的所作所为。阿尔伯特·爱因斯坦曾与埃伦费斯特分享过他这一生中最快乐的一部分时光，此时已经从纳粹手中逃到了国外。这是埃伦费斯特最沉重的损失。他怀疑他永远不会再见到爱因斯坦了。

埃伦费斯特也不再能从研究和教学中找到安慰。在他年轻的时候，他是世界上最受尊敬的理论家之一。亨德里克·洛伦兹本人曾经希望能由他来接任自己在莱顿的教席。在相当长的一段时间里，他不再有心力去关注原子物理学的发展现状。

保罗·埃伦费斯特，1880 年生于维也纳，曾在大师路德维希·玻尔兹曼手下求学。他和妻子塔季扬娜·埃伦费斯特-阿法纳西耶娃（一位来自俄国的数学家）一起，曾写下一系列关于统计力学的重要论文，而他们夫妇却始终处于贫穷潦倒的边缘，不得不在欧洲四处奔波：维也纳、哥廷根、圣彼得堡。这种情况一直持续到 1912 年，那年在阿尔伯特·爱因斯坦的推荐下，埃伦费斯特被任命为莱顿大学的物理教授，而他本人当时更想去苏黎世。

埃伦费斯特使莱顿成为理论物理学的中心。他的好朋友爱因斯坦称他是"我所见过的我们这门学科里最好的老师"。当柏林的喧嚣让爱因斯坦受不了时，他喜欢逃到莱顿，躲进埃伦费斯特家充满温暖和爱的氛围中。保罗和塔季扬娜不抽烟也不喝酒，但爱因斯坦却被允许在他们的客房里点燃烟斗。

埃伦费斯特机智而善良，是罕见的那种所有人都喜爱的人。他在 1922 年的玻尔节上遇到了沃尔夫冈·泡利。两人都在《数学科学百科全书》中写过一章，而且都有幽默感。"泡利先生，我比你本人更喜欢你在《数学科学百科全书》中写的文章！"埃伦费斯特说。"这很有趣，我和你是正相反！"泡利回答说。这是一段深厚友谊的开端，也是两人在口头和书信上互开玩笑的开端。埃伦费斯特在信中会称他为"亲爱的可怕的泡利"或"圣泡利"，暗指泡利喜欢去的汉堡圣保利娱乐区。他还称他这位年轻的新朋友为"上帝之鞭"（Geißel Gottes），泡利对此非常自豪，他在写给埃伦费斯特的信上落款为"来自 GG 的问候"。埃伦费斯特在他给泡利的信上则落款为"你忠实的校长"。

然而，在保罗·埃伦费斯特身上正在酝酿一些很少有人注意到的事情。1931 年他在给尼尔斯·玻尔的一封信中写道，他觉得自己被冲在前面的年轻物理学家落下了："我已经完全失去了与理论物理学的联系。"他在 1932 年 8 月 15 日写给七个"亲爱的朋友"（其中包括玻尔和爱因斯坦）的信中提到，"生活的疲劳"使他做出"腾出莱顿的位置"的决定："掌握不断进步的物理知识的兴趣和将其传授给他人的巨大快乐是我的支柱。在越来越紧张、越来越焦头烂额的反复尝试后，我终于绝望地放弃了。这意味着一种毁灭性的不治之症占据了我生命的核心。"他没有发出这封信。

埃伦费斯特正在为自己在物理学中寻找一个新的位置。1932年夏天，他在《物理学报》上发表了一篇题为《关于量子力学的一些探究问题》的文章。他在给泡利的信中写道，在一年多的时间里，他都在"为这个决定而犹豫不决"，直到最终他在"一种绝望心情"的驱使下将其发表。学生们相信，他作为"校长"，"必然知道一切，理解一切"，他对此感到很无助。现在，他终于可以公开那些困扰他的量子力学问题了。沃尔夫冈·泡利作为一个真正的朋友做出了回复。他在一封长信中写道，他很乐意了解埃伦费斯特的这些问题，而且他将试着尽可能回答这些问题。

泡利的回复让埃伦费斯特好受很多，但这种效果并没有持续太长时间。埃伦费斯特还承受着因其16岁的儿子瓦西里患有唐氏综合征而产生的痛苦。保罗和塔季扬娜的婚姻破裂了。1932年秋天，塔季扬娜回到了故乡，在高加索地区的一个小镇上就职。埃伦费斯特本人考虑过跟随她，并在年底来到了苏联。但在实际体验过之后，他还是决定放弃。

1933年复活节，他在给他以前的学生、此时在苏黎世给泡利当助手的亨德里克·卡西米尔的信中写道："哦，卡西，用你宽厚的肩膀扛起莱顿物理学的马车吧。"卡西米尔和泡利感到很惊讶。埃伦费斯特是什么意思？他想在莱顿安排他的继任者，就像亨德里克·洛伦兹20年前所做的那样。

1933年5月，埃伦费斯特去了柏林。他拜访了马克斯·普朗克。普朗克已经变了。"当普朗克与我交谈时，我能够看出这个人有多么痛苦。在那些日子里，我没有遇到哪个人如此渴望通过死亡得到救赎。"埃伦费斯特在1933年5月10日给爱因斯坦的信中写道。但他写的那个人其实就是他自己。

1933年9月25日，保罗·埃伦费斯特在阿姆斯特丹的一家医院看望他16岁的儿子瓦西里。他向瓦西里开了枪，以免他的儿子在他死后无人照顾。然后他向自己开枪，结束了自己的生命。瓦西里活了下来，但一只眼睛失明了。

阿尔伯特·爱因斯坦得知他朋友自杀的消息时身在诺福克，但他没有太多的时间来哀悼。他在逃避纳粹的追捕，他不得不为自己的生命担忧。

那只不存在的猫

1933 年 11 月 4 日，牛津。埃尔温和安妮·薛定谔抵达英国这座闻名遐迩的牛津大学城。他们想留下来，远离柏林那些忍无可忍的纳粹分子，找到和平。埃尔温·薛定谔已经在牛津大学莫德林学院获得了一个职位。他和安妮在诺斯穆尔路 24 号租了一间大房子。薛定谔的朋友、南蒂罗尔的物理学家阿瑟·马奇，和他的妻子希尔德·马奇一起搬到了维多利亚路 86 号的一个小房子里，步行 20 多分钟就可以到达薛定谔家。薛定谔已经安排阿瑟·马奇在牛津大学担任客座教授。希尔德·马奇怀孕了，但孩子是薛定谔的。

薛定谔和女人，那是一个几乎和量子力学一样复杂的故事。1932 年，薛定谔在柏林与伊塔·容格共度了一个夏天。他曾经在她 14 岁的时候给这位开朗的女孩做过家庭辅导，现在这位 21 岁的漂亮女人，是爱了他四年的忠实情人。随着秋天的临近，她怀孕了。薛定谔以他典型的方式应对了这种情况。他结束了这段恋情，转而与希尔德·马奇开始了一段新的恋情。为了接近希尔德，他任命她的丈夫阿瑟·马奇为他的助手。1933 年夏天，当安妮·薛定谔与赫尔曼·魏尔在沃肯斯泰因的马克斯·玻恩家时，埃尔温·薛定谔与希尔德·马奇一起进行了一次单车旅行。

他渴望有一个孩子，希望伊塔能为他生育一个儿子。然而她决定把胎儿打掉，离开柏林，远离她在这里成长并与薛定谔一起生活过的城市。在经历与薛定谔分手的伤痛之后，她一次又一次地流产，始终没有孩子。然而与此同时，希尔德·马奇在单车旅行中怀了孕。

同年9月，薛定谔在加尔达湖的一家杂货店里遇到了汉西·鲍尔。其实早在维也纳，在她还是个年轻女孩的时候，他就认识她了。现在她26岁，正在度蜜月，但已经对她的婚姻不满意了。于是，又一段新的恋情开始了。

薛定谔夫妇刚到牛津时，薛定谔得知，他与保罗·狄拉克将一起获得1933年的诺贝尔物理学奖。一段崭新的、更好的人生似乎就在眼前。阿尔弗雷德·诺贝尔的逝世周年纪念仪式将于12月10日在斯德哥尔摩举行。12月8日，埃尔温和安妮·薛定谔抵达斯德哥尔摩的中央车站。狄拉克带着他的母亲从剑桥出发，维尔纳·海森伯则同他的母亲从莱比锡出发，来领取他1932年就获得的诺贝尔奖。薛定谔在宴会演讲结束时说："我希望能很快再回到这里，而且不是仅仅一次，而是经常。可能不会是在挂满国旗的礼堂和大厅里参加宴会，也不会在我的行李箱里装满正装，而是肩上扛着两块滑雪板，背上背着一个背包。"保罗·狄拉克就原子物理学和当时的经济问题之间的相似性发表了一场混乱的演讲。维尔纳·海森伯没有发表演讲，他只是感谢了主办方的热情招待。薛定谔将他的10万克朗奖金存入一家瑞典银行，以防万一。那一年没有颁发诺贝尔和平奖。

埃尔温·薛定谔，波动力学的开创人之一。摄于 1933 年

在牛津，薛定谔和与他随行的女性的到来引起了人们的错愕。反过来，薛定谔也对牛津的风俗习惯感到格外疏远。他在给马克斯·玻恩的信中说，这里的学院是"同性恋大学"。在这个只有男性教授的世界里，女性是异类，薛定谔却和两个女人住在一起。他与怀孕的希尔德·马奇一起在牛津散步，对他们的关系毫不隐瞒。他感受到了路人的目光，在牛津永远没有家的感觉。

希尔德·马奇生下了她和薛定谔的女儿露丝，这是薛定谔与他的三个不同情人所生的三个女儿中的第一个女儿。马奇夫妇和薛定谔夫妇一起照顾露丝。但希尔德作为薛定谔的"二房妻子"和他女儿的母亲，遭到了社会的唾弃。1935年，阿瑟·马奇在牛津大学为期两年的客座教授职位到期了。他带着希尔德和小露丝回到因斯布鲁克，希尔德在疗养院住了几个月，从过去几年的疲惫中恢复过来。薛定谔的职位又被延长了两年。他仍然在牛津。

在此期间，同为犹太裔的汉西和她的丈夫弗朗茨·玻姆为了躲避纳粹逃到了伦敦。对薛定谔来说，这是一个幸运的巧合：他和安妮在伦敦也有一套公寓，这本是当他和希尔德单独在牛津相处时留给安妮居住的。现在埃尔温利用这套公寓与汉西单独相处。他还在1935年的夏天和汉西一起去度假。

令人惊讶的是，薛定谔竟然还有时间研究物理学。他与爱因斯坦进行了关于量子力学基础的讨论，是通过信件进行的。两人都一致认为：基础很薄弱。薛定谔和爱因斯坦是关于量子力学的最后两个伟大的看法不同者。"亲爱的薛定谔，你其实是我唯一真正喜欢去争论的人，"爱因斯坦在普林斯顿写道，"几乎所有的人都不会根据事实去看待理论，而只会根据理论看待事实。"

薛定谔无家可归了，在地理上和科学上都是如此。他决定性地推动了量子力学的发展，但对他来说，量子力学已经变得陌生。他在柏林给埃伦费斯特写信说："每当我与这里极具天赋的年轻人交谈时，我都有一种感觉，他们根本不知道过去几年繁茂的理论森林里有什么，这正是让我完全无法忍受的地方。"但是爱因斯坦明白。他们一起揭示了他们对量子力学感到的困扰。

在给薛定谔的信中，爱因斯坦试图用一个例子来说明"我们感受到的邪恶"：试想，"有一堆可以通过内部力量引爆的火药，并且平均寿命为一年左右"。在这一年里，"Ψ 函数"，即这堆粉末的波函数，描述了"一种未爆炸的和已爆炸的系统的混合物"。爱因斯坦认为，荒谬的是，"事实上，在已爆炸和未爆炸之间是不存在任何中间状态的"。

在与爱因斯坦通信的启发下，埃尔温·薛定谔写了一篇题为《量子力学的现状》的长文，发表在 1935 年 11 月和 12 月的《自然科学》（ *Die Naturwissenschaften* ）杂志上。在这篇文章中，他总结了他对自己协助创建的理论的理解，并向世界介绍了一个新术语，这个术语今后将属于量子力学的核心："纠缠"。并且，他还发明了一只猫。

我们可以构想一些完全荒谬的情况。比如，一只猫被锁在一个铁箱里，同时还有这么一个地狱一般的装置（必须保证猫不能直接碰到它）：在一个盖革计数管里放有极少量的放射性物质，这种物质是如此之少，以至于在一个小时内也许会有一个原子衰变，但同样也可能没有；如果发生这样的衰变，计数管就会做出反应，通过继电器激活一把小锤子，将一个装有氢氰酸（剧毒）的小球击碎。如果把整个系统放置一个小时，那么我们会认为，假如在这段时间内没有一个原子衰变的话，这只猫就还活着，而只要有一个衰变的原子，它就会中毒身亡。整个系统的 Ψ 函数可以用这样一种方式来表达，即在这个系统里，活猫与死猫是以相等的比例混合或者说涂抹在一起的。

这种情况的典型之处在于，原本局限于原子领域的不确定性变成了广泛意义上的不确定性，并且这种不确定性可以通过直接的观察来确定。

换句话说，根据尼尔斯·玻尔和维尔纳·海森伯对量子力学的解释，这只猫既是死的也是活的——或者也可以说：既不是死的也不是活的。没有这样的事情，爱因斯坦和薛定谔都这样认为。在死与生之间，没有"模棱两可"状态的猫。火药堆不会既是已爆炸的又是未爆炸的。量子力学并不代表现实。

然而，薛定谔很担心。他很担心安妮和他自己的养老金问题。德国的养老金没法同时支撑他们两个人的生活，他们也不能仅靠薛定谔方程维生。"并不是说我在任何地方都不能久待，"他在 1935 年 5 月给阿尔伯特·爱因斯坦写信说，"到目前为止，我对自己到过的所有地方都很喜欢，除了德国。也不是说这里的人对我不够友好。但这确实加强了我漂泊不定、全靠他人慷慨解囊而生活的感觉。"他正在寻找一份长期工作。但哪里能找到呢？他于 1934 年前往过的普林斯顿大学为他准备了一个职位，但他嫌它太远了。马德里大学诱惑着他，但随后西班牙又爆发了内战。

薛定谔收到了爱丁堡的教授职位邀请。他告诉汉西，如果她和他一起去的话，他就会接受，但她不愿意。所以他去了格拉茨。这里离希尔德和露丝近，但也更接近纳粹。

1938 年，纳粹吞并了奥地利。格拉茨大学被关闭，校长和众多讲师被解雇。其中有许多犹太人被逮捕，一些人抛下一切，逃到国外。埃尔温·薛定谔可以留下来。他没有犹太血统，并愿意达成妥协。但纳粹分子知道他不是自己人。他五年前匆匆离开柏林的事没有被遗忘。当大学重新开门时，新校长敦促薛定谔公开向纳粹认罪，薛定谔顺从了他的要求。1938 年 3 月 30 日，在全民公投确认奥地利"并入"德国之前不久，他的声明出现在《格拉茨报》上，标题为《向每一个心甘情愿者伸出友谊之手，向元首表达忠诚——一位杰出的科学家自愿为人民和祖国服务》：

　　　　在满溢于我们国家的欢欣鼓舞中，今天也有一些人完整地分享了这一喜悦，但又不免为此深感羞愧，因为他们直到最后都误判了正确的道路。我们心怀感激地听着德语的和平致辞：向每一个心甘情愿者伸出友谊之手。他们自愿握住宽宏大量者伸来的手，向我们保证，如果他们现在忠诚地合作并服从元首的意志，尽其所能来支持他们现在团结一致的人民的话，他们会非常高兴。实际上不言而喻的是，对于一个热爱祖国的老奥地利人来说，任何其他意见都不会去考虑，再说得简单明了一些，投票箱中的每一个"反对"都等同于民族自杀。我们都同意，在这个国家不能再像过去那样出现征服者和被征服者，而是要团结一致，为了全部德国人的共同目标而竭尽全力。
　　　　那些高估了我个人重要性的仁慈的朋友认为我向他们公开忏悔是正确的：我也是那些握住和平之手的人，因为在我的写字台上，我始终误解我的国家真正的意愿和真正的命运。我很高兴可以公开忏悔。我相信它说出了许多人的心声，我希望它能使我的祖国受益。

E. 薛定谔

薛定谔为纳粹提供了一个精彩的宣传，这让他的海外朋友都感到震惊。后来他对自己的这份悔过书感到后悔，为自己"懦弱的文字"向爱因斯坦道歉，并为自己的"两面性"辩解，说他只是不想让纳粹打扰他。

他的忏悔徒劳无益。当他和希尔德从多洛米蒂山的暑期度假回来的时候，他得知自己的工作岗位已经在招人了。他没有收到通知便因"政治不可靠"而被免职了。在一份档案中，大学管理层称他"专业优秀"，但"行为则正相反"，而且是"半个瘾君子"。

薛定谔不得不再次另寻他处。他和安妮匆匆忙忙地收拾了三个行李箱，在他们的护照被没收之前登上了去往罗马的火车。他们留下了诺贝尔奖的奖牌。他们在欧洲徘徊，途经日内瓦、法国再到英国。在牛津，薛定谔得知在他向希特勒表达忠诚后，他便不再受欢迎了。最后，比利时的根特大学接受他为客座教授，希尔德·马奇与露丝一起在根特与他会合。第二次世界大战爆发了。在德国军队占领比利时的几个月前，爱尔兰总理埃蒙·德·瓦勒拉给薛定谔在都柏林新成立的高级研究所安排了一个长期职位。终于有一个地方可以让他和他的两个妻子以及一个女儿一起落脚了。薛定谔从来没有养过任何一只猫。

晴天霹雳

普林斯顿，1935 年。在阿尔伯特·爱因斯坦动荡不安的一生中，终于出现了一段平静安宁的时期。他的伟大发现已经让他功成名就。两年来，他一直是普林斯顿高等研究所的明星科学家，该研究所基本就是为他创办的，并将成为他职业生涯的最后一站。他在给比利时王后伊丽莎白的信中说："普林斯顿是一块美妙的土地，同时也是一个仪式感十足的古朴小村庄，聚集着零星散落的神一般的人物。"

然而，他不喜欢也拒绝接受的量子力学并没有离他而去。他不能让这种"巫术"原封不动地存在下去，他仍然坚定地相信现实世界独立于人类的感知之外，但又是可以被人类认知的。

爱因斯坦一次又一次地试图用他最喜欢的工具——思想实验——来揭露量子力学的弱点。他给薛定谔写长信，用公式填满黑板，在他的 209 号办公室里用想象中的光粒子、屏幕、盒子、天平、成堆的火药和猫来进行研究。他试图将自己的想象锻造成强大的论据，但缺乏支持。爱因斯坦的助手瓦尔特·迈尔被称为"爱因斯坦的计算器"，他很快便不愿意继续与他的老板一起对抗量子力学。

1934年初的一天，在一个传统的午后茶话会上，阿尔伯特·爱因斯坦与来自布鲁克林的物理学家内森·罗森进行了交谈。罗森25岁，看起来更年轻，刚刚与他从学生时代就开始交往的女人结婚，并渴望证明自己是一名科学家。随后两人沉浸在关于量子力学的讨论中。研究所的另一名雇员加入了他们，37岁的苏联人鲍里斯·波多尔斯基，他曾经与保罗·狄拉克合作过。

爱因斯坦赢得了波多尔斯基和罗森这两名攻击量子力学的盟友。后来人们根据他们姓氏的第一个字母将他们称为"EPR"。他们研究了爱因斯坦的一个思想实验，针对的是量子力学中最古怪的现象——"纠缠"，这是埃尔温·薛定谔给它的称呼。它不符合传统物理对世界的理解。尽管在空间上有距离，两个纠缠在一起的物体还是彼此相连，就像它们可以用心灵感应的方式在相距几千千米甚至几光年的情况下交流一样。

设想一下，一对光粒子一起产生，然后分离。例如，一个"受激"的原子——移到更高能级的原子——可能将其多余的能量辐射成两个光粒子，朝相反的方向飞散，到太阳系的相反边缘和更远的地方。根据量子力学，这两个粒子是纠缠在一起的。它们的属性是相关的，无论它们相距多远。你可以用颜色来想象。如果一个粒子是红色的，那么另一个也是红色的。如果一个是蓝色的，那么另一个也是。

"这有什么好奇怪的？"你可能会问。这似乎并不比一双袜子更神秘，其中一只被送到伦敦，另一只被送到莫斯科。它们的属性也是相关的。任何人看到伦敦的袜子是黑色的，就马上知道莫斯科的那只袜子也是黑色的。

然而，与袜子不同的是，量子物体的属性只有在有人看着它们的时候才会变得清晰。光粒子处于"都是红色"和"都是蓝色"的叠加状态。只有在观察到其中一个粒子的时候，它才会呈现出某种颜色，同时，就像施了魔法一样，远处的另一个粒子也呈现出同样的颜色。

这真的很奇怪：这两个粒子怎么会呈现出相同的颜色？在量子力学的哥本哈根解释中，尼尔斯·玻尔和维尔纳·海森伯声称，两个光粒子中的无论哪一个在被测量之前都不是明显的红色或明显的蓝色。观察到哪种颜色是个概率问题。但如果这是真的，伦敦的随机颜色怎么会和莫斯科的一样呢？如果你在伦敦抛出一枚硬币，在莫斯科抛出另一枚，一个城市的结果并不应该影响到另一个城市的结果。

这怎么可能呢？也许一个非常非常快的信号，一旦颜色固定下来，就会从一个粒子传输到另一个粒子。爱因斯坦称这种想法为"幽灵般的超距作用"，他认为这和鬼故事一样不可信。它与爱因斯坦的相对论的基本原理，即定域性原理相矛盾，根据该原则，没有任何效应的传播速度能够超过光速。哥本哈根解释中的有些东西是站不住脚的。

那么，对于粒子的协同行为，只剩下一种解释。颜色一直都是固定的，就像袜子一样。爱因斯坦相信这一点，他也让波多尔斯基和罗森相信了这一点。普林斯顿大学的三位物理学家得出结论，量子力学是一个不完备的理论。它没能解释两个粒子具有相同颜色的更深层原因。它并不像玻尔和海森伯所宣称的那样，给模糊的现实提供一个清晰的画面，而是给一个清晰的现实提供一个模糊的画面。

论文是波多尔斯基写的，这是"出于语言的原因"，爱因斯坦在给薛定谔的信中解释说。爱因斯坦的英语太差了，而波多尔斯基的英语也并没有好多少。论文的标题是《量子力学对物理现实的描述能否被认为是完整的？》（"Can quantum-mechanical description of physical reality be considered complete?"），细心的读者会注意到，"can"后面少了一个冠词"the"。在波多尔斯基的母语俄语中，没有任何冠词。

这篇论文只有四页，结尾是这样的："虽然我们由此表明，波函数并没有对物理现实进行完整的描述，但我们对是否存在这样的描述没有定论。然而，我们相信这样的理论是可能的。"

没有时间进行纠正。波多尔斯基在爱因斯坦看到手稿之前就将它匆匆忙忙地提交了上去，然后去了加利福尼亚。在 1935 年 5 月4 日，这篇文章出现在《物理评论》的 11 天前，爱因斯坦在《纽约时报》周六版的头条中看到了自己的名字：《爱因斯坦抨击量子理论——科学家和两位同事发现，它虽然是"正确的"，但不是"完备的"》。下面是文章的单栏摘要，其中引用了鲍里斯·波多尔斯基的话。世界上最著名的科学家正在试图撼动一个获得六次诺贝尔奖的新理论的根基。这完全是小道消息，几乎没有任何人知道它到底是关于什么的。

爱因斯坦大发雷霆。波多尔斯基在文章没有发表之前就四处宣扬他们的研究成果。5 月 7 日，爱因斯坦的声明出现在《纽约时报》上，他在声明中宣称波多尔斯基"未经我授权就把这些结果传了出去。我的一贯做法是只在适当的场合讨论科学问题，我不赞成预先发表任何公告"。这件事之后，爱因斯坦再也没有和波多尔斯基说过话。

向媒体公开研究结果并不是阿尔伯特·爱因斯坦对鲍里斯·波多尔斯基表示愤怒的唯一原因。这位苏联人在文章中有自由发挥之处，如果爱因斯坦能及时看到的话，他是绝对不会同意的。

在论证了量子力学的不完备性之后，波多尔斯基更进一步，试图用一个相当可疑的论点来反驳海森伯的不确定性原理。这一步走得太远了，弱化了他们的解释。他掩盖了爱因斯坦的观点。乍一看，EPR 论文就像一次反驳不确定性原理的笨拙尝试。但爱因斯坦并不关心不确定性原理。他早已放弃了推翻量子力学的努力，尽管他很想这样做。"但事实并不是我实际想要的结果，"失望的爱因斯坦给薛定谔写道，"最主要的东西已经被埋没，可以说是被无声地埋没了。"

恰恰就是这篇文章，成了阿尔伯特·爱因斯坦的最后一份具有持久意义的出版物，也是他被引用最多的作品。EPR 论文在大西洋两岸的同行中引起了巨大的轰动。"现在我们不得不重新开始，因为爱因斯坦表明这是行不通的。"保罗·狄拉克哀叹道。沃尔夫冈·泡利称这篇论文为"一场灾难"，并敦促维尔纳·海森伯在《物理评论》上写一篇反驳文章，"以免公众舆论产生混乱——特别是在美国"。但海森伯在得知尼尔斯·玻尔已经在写一份答复后，便弃用了自己的草稿。大师本人要亲自来镇压这个异端邪说。

玻尔的同事莱昂·罗森菲尔德说，在哥本哈根，EPR 论文"像一个晴天霹雳"。"我们放下手中的一切，不得不立即澄清这样的误解。"玻尔和罗森菲尔德日复一日、一周接一周地奋斗，以提出令人信服的反驳。玻尔难以理解来自普林斯顿大学的这些论点。"它们可能意味着什么？"他问罗森菲尔德，"你明白吗？"在罗森菲尔德的帮助下，玻尔设法在六个星期内给出了回应，并把文章发给了《物理评论》的编辑——以他的标准来看，这是异常迅速的。

玻尔以他自己的方式彻底剖析了 EPR 思想实验。不是用公式，而是用隐喻。不，他说，"毫无疑问"，这些相距甚远的粒子不可能"存在力学上的干扰"，但仍然存在"对定义系统未来行为的可能预测类型的条件产生影响的问题"。玻尔因此区分了"影响"和"力学上的干扰"。他是什么意思？"影响"可以在很远的地方瞬间产生效果，但"干扰"就不行？也许吧。量子力学与爱因斯坦的相对论所依据的定域性原理相矛盾？可能吧。没有人完全理解它。甚至连玻尔本人也没有做到这一点。

后来他承认，连他自己都难以理解自己的论点，而他用以回应的文章是另一篇典型难懂的玻尔式杰作，充满了嵌套的句子和晦涩的类比。尽管多年后，他将为他对 EPR 悖论的回应的"低效表达"道歉，但他从未试图补救这一点。

很少有物理学家费心钻研玻尔那杂乱无章的话语，许多人已经厌倦了老式的哲学解说。仅仅是玻尔做出了答复的事实就打消了他们的疑虑。

只有薛定谔同意爱因斯坦的意见。6 月 7 日，他从牛津写信给普林斯顿："听说您在《物理评论》上公开让我们在柏林已经讨论了多次的教条的量子力学露出了马脚，我非常高兴。"如果其他物理学家也能意识到这一点就好了。爱因斯坦担心他对量子力学的批评的核心在波多尔斯基的阐述中消失了，这种担心得到了证实。他收到很多物理学家的来信，他们为玻尔的量子力学解释辩护，并声称在 EPR 论文中发现了错误。但关于错误出在何处，他们自己的观点也是相互矛盾的。量子力学当前面临的两难境地——要么是非定域性的，要么是不完备的——大多数人都没有理解。

在给爱因斯坦的信中，薛定谔表达了这些"不甚机智"的对 EPR 论文的反应让他感到的不满。"这就像一个人说，'芝加哥寒冷'，另一个人回答，'那是谬论，佛罗里达州非常热'。"薛定谔认为反应"不甚机智"的物理学家之一是马克斯·玻恩。他对爱因斯坦-波多尔斯基-罗森的工作感到"非常失望"，尽管他已经听说这篇论文"产生了轰动效应"。另一方面，玻恩也不喜欢玻尔在表达上总是"模糊而晦涩的"。

玻恩和其他人已经厌倦了所有这些哲学上的争论。这到底有什么意义呢？量子力学毕竟是站得住脚的。许多年青一代的物理学家只想用它来计算，把它应用于世界，而不是思索它。他们把哲学留给哲学家去研究。毕竟，有太多的东西需要去探索。在 EPR 论文发表后不到四年，一场世界大战爆发了，他们的计算将在其中发挥巨大作用。

1936 年，加米施

肮脏的雪

　　1936 年德国举办了两次奥运会，冬季在加米施-帕滕基兴举办，夏季在柏林举办。冬季运动会是夏季运动会的彩排。德国正受到国际社会的关注。在美国、英国、法国和荷兰，出现了抵制纳粹主义残酷的种族政策的运动。德国的体育界官员们知道，如果在加米施出了问题，柏林也将无法顺利举办。纳粹想利用这个机会向世界展示他们是多么爱好和平与多么优越。他们制止了加米施的反犹行动，并拆除了"犹太人不受欢迎"的标志。国家的宣传机器巨细无遗地决定了奥运会的组织，从开幕式到运动员名单。许多游客被这些表演所迷惑并相信了它——他们本来就想相信。诚然，纳粹有时可能过于狂热，但近距离看，他们并不那么坏。

　　在 1936 年 2 月 6 日的开幕式上，运动员队伍穿过大雪，进入位于加米施-帕滕基兴的新奥林匹克体育场，那里挤满了 6 万名观众。随着奥运圣火的点燃，聚光灯照亮了冬季奥运会的赛场。德国国防军鸣枪致意。由理查·施特劳斯作曲的《奥林匹克颂歌》响起，阿道夫·希特勒宣布奥运会开幕。

当德国冰球队比赛时，阿道夫·希特勒离开了赛场，这很能说明他的态度。德国冰球队里有鲁迪·鲍尔，根据五个月前通过的《纽伦堡法案》，他被认定是"半个犹太人"。

50万名观众来到加米施。有3万人为德国滑雪运动员克里斯特·克兰茨欢呼，她在女子回转滑降的比赛中尽管曾经摔倒过，但依然以沉着、有节奏的风格滑出了两轮的最佳成绩，从而赢得了高山滑雪组的金牌。许多参加奥运会的游客自己也参加了高山滑雪这项时尚的运动。滑雪靴的钢制配件在加米施的人行道上哐当作响，背着背包和木板条的滑雪者挤在公共汽车和电车上。

美国驻德国通讯记者威廉·夏伊勒惊讶地发现，他很享受待在加米施-帕滕基兴的这段时光："拜恩阿尔卑斯山景色壮丽，尤其是在日出和日落时分，山间空气清新怡人，穿着滑雪服的红颊女孩充满魅力，比赛则令人兴奋，尤其是跳台滑雪、雪橇、冰球比赛，还有索尼娅·赫尼。"挪威花样滑冰运动员赫尼向德国总理伸出手臂行纳粹礼，其热情之高，令挪威报纸不禁问道："索尼娅是纳粹吗？"赫尼赢得了金牌，并与纳粹大佬们调情。奥运会结束后，希特勒邀请她在他位于上萨尔茨堡的度假宅邸共进午餐，并送给她一张带有献词的照片。

1936年3月，奥运会结束三周后，德国军队开进非军事化的莱茵兰地区。阿道夫·希特勒借此打破了《洛迦诺公约》，该公约在第一次世界大战后将德国重新带入国际社会，并帮助德国物理学家摆脱了孤立状态。

希特勒政权将德国牢牢控制在手中，没有人能够逃避他的影响。甚至连维尔纳·海森伯也不例外。他想接替他的老师阿诺尔德·索末菲担任慕尼黑大学的物理学教授。索末菲在1935年年初退休，希望海森伯能接替他。然而，物理技术研究所所长、德国研究协会会长约翰内斯·斯塔克却持反对意见。他称海森伯为"爱因斯坦精神的幽灵"，并发起了一场反对他和理论物理学的攻势。1936年，他在《民族社会主义月刊》上写道："爱因斯坦引发轰动和大肆宣传的相对论，以及之后海森伯的矩阵理论和薛定谔所谓的波动力学，只不过是一样不透明的形式主义罢了。"

维尔纳·海森伯被指责没有对犹太人采取足够强硬的立场，还被指责是一个"白犹太人"，从事"非德意志"的理论物理学研究。他试图为自己辩护，于是德国以外的一些人认为他是纳粹政权的自愿支持者，是默许迫害犹太人的沉默帮凶。马克斯·玻恩后来称他是"纳粹化的"。

1937年7月，约翰内斯·斯塔克在党卫军报纸《黑色军团》上发表了一篇题为《科学界的白犹太人》的文章，该文章主要针对维尔纳·海森伯。斯塔克称海森伯是"新德国的爱因斯坦精神的总督"和"物理学界的奥西茨基"，并哀叹说，犹太科学家被"根除"之后在"雅利安的犹太同志和犹太学生中找到了捍卫者和延续者"。

卡尔·冯·奥西茨基是一位公共知识分子、和平主义者和雄辩的纳粹批评家，自纳粹夺取政权以来一直被监禁。1936年11月，他被授予1935年度的诺贝尔和平奖，但盖世太保不允许他前往奥斯陆参加颁奖仪式。1938年5月，奥西茨基因在集中营中遭受酷刑并在那里染上结核病而亡。

海森伯看到自己的职业生涯处于危险之中。他担心在德国科学界被排挤，因而竭尽全力地摆脱与奥西茨基的比较，努力不被视为"白犹太人"。他向党卫军领袖海因里希·希姆莱求助，希望得到保护。希姆莱家族和海森伯家族在早些时候就相互认识，希姆莱的父亲和海森伯的祖父曾是同一个登山俱乐部的成员。但是海森伯要等一年才能得到希姆莱的答复，因此他已经在制订移民计划了。希姆莱为海森伯开脱罪责，不赞成《黑色军团》报上的"攻击"。"你是我家人推荐的，所以我让人对你特别关照，对你的情况进行了特别仔细的调查，"希姆莱在给海森伯的信中解释说，"我不赞成《黑色军团》的攻击，我已经阻止了对你的进一步攻击。"他在下面补充说，"不过，我认为，如果今后你在听众面前把对科学研究成果的认可与研究人员的人种和政治立场明确分开，那就对了"。海森伯听从建议，与爱因斯坦保持距离："我已经主动听从了希姆莱的建议，因为爱因斯坦对公众的态度我从来没有苟同过。"

然而，即使是希姆莱也不能完全避免海森伯受到损害。因此，令人羡慕的慕尼黑教席还是没有留给海森伯，而是给了二流物理学家威廉·穆勒，他是纳粹党的成员，"德意志物理学"的倡导者。索末菲说，他是"能想象到的最糟糕的继任者"。

无论愿不愿意，维尔纳·海森伯都不得不留在莱比锡。政治局势对他打击很大。他的许多同事都逃到了国外，而他则寻求在私人领域的逃避。1937 年 1 月 28 日，他在出版家族比金的房子里组织了一场家庭音乐会，与主人及一位小提琴手一起，演奏了贝多芬的 Op. 1, No. 2 号钢琴三重奏。观众席上 22 岁的伊丽莎白·舒马赫刚刚放弃了在弗赖堡的艺术史研究，来到莱比锡，开始书商的学徒生涯。到第二乐章"富有表情的广板"，伊丽莎白的心已经融化了。就在两周后，维尔纳·海森伯写信给他的母亲："我昨天订婚了——如果您许可的话。"婚礼是在 4 月。8 个月后，伊丽莎白生下了双胞胎沃尔夫冈和玛丽亚。

第二年，海森伯在瓦尔兴湖的乌尔费尔德发现了一座空木屋。他以 2.6 万马克的价格从画家洛维斯·柯林特的女儿威廉明妮·柯林特那里买下了它，作为他和家人在战争爆发时的避难场所。而仅仅过了一年，战争就全面爆发了：第二次世界大战。维尔纳·海森伯收到了前往柏林的征召令。在纳粹德国，没有任何私人物品不会被这个国家占有。

在另一边

　　普林斯顿，1935 年，保罗·狄拉克正处在他创造力的顶峰。他在高等研究所的办公室与阿尔伯特·爱因斯坦的办公室在同一条走廊上，仅隔两扇门。他正在对他的代表作《量子力学原理》的第二版进行最后的润色，一些同事称之为"现代物理学的《圣经》"。1936 年，狄拉克的父亲去世。两人的关系一直很紧张，所以狄拉克并不感到悲伤。"我现在感觉自由多了。"他给匈牙利物理学家尤金·维格纳的妹妹玛吉特·维格纳写信说。玛吉特性格开朗，善于沟通且健谈，很欣赏害羞的狄拉克。狄拉克叫她曼茜。他们在 1937 年结婚后，狄拉克收养了曼茜第一次婚姻的孩子加布里埃尔和朱迪。"你以一种奇妙的方式改变了我的生活，"狄拉克在他们的婚礼后告诉妻子，"你让我成为人类。"

　　然而，有一件事一直困扰着狄拉克的思绪。1934 年圣诞节前不久，他最好朋友的妻子安娜·卡皮查从剑桥寄来一封信。这是一封求助信。彼得·卡皮查已经被困在苏联几个月了。"我是作为 K. 的朋友和苏联的朋友给你写信的，你理解这种无法解决的困境。"安娜对狄拉克说。他感到很震惊。

彼得·卡皮查于 1921 年从苏俄这个因战争和革命而动荡的大国来到英国，学习实验物理学。一位同事说他就像"一个悲伤的王子"。在 1919 年这一年里，他在四个月内失去了四个最亲近的人。他的儿子死于猩红热。然后他的女儿、妻子和父亲死于西班牙流感。卡皮查也被感染了，但他在疾病中幸存了下来。战争期间，他担任了两年的急救车司机。

卡皮查成了一个鳏夫，去了剑桥。他很清楚自己想要什么：加入卡文迪许实验室的欧内斯特·卢瑟福的队伍。卢瑟福一开始拒绝了他，但卡皮查坚持不懈，卢瑟福最终接受了他。卡皮查开发了一种通过向特殊构造的线圈发送高压脉冲来产生极强磁场的方法。

他钦佩卢瑟福，还把他视作神一样崇拜。卢瑟福也乐意和卡皮查走得比较近，两人的关系比社会认可的普通师生关系要亲密得多。卢瑟福没有儿子，卡皮查和他便形同父子。

当卢瑟福不在身边时，卡皮查叫他"鳄鱼"。他没有更大的赞美了，因为鳄鱼是他最喜欢的动物。他收集关于鳄鱼的诗歌。他在汽车的散热器护栅上焊了一条金属鳄鱼。哪怕是物理学家，或者说特别是物理学家，也会有奇怪的嗜好。

在彼得·卡皮查来到剑桥不久后，保罗·狄拉克在 1921 年也来到了卡文迪许实验室。此时，这位"悲伤的王子"已经成为这个城市最著名、最受欢迎和最活跃的人之一。这位身材魁梧的俄国人并没有真正掌握任何一门语言，既说不好英语和法语，甚至连他的母语俄语也说不好。所以他的语言成了杂糅的"卡皮查语"，而且他还很喜欢说话。他满嘴跑火车，讲故事，给别人解释玩牌技巧。卡皮查是沉默寡言的狄拉克的反面。卡皮查喜欢闲聊，狄拉克则沉默不语。卡皮查喜欢去看话剧，而狄拉克认为这是浪费时间。但他们对知识，对物质世界的基本规律有着共同的兴趣。卡皮查的勇气和胆量给狄拉克留下了深刻印象，而后他们成为最好的朋友。

彼得·卡皮查是一个狂热的共产主义者，狂热到卢瑟福在他进入卡文迪许实验室的第一天就禁止他宣传共产主义。卡皮查从未加入过共产党，但他致力于革命事业，每年都会回国为约瑟夫·斯大林的工业化计划工作。他说："我非常支持工人阶级的社会重建，支持共产党领导下的苏联政府的广泛国际主义。"

重返剑桥是一个危险的游戏，而且每年都会变得更加危险。在20世纪20年代，英国人普遍对共产主义心怀恐惧。卡皮查以"布尔什"之名迅速为人所知。他被军情五局的特勤人员盯上，还被一支特别警察部队盯上。

当经济学家约翰·梅纳德·凯恩斯在1925年10月得知卡皮查已经再次前往苏联，就国家的电气化问题向人民委员提出建议时，他警告说："我担心他们迟早会逮捕他。"简直是谬论，卡皮查说。他相信国家的承诺，即他永远有资格去往外国。

彼得·卡皮查也在剑桥发动了一场变革。他不喜欢年轻的物理学家对教授的顺从。1922年10月，他成立了卡皮查俱乐部，在这里可以公开讨论物理学，没有等级之分。卡皮查俱乐部每周二晚上在三一学院的一个房间里聚会——只有受邀者可以参加。敢于发言的人会介绍自己的研究，没有手稿，只用一支粉笔和放在画架上的一块黑板。发言过程中允许插话提问。火堆在壁炉里燃烧，只有几张椅子，大多数人坐在地板上。有时，成员们会对主讲人是对还是错进行投票。1925年维尔纳·海森伯在卡皮查俱乐部发过言，埃尔温·薛定谔则是在1928年。

1934年9月，当卡皮查与家人一起探望母亲时，他的护照被收走了。他的妻子安娜被允许带着他们的儿子——6岁的谢尔盖和3岁的安德烈——返回剑桥，而他自己却被困在莫斯科的一个破破烂烂的酒店房间里。三个月过去了。安娜已经绝望了。她在给狄拉克的信中说，他为苏联做了那么多贡献，却被扣在苏联，这对她丈夫来说是"一个可怕的打击"，"可能是他一生中最糟糕的一次打击"。她担心这件事会被泄露给媒体，担心"人们会谈论"，从而破坏她再次见到丈夫的机会。她恳求前一年获得诺贝尔奖的狄拉克为卡皮查在华盛顿的苏联大使面前美言几句。"我想这是目前唯一能够做的事情了。"

狄拉克开始为释放卡皮查而奔走。他向阿尔伯特·爱因斯坦和高等研究所所长亚伯拉罕·弗莱克斯纳咨询，并敦促欧内斯特·卢瑟福挺身而出。"鳄鱼"动用了自己所有的人脉，却徒劳无功。

保罗·狄拉克在剑桥扮演起了谢尔盖和安德烈的父亲的角色。他开着破旧的汽车带着卡皮查的儿子们一起去旅行，为他们用烟火纪念"火药阴谋"，即英国天主教徒在1605年用火药炸毁议会、政府和王宫的尝试。他暂停了几个月的工作，好照顾他们。当一切方法都失败时，他不顾朋友的劝告，在1937年的夏天和新婚妻子曼茜一起出发前往苏联。当时正是"大清洗"的高潮，狄拉克和卡皮查都不知道这意味着什么。社会主义仍然是他们的政治理想。

1937年7月，狄拉克夫妇来到了位于莫斯科东北部布尔舍沃卡皮查家的大别墅。天气热得让人压抑。狄拉克和曼茜在这里待了三个星期。卡皮查和狄拉克在凉爽的早晨砍伐树木，采摘草莓。在阳台的阴凉处，狄拉克介绍了"鳄鱼"卢瑟福的近况。曼茜与大庄园的贫瘠做斗争，那里甚至没有卫生纸。狄拉克夫妇不得不再次离开。

彼得·卡皮查必须留在莫斯科。在国家专门为他建立的一个研究所里，他继续进行他不得不在剑桥留下的实验。在狄拉克夫妇访问他后不久，卡皮查发现了"超流体"氦，它在非常低的温度下会失去所有的黏性阻力，并在重力作用下沿墙流动。它的奇怪行为只能用量子力学来解释。卡皮查成了低温物理学之父。

狄拉克和卡皮查没有想到，29 年后他们才会再次见到对方：在 1966 年，原子时代和冷战早已开始。

爆裂的核

　　柏林，1907 年。28 岁的化学家奥托·哈恩是柏林大学化学研究所的一个怪人。他正在研究放射性问题。"这还是化学吗？"他那些有影响力的同事们问道，"或者说是炼金术？"哈恩擅长在实验室中制备新元素。这不正是骗子和炼金术士卡廖斯特罗早在 18世纪的时候试图做的事情吗？现在，哈恩坐在研究所所长、诺贝尔获得主埃米尔·费歇尔的办公室里，提出了一些闻所未闻的要求。他希望莉泽·迈特纳到他的实验室来。一个女人，还是个物理学家，而不是化学家。费歇尔不允许女学生上他的课，当然也不允许女研究人员进入他的研究所——女性当中他只允许清洁工进去。"我不可能让女的来搞事情！"费歇尔反驳道。

　　但哈恩还是从费歇尔那里得到了与迈特纳合作的许可——不过条件相当严苛。哈恩和迈特纳的实验室设在研究所南部的一个以前的木工车间里。迈特纳女士未经许可不得进入研究所。该实验室有一个单独的入口，迈特纳只能通过这个入口进去。这里没有女厕所，迈特纳不得不去附近的一家旅馆解手。尽管如此，她还是有时会躲在报告厅的长椅下听讲。她作为"无偿访客"工作，没有工资，靠着父母从维也纳寄来的生活费维持生计。莉泽·迈特纳只以面包和黑咖啡为食。

30年来，她一直生活在这种不公正的环境中。她出生在1878年的维也纳，当时女孩被剥夺了接受高等教育的权利。年轻的妇女应该去生孩子。如果她们中有例外，那么顶多是作为一名老师。还是一名女学生时，莉泽就已经开始对科学感兴趣，但她不被允许进入高等教育机构。在八年的女校学习之后，她开始接受成为法语教师的培训，同时她在准备参加外部高考，并在22岁时通过了考试。维也纳大学现在至少招收女学生了。莉泽·迈特纳加快了步伐。她报考了数学、哲学和物理学，跟随路德维希·玻尔兹曼学习，仅用了八个学期就获得了博士学位，是维也纳大学第二个获得博士学位的女性。年仅28岁时，她去了物理学之都柏林，她将在那里待上整整30年。她想继续学习，于是求教于马克斯·普朗克。但女性仍然不被允许在柏林大学学习。莉泽·迈特纳勇敢地去见普朗克，并向他解释说，她来到柏林是为了"真正地了解物理学"。他惊讶地问这位身材娇小、起初看起来很害羞的女人："你已经有博士学位了，你还想要什么？"普朗克的思维是传统的，他曾公开反对科学界的"女强人"。但他被说服了，因为他意识到莉泽·迈特纳应该被破例对待。她获准报名参加他的讲座。

莉泽·迈特纳并不抗议歧视。她用行动回应了对女性的偏见，这些偏见在许多男人的脑子里根深蒂固。在他们联合实验的第一年，哈恩和迈特纳制备了一系列新的同位素：已知元素的质量不同的新原子。迈特纳的才华很快就广为人知。1909年，她在维也纳的一次大会上发表了关于β辐射的演讲，而一年后在布鲁塞尔，她遇到了诺贝尔奖得主玛丽·居里。后来，她把在研究所地下室的那几年称为她最快乐的时光。"我们当时很年轻，快乐，无忧无虑，也许在政治上有些过于无忧无虑了。"

几年后，马克斯·普朗克让她成为普鲁士的第一位大学女助理。对莉泽·迈特纳来说，这个职位"就像一本护照"，凭它可以进入科学界，否则女性很难进入，而且它"对克服现有的对女性学者的偏见有很大帮助"。阿尔伯特·爱因斯坦称她为"德国的玛丽·居里"。

她在《科学评论》(*Naturwissenschaftliche Rundschau*)上只使用自己的姓氏，因此许多读者认为他们读到的是一个男人的文章。布罗克豪斯编辑部给所谓的"迈特纳先生"写信，邀请"他"给百科全书写一篇文章。当莉泽·迈特纳透露自己是个女人时，编辑们立刻打消了这个念头。

如果布拉格大学没有给莉泽·迈特纳提供一个讲师的职位，也许她会继续在奥托·哈恩的研究小组中作为一个"无偿访客"苦苦地等待。普鲁士人此时才意识到迈特纳在那里扮演的角色。1913年，在她35岁时，她开始在威廉皇帝化学研究所长期工作，为"科学的美妙"而欢欣鼓舞，而且她终于可以自己买咖啡喝了。

然后第一次世界大战爆发了，有比科学更重要的事情了。莉泽·迈特纳自愿在奥地利东线担任X光技术员。深受战争苦难的影响，1916年从前线归来后，她坚持要重新与奥托·哈恩一起回到原来的实验室里继续研究——如果奥托·哈恩还在柏林的话。奥托·哈恩在"毒气团"服役，在弗里茨·哈伯领导的"化学战特别部队"中研制毒气。哈恩训练士兵进行毒气攻击，在东、西、南三条战线以及柏林和勒沃库森的研究机构之间来回奔波。只有在休探亲假时，他才有时间去实验室看望莉泽·迈特纳。因此，主要是靠着迈特纳，他们在战争结束前不久的 1917 年成功地制备出了新的元素，镤。它是稳定的，具有放射性，在元素周期表中排在第 91 位。

霍亨索伦王朝统治的结束，以及 1918 年 11 月 9 日魏玛共和国的成立，意味着包括莉泽·迈特纳在内的女性在一些方面获得了自由。从 1920 年起，女性获准申请特许任教资格。由于迈特纳之前所做的工作，她很快获得了该资格，比基本同龄的奥托·哈恩晚了 13 年。她发表了关于"放射性对宇宙过程的意义"的就职演讲。一位记者把"宇宙过程"（kosmische Prozesse）写成了"美容过程"（kosmetische Prozesse）。对于这种男性角色的惰性所造成的尴尬，她现在可以一笑置之了。她超越了一个又一个男性竞争者，很快就在威廉皇帝研究所领导自己的部门，研究 β 衰变和 γ 辐射，前往世界各地参加大会，搬进位于达勒姆的威廉皇帝研究所所长别墅的一间大公寓。1926 年，她获得了核物理学的特别教授职位，成为德国第一位女物理学教授。

哈恩和迈特纳是奇特的一对：两人的关系是纯粹科学上的。30 年来他们紧密合作，相互鼓励和支持。但除了官方的场合，他们从不在一起吃饭，不一起散步，也不互相登门拜访。直到进入 20 世纪 20 年代，他们还一直坚持着用保持距离的"您"称呼对方。哈恩在 1913 年结婚了。

迈特纳终身未嫁。

她并不追求婚姻和孩子。她说："我只是没有时间做这些事。"她的员工就是她的家人。女权主义？她不需要。几年后，她意识到"我的这种观点是多么错误，每个在知识领域工作的女性都应该感谢那些为平等权利而奋斗的女性"。

科学是她的生命，而且进展得很顺利。直到 1933 年，纳粹夺取政权的那一年。许多犹太裔的同事离开了这个国家。莉泽·迈特纳接受的是新教洗礼，并接受了自由主义的教育，但她在出生证明上登记的却是犹太血统。这意味着她属于纳粹所定义的"非雅利安人"。她现在已经 55 岁，她拒绝丢下毕生的工作离开柏林。她拒绝了国外的工作邀请，留在了柏林，后来又后悔做出了这个决定。"今天我知道，"她在战后说，"这不仅是愚蠢的，而且是极其不正义的，因为最后我通过支持希特勒主义才得以留下。"

至少迈特纳的奥地利公民身份保护她免受更严重的歧视。她继续她的研究，说服哈恩再次与她合作。她的目标是制备比已知最重的元素铀还要重的原子：超铀元素。他们想填补元素周期表中铀之外的空白。

为此，迈特纳和哈恩将最近在剑桥卡文迪许实验室发现的中子射向铀原子，希望将中子输送到原子核中。1935 年，莉泽·迈特纳、奥托·哈恩和年轻的化学家弗里茨·斯特拉斯曼开始进行实验，其爆炸的力量将无人能预料。这是将改变世界历史进程的实验。

然而在这之前，世界历史先改变了实验的进程。随着奥地利"并入"德国，莉泽·迈特纳的奥地利护照失效了。作为一个"德国犹太人"，没有官方保护，她每天都有可能遭到迫害。她不再被允许工作，而且被禁止出境。化学家库尔特·赫斯是纳粹党成员，也是莉泽·迈特纳的反对者，他举报她"危害研究所"。她试图说服内政部向她发放有效的德国证件，但徒劳无功。该部宣布，不再允许"知名犹太人"离开德国。

莉泽·迈特纳被困住了。

现在她唯一的选择是逃离。1938 年 7 月 13 日，在短短的一个半小时内，她匆匆忙忙地将她最重要的物品打包。朋友们把她偷渡到荷兰，从那里经丹麦到达安全的斯德哥尔摩，在那里，诺贝尔研究所给了她一个临时的研究职位。

虽然莉泽·迈特纳现在远离了威廉皇帝研究所的原子研究实验室，但她并没有与实验的进展隔绝。哈恩和斯特拉斯曼通过信件向她秘密通报信息。斯特拉斯曼说，她仍然是"我们团队中的精神领袖"。

1938 年秋天的事件表明，莉泽·迈特纳的逃离是正确的。1938 年 11 月 9 日，德国的"水晶之夜"标志着欧洲历史上最大规模的种族灭绝的开始。在全国各地，犹太人的商店和犹太教堂被纳粹摧毁和洗劫。商店的窗户被石头砸碎，家具被斧头砍碎。百余名犹太人被杀害，数千人被逮捕并被驱逐到集中营，无数人被虐待、殴打和公开羞辱。消防队站在一旁，确保火焰不会从犹太人的商店蔓延到其他建筑物。纳粹将这场从柏林直接组织的行动，因破碎满地的玻璃，称为"帝国水晶之夜"。阿道夫·希特勒不希望自己的名字与之联系在一起，因而将这项"工作"留给了赫尔曼·戈林和约瑟夫·戈培尔。

哈恩和斯特拉斯曼日复一日地在实验室里工作，却毫无进展。几个月来，他们一直在尝试制备比铀更重的元素，但他们的化学分析奇怪地表明，不但没有产生更重的原子，反而存在着更轻的原子，似乎是镭原子。这毫无道理。这些原子从哪里来？感到困惑的奥托·哈恩于 11 月前往哥本哈根，去见原子学大师尼尔斯·玻尔。莉泽·迈特纳和她的外甥，物理学家奥托·弗里施，也从斯德哥尔摩而来。这么多聪明的脑袋，却没有人能够解释测量结果。

随着哈恩和斯特拉斯曼在柏林继续工作，事情变得更加奇怪了。他们发现，这根本不是镭。它是钡，其137的原子量是铀的238的一半多一点。铀原子在中子的轰击下破裂了吗？哈恩缺乏物理上的想象力来提出和表达这样的猜想。他是一个优秀的实验科学家，但不是"天才守恒定律"的例外，即顶尖的实验者皆是糟糕的理论家，反之亦然。

1938年12月19日，奥托·哈恩给在斯德哥尔摩的莉泽·迈特纳写了一封信，他表达了自己的困惑和绝望："现在是晚上11点了，11点半斯特拉斯曼想回来，这样我就可以慢慢回家了。关于'镭同位素'，有一些东西非常奇怪，我们暂时只告诉你。这仍然可能只是一个奇怪的巧合……但我们离一个可怕的结论越来越近：我们的镭同位素的行为不像镭，而更像是钡。"

铀到底发生了什么变化？"我们自己知道，它实际上不可能爆裂成钡，"哈恩继续在信中写道，"也许你能提出一些奇妙的解释？"她不能，至少没这么快。她需要时间来计算。"对我来说，假设存在如此大范围的裂变似乎非常困难，"迈特纳在1938年12月21日回答道，"但我们在核物理学方面有如此多的惊喜，你不能在任何事情上不假思索地说：这是不可能的。"

同一天，哈恩又写信给迈特纳，还没收到上一封的回信就发了出去，他催促道："我们不能对我们的结果保持沉默，即使它们从物理的角度来看也许是荒谬的。你看，如果你能给出一种解释，将是一件非常了不起的事。"

在这个冬天的一次散步中，莉泽·迈特纳和奥托·弗里施讨论了令人费解的柏林测量结果。在白雪皑皑的瑞典森林里，他们坐在树干上，在纸片上潦草地写下他们的想法。他们设计了一个新的原子核模型。一个重核在受到中子撞击时可以像一滴水一样开始晃动。如果它的变形足够大，长程静电斥力就会克服将其束缚在一起的短程核力。核子在爆炸中解体。根据爱因斯坦的质能方程 $E=mc^2$，迈特纳和弗里施估算出了爆炸的能量。它是巨大的。

弗里施去了哥本哈根，并告诉尼尔斯·玻尔这个理论。玻尔的手拍向额头："啊，我们怎么这么傻！我们完全可以预见到这一点的。"但现在玻尔预见到了另一件事，这让他不禁打了个冷战：来自原子核的这种能量能够产生巨大的破坏。而这种破坏将比任何物理学家所能想象的都要来得更快。它将使物理学的光辉岁月黯然失色。

1939 年，大西洋

可怕的消息

1939 年 1 月，尼尔斯·玻尔和他的助手莱昂·罗森菲尔德乘坐着汽轮横跨大西洋前往纽约，在普林斯顿拜访了爱因斯坦。他们带来了可怕的消息。奥托·哈恩已经分裂了原子。他与弗里茨·斯特拉斯曼一起，通过用中子轰击铀核使其"爆裂"了。

在玻尔和罗森菲尔德的远洋轮船出发的四天前，奥托·弗里施将这一消息带到了哥本哈根，玻尔立即意识到了其重大的意义。在那么多国家当中，偏偏是纳粹治下的德国朝着建造原子弹迈出了关键的一步。

玻尔此次航行到美国本来是打算继续讨论量子物理学的，他已经与爱因斯坦进行了十年的讨论，但现在这位量子力学的大师对此已没有兴趣。在航行途中，他的思绪逐渐飘离了量子力学，转移到核物理学上。他在普林斯顿大学度过春季学期。从 1939 年的 1 月到 4 月，他每天都在思考并讨论着核裂变，在黑板上潦草地写下公式，然后再擦掉。他主要与美国人约翰·惠勒进行讨论，惠勒曾在哥本哈根与他一起学习，现在在普林斯顿大学任教。但爱因斯坦没有插手此事，他并不关心那些核裂变的细枝末节的问题，并且他也怀疑它的实用性。

玻尔与惠勒一起开始研究铀原子核的裂变，这是基于莉泽·迈特纳和她外甥奥托·弗里施的工作，后者从奥地利故乡逃到瑞典，并在那里研究出了核裂变理论。存不存在引发一连串核裂变的可能？一个分裂的核所产生的能量会进一步分裂更多其他的核，并释放出更多的能量，产生链式反应吗？这样的核弹是可以想象的吗？

尼尔斯·玻尔和约翰·惠勒反复探讨启动链式反应的可能性，最后他们向两位匈牙利的同行透露了此事：利奥·西拉德和尤金·维格纳。他们的会面是严格保密的。他们所做的事情早已超出了纯科学的范畴。

1939 年 3 月 15 日，玻尔、惠勒、西拉德和维格纳在普林斯顿大学范因楼的一间空办公室里开了很久的会，维格纳的办公室就在它旁边。阿尔伯特·爱因斯坦过去一直在这里孤独地寻找统一场论，直到他几周前搬进高等研究所的新楼。几天前，在从普林斯顿俱乐部到范因楼的散步中，玻尔有了一个决定性的洞见：奥托·哈恩测量的核裂变只发生在罕见的同位素铀-235 中，而不是更常见的铀-238 中。

这是一个悖论：你必须使铀核变大，才能使其分裂，但它也不能太大。额外的中子可以使其爆裂或稳定。玻尔和惠勒计算出两种同位素铀-235 和铀-238 具有完全不同的性质。当一个中子击中一个铀-235 的原子核时，这个原子核就会破碎成两个较轻的原子核，释放出强大的能量，并放出几个中子——这可以分裂出更多的原子核。在有足够多的铀-235，即达到"临界质量"时，中子级联即可产生，从而促使链式反应发生。用一个手球大小的铀球，你可以摧毁一整个城市。或者，如果允许链式反应以受控的方式进行，它也可以提供长达数日的电力。

较重的铀-238的情况则不同。三个额外的中子稳定了原子核。用中子引发裂变没有那么容易了，它还不够轻，也很难产生链式反应。天然铀中包含超过99%的铀-238。"然后我们分离出铀-235，"西拉德说，"用它来制造核弹。"

"这是可以想象的，"玻尔回答道，"但只有把美国变成一个巨大的工厂，才有可能实现。"天然铀中只包含0.7%的铀-235。必须投入巨大的技术成本，才能在拥有数百台离心机的工厂中将其提取出来。

但还有别的选择吗？美国的战略家们认为，如果他们不这样做，纳粹就会这样做。1938年秋天，德国国防军占领了波希米亚。纳粹现在可以使用约阿希姆斯塔尔的铀矿了，30年前居里夫妇曾从那里获得沥青铀矿。人们有理由担心，也有理由着急。在德国，主要的原子研究人员在1939年春天成立了"铀矿协会"，以开发"铀机"（核反应堆）。美国的物理学家和情报部门担心，纳粹在研究和使用核裂变方面会远远领先于他们。

1939年夏天，维尔纳·海森伯来到美国进行巡回演讲。在密歇根州，他拜访了恩里科·费米，这位来自罗马的物理学家娶了一位犹太女性，为了躲避法西斯的种族主义法律而逃到美国。塞缪尔·古兹密特也在那里，这位荷兰物理学家在还是一个害羞的学生时发现了电子自旋。古兹密特在移民后将其姓氏的拼法从古德施米特（Goudschmidt）改为古兹密特（Goudsmit），以保留其发音。"你为什么不待在美国？"费米问海森伯，"在这里，你会站在正义和文明的一边。""我会有种背叛了自己祖国的感觉，"海森伯回答道，并说了一句让古兹密特记忆深刻的话，"德国需要我。""如果希特勒强迫你制造核弹呢？"费米问道。海森伯认为，战争将在核弹制造出来之前结束。

一个周日的下午，维尔纳·海森伯与约翰·惠勒坐在一起野餐，并解释说他必须很快离开，去"拜恩阿尔卑斯山上练习用机枪射击"。海森伯乘坐几乎没有人的"欧罗巴号"汽轮，回到大西洋的彼岸。仅仅几个星期后，他就被征召服兵役。令他惊讶的是，他不是在山地部队，而是在军械局。

战争爆发后，希特勒政权一举控制了铀矿协会。军械局制订了一个"应用核裂变的准备工作计划"。卡尔·弗里德里希·冯·魏茨泽克移居柏林，参与该项目工作。维尔纳·海森伯设计了一个铀反应堆，其中重水被用作"制动物质"，以控制核裂变过程中释放的中子。只有慢速的中子才能进一步分裂原子核。

海森伯在给铀矿协会的一份报告中写道："浓缩铀-235 是生产爆炸物的唯一方法，其爆炸力超过迄今为止最强的爆炸物几个数量级。"他设想的一种能使"纽约变成一团白炽"的炸弹给军械局留下了深刻的印象。

阿尔伯特·爱因斯坦现在已经年届花甲，他渴望和平，在长岛的度假屋里避暑：他想拉小提琴，在大西洋上坐帆船，在栗树荫下看书。但即使在那里，他也摆脱不掉世界上正在发生的可怕事情。利奥·西拉德这年夏天在长岛拜访了他两次。两人在柏林相识，在 20 世纪 20 年代共同开发了一个"全自动混凝土人用冰箱"[①]。现在，

---

① 此即爱因斯坦-西拉德制冷机或爱因斯坦制冷机。这是一种吸收式制冷机，没有活动部件，在恒压下运行，只需要一个热源即可。这项发明由西拉德于 1930 年 11 月 11 日在美国注册专利（U.S. Patent 1781541）。——译者注

西拉德正在敦促爱因斯坦对来自德国的核威胁做些什么。也许他可以给比利时政府写一封信？世界上最大的铀矿位于比利时刚果殖民地。还能防止它们落入德国人的手中吗？不可能，爱因斯坦和西拉德都意识到了这一点。几个月后，德国国防军占领了比利时，开始从比利时的刚果矿区向柏林运送数千吨铀矿石。

爱因斯坦和西拉德决定给美国总统富兰克林·德拉诺·罗斯福写信。爱因斯坦用德语口述了这封信，西拉德则以英语将其准确记录下来。爱因斯坦自称"坚定的和平主义者"，敦促罗斯福开发核弹。他警告总统说，最近发现的核裂变可能导致出现"极其有效的新型武器"，他还提议制订计划来促进用于军事的核裂变研究。爱因斯坦指出，这种研究已经在柏林的威廉皇帝研究所进行了，"外交部国务秘书的儿子"卡尔·弗里德里希·冯·魏茨泽克是其中的关键人物。

1939 年 8 月 2 日，爱因斯坦在长岛的皮科尼克给这封信签上了自己的名字，落款为"您诚挚的，爱因斯坦"。多年以后，他将称这是"我人生中的一个重大错误"。"我若知道德国人不会成功研制出原子弹，我必会远离这一切。"

罗斯福现在没有时间看核科学家的信。世界局势十分严峻。希特勒入侵了波兰，英国和法国向德国宣战。直到 1939 年 10 月 11 日，这封信才放到了罗斯福的桌上。"必须采取行动，"罗斯福总结说，"以免纳粹把我们炸到天上。"同一天，他启动了曼哈顿工程，开发原子弹。起初进展相当缓慢，直到爱因斯坦又给罗斯福写了两封信，对项目的组织提出了建议，并再度警告德国可能会研发出核弹，研究才开始有了起色。曼哈顿工程并非只把美国变成了一个铀工厂，而是需要三个国家的联合力量：英国、加拿大和美国。

曼哈顿工程将聘请世界上许多优秀的物理学家，包括一些逃离德国或逃离其他轴心国的人。目前在英国的奥托·弗里施计算出，50千克的铀-235拥有1.5万吨TNT（梯恩梯）的爆炸威力。

尼尔斯·玻尔于1939年5月从美国回到哥本哈根。1939年9月1日，德国军队侵入波兰。同一天，玻尔和惠勒的文章《核裂变的机制》出现在《物理评论》上。文章中一次都没有提到链式反应。

次年4月9日，破晓前，德国国防军开进了丹麦。两小时后，丹麦政府投降。阿道夫·希特勒计划在丹麦建立一个"模范保护国"，向世界展示他的和平意图。尼尔斯·玻尔在过去曾为这么多物理学家提供过庇护，现在，他自己必须尽快逃离。

形同陌路

哥本哈根，1941 年 9 月 16 日，深夜。两个人走过城市，他们经常在哥本哈根一起散步，19 年前在哥廷根则是他们第一次一起散步——他们便是此时已 55 岁的尼尔斯·玻尔和 39 岁的维尔纳·海森伯。当初海森伯是玻尔的门生，后来他们成为同事，一起开创了量子力学。自从第一次在哥廷根散步以来，已经过去了很长时间。在大众公园，一次夜间散步时，海森伯发现了不确定性原理。如今，两人的年纪都已不小，他们的脚步也变慢了。他们在战争中分属双方。父亲和养子已形同陌路。

海森伯以举办宇宙辐射讲座为借口，从柏林赶来。他在哥本哈根要待整整一个星期。但他必须立即与玻尔交谈。他匆匆地赶到了玻尔家，向玛格丽特和玻尔的儿子们问好。他和玻尔一起去了公园。在那里，他们不会被偷听。海森伯想直奔主题：核弹。他在谈话中寄予了太多的希望，以至于他没有意识到谈话本身的影响。过去那种熟悉的感觉已经不复存在。在玻尔和海森伯之间，有着一种以前甚至都不存在于潜意识中的东西：不信任。

玻尔停了下来。海森伯说话的方式与以前不同了。玻尔听到了纳粹的专属用语。海森伯预言，物理学将在希特勒主宰的欧洲扮演重要的角色。这使玻尔提高了警惕。海森伯想要什么？他为什么要来已被德军占领的哥本哈根？他是朋友还是敌人？他是盖世太保的间谍吗？他是想听玻尔的意见，还是想要保护玻尔？

　　玻尔的母亲来自一个犹太家庭，这使他成为纳粹标准下的"半个犹太人"。他还参与了抵抗纳粹占领其祖国的行动，并与美国原子弹项目的物理学家有过接触。德国特工部门对他进行了监视。他一次又一次地处于被逮捕的边缘。就在几周前，警察刚把丹麦 300 名共产党人关押在西兰岛的霍斯罗德集中营中。

　　海森伯的心情也不轻松。直到最近他才得知，他最喜欢的学生，来自南蒂罗尔的汉斯·奥伊勒，在飞机坠毁后被报告为"在东线失踪"。奥伊勒是纳粹的反对者和共产主义者，拒绝为铀项目工作。海森伯鼓励并保护了他。在一次个人危机中，奥伊勒自愿在德国空军的气象侦察中队担任气象学家和导航员——好像"他基本上是在求死"，他的同事卡尔·弗里德里希·冯·魏茨泽克写道。在对苏联发动攻击后不久，1941 年 7 月 23 日，他的飞机的一个引擎被击毁。在亚速海紧急水上降落后，机组成员被渔民们抓获。海森伯不知道在奥伊勒身上发生了什么。他试图找到他学生的下落，但都徒劳无功。

　　在欧洲，已经没有人脚下有坚实的土地了。没有人知道这场战争将如何结束。德国人占了上风，他们打败了法国，控制了欧洲大陆的大部分地区。德国国防军正在高速向莫斯科推进，而海森伯在谈到这次进攻时，仿佛它已经成功了。但斯大林格勒会战正在前面等着德军。

维尔纳·海森伯是铀项目的主要科学家。他正在建造一种"铀燃烧器"，为战争工业提供能源，其微型化的形式可以为德国坦克和潜艇提供动力。他和魏茨泽克发现了除铀-235之外的另一种元素。魏茨泽克刚刚申请了一项专利，关于"炸弹等爆炸物产生能量和中子的过程"，而海森伯确信，发明原子弹的道路已在他面前敞开。

他习惯在玻尔面前毫无保留，但现在他必须严格保密。因此，他只是旁敲侧击且含糊其词地提到了反应堆和原子弹。海森伯无法判断玻尔明白了多少。他必须小心，因为他在纳粹机构中有强大的敌人。一句失言就可能会让他失去一切。

尼尔斯·玻尔并不是在制造炸弹。自前一年以来，他没有收到任何关于美国核项目的消息。海森伯提出，战争的结果可以由原子弹决定。玻尔对此感到震惊。海森伯给了玻尔一张纸，他在上面画了一个反应堆的示意图。

海森伯是想威胁他吗？还是想警告他？海森伯是不是在隐晦地提议，让大西洋两岸的所有物理学家共同努力达成一项协议，为了和平而不制造原子弹？也许他是担心自己性命不保，所以表达得太谨慎了。也许这就是为什么玻尔误解了他，只是听到了海森伯多么肯定自己有能力制造原子弹并为此而骇然。海森伯已经在研究铀了，怎么还会问他在战时研究铀是不是正确的？

谈话出现了严重的问题。两人之间有太大的隔阂，有太多的不信任和太多的误解了。过了一会儿，他们回到了玻尔的公寓，海森伯沮丧不已，玻尔则处于极度激动的状态。当玻尔送海森伯坐上回酒店的电车时，已是午夜之后了。

玻尔并没有出现在海森伯几天后在德国文化研究所——一个纳

粹宣传机构——举办的讲座上。在回家的前夕，维尔纳·海森伯再次拜访了玻尔夫妇。他们避开那些棘手的问题，试图保持着朋友关系。海森伯在三角钢琴上弹奏着莫扎特的第 11 号奏鸣曲。《土耳其进行曲》带来的欢愉很快就消散了，是时候说再见了。

玻尔写了几封给海森伯的信，但没有寄出任何一封。从哥本哈根回来后，海森伯给一个朋友写信说："也许有一天我们人类会意识到我们确实有能力彻底摧毁地球，我们完全有可能因为自己的过错而招致末日审判或类似的灭顶之灾。"当维尔纳·海森伯在 1944 年 1 月份回到哥本哈根检查尼尔斯·玻尔的研究所时，玻尔正在美国协助制造原子弹。战后，他们只交换礼貌的生日问候。他们再也没有进一步交流过。

1942年，柏林

原子弹，遥遥无期

1942 年，柏林，春天。德国对胜利的确信正在动摇。向苏联发动的"闪电战"已经失败。在日本偷袭珍珠港之后，德国现在也与美国开战了。战事真的升级为一场世界大战了。原材料在德国变得稀缺。阿道夫·希特勒让全部经济都为战争服务。希特勒对铀的研究这个"犹太伪科学的分支"没有什么兴趣。他把希望寄托在工程师韦恩赫尔·冯·布劳恩在佩讷明德的陆军研究站向太空边缘发射的火箭上。

德国的铀研究人员需要原材料：来自波希米亚和比属刚果的铀矿，来自挪威的重水，来自鲁尔山谷的钢铁，来自卢萨蒂亚的铝。他们害怕自己的优先级落后于军备工业。陆军最高司令部研究部门的负责人埃里克·舒曼通知他们，鉴于目前人力和原料短缺的状况，他们的研究"只有确定在短期之内可以实现应用才能得到支持"。

舒曼召开了一次会议，研究人员将在会上向纳粹高层解释他们项目的进展和前景。"铀-235 的提纯将催生一种效果难以想象的爆炸物。"维尔纳·海森伯承诺道。

"要摧毁像伦敦这样的城市，必须用多大的炸弹？"埃哈德·米尔希元帅问。海森伯用他的手比了一个碗状，回答道："像一个菠萝一样大。"在场者发出难以置信的惊叹声。军备部长阿尔伯特·施佩尔想知道他们预计原子弹什么时候可以出现。理论上看是马上就可以，海森伯回答说，但用于实战还需要几年时间，至少两年，也许是三四年。但战略家们并不想等那么久。阿尔伯特·施佩尔认定"原子弹在可预见的战争进程中不会有任何意义"。舒曼对物理学家们的"原子废话"怨声不断。

从那时起，铀研究在德国变成了一个民用项目。海森伯和他的同事们被允许继续研究他们的铀燃烧器，阿尔伯特·施佩尔为他们批准了几百万帝国马克的资金，但他对原子弹没有什么兴趣。维尔纳·海森伯被任命为柏林威廉皇帝物理研究所的所长，从而成为德国原子研究计划中最重要的科学家。海森伯这位理论家一直在回避实验室。他感谢海因里希·希姆莱"恢复了我的荣誉"，但不再将他的全部智力和精力投入铀研究中。他开创了一种关于基本粒子之间相互作用的理论，与他的量子力学一样，只需要可观测的量即可——这便是"散射矩阵理论"。

无论海森伯的目的是什么，当他用纳粹沾满鲜血的不义之财进行研究时，他都在玩一个危险的游戏。他以前的学生鲁道夫·派尔斯后来引用了莎士比亚的话，"与魔鬼共餐的人需要一个长勺子"，并补充说："也许海森伯发现，没有哪个勺子是足够长的。"

海森伯的铀机被安置在威廉皇帝研究所的一个附属建筑里，在其前面，写有"小心病毒"的标志阻止了不受欢迎的访客。它由浸没在重水中的铀板组成。研究人员用中子轰击这种装置，并测量出释放的中子是否比他们投入的多。他们成功产生了能量，但这些能量从来不足以将反应提高到临界点以上，达到可以自发启动链式反应的程度。研究人员在没有保护的情况下处理这些辐射物质。在一次实验中，喷射的火焰烧伤了一名正在向反应堆容器中倒入铀粉的技术员的手。在另一次实验中，反应堆爆炸了，海森伯差点没从门里逃出来，还叫了消防队来。海森伯对实验装置进行了修补。中子通量增加了，但德国所有研究铀的人员，包括海森伯的对手、物理学家库尔特·迪布纳，都无法使之达到临界状态。海森伯之前已将迪布纳赶出了威廉皇帝研究所。现在，迪布纳正在位于柏林南部戈托（Gottow）的化学、物理和原子实验站建造自己的反应堆。这两个人水火不容，他们是竞争关系而不是合作关系，会互相争夺稀缺的铀和重水。迪布纳是更优秀的实验者。他想到了可以将铀切割成立方体，以增加与重水的接触面，从而多获得几个百分点的中子。海森伯也只好不情愿地改用立方体。

维尔纳·海森伯不知道恩里科·费米在 1942 年 12 月 2 日于芝加哥的实验室里成功地引发了一次受控的链式反应。世界上第一个核反应堆已经开始运行。芝加哥 1 号反应堆的构造方式与海森伯的机器——在一个橄榄球场看台下的地窖里，堆放着没有保护措施的铀板—— 一样粗糙。反应器旁边有一个镉盐溶液的容器，如果链式反应失去控制，可以将其倒进反应堆。费米用最纯净的石墨来制动中子，而不是用昂贵和稀有的重水。这一招逃过了海森伯的眼睛。他也曾经测试过用石墨作为制动物质，但又抛弃了它。

出生于意大利罗马的恩里科·费米曾跟随马克斯·玻恩和保罗·埃伦费斯特学习理论物理学，后来转向实验物理学。他是那种罕见的"天才守恒定律"不适用的人之一，因为他既是一位杰出的理论家，又是一位出色的实验者。他了解原子核爆炸的理论，而且他打算让它在战争中发挥作用。他的建议是用裂变产物锶-90 往德国人的食物里下毒。原子弹仍然遥遥无期。

逃亡

三年来，阿道夫·希特勒克制了他的暴力欲望，没有在丹麦推行反犹主义和种族主义法律。他维持了自己无意将丹麦纳粹化的假象。在斯大林格勒会战失败和盟军开始对德国城市进行地毯式轰炸后，纳粹政权在争取"最后的胜利"的过程中不再伪装下去。宣传部长约瑟夫·戈培尔高喊"全面战争"的口号："现在，人们站起来，冲锋，冲出去！"

1943 年的 10 月份，在犹太人的新年节庆期间，党卫军冲上了哥本哈根的街道。他们得到命令要逮捕犹太人，但在这个城市里几乎没有任何这样的人了。哥本哈根的德国外交官格奥尔格·杜克维茨警告过丹麦的犹太人，德国人打算将他们驱逐到集中营，因此他们中的大多数人都躲了起来。其中，尼尔斯·玻尔在党卫军敲开他的研究所的门、闯入并洗劫银器之前，与家人一起乘坐渔船越过厄勒海峡进入中立的瑞典。在斯德哥尔摩，玻尔请求国王古斯塔夫五世帮助他受迫害的同胞。当天晚上，瑞典电台在广播中表示，瑞典愿意接纳犹太人。从救护车到垃圾车，只要是带轮子的东西，丹麦犹太人就会坐上去奔往海岸。他们途中躲在教堂和医院里,通过数百艘不断往来的渔船、皮划艇和其他各色船只,横穿厄勒海峡和卡特加特海峡。超过 7 700 名犹太人设法逃离了纳粹的抓捕。

斯德哥尔摩遍布纳粹特工,对玻尔来说不是一个安全的地方——至少在盟军眼中不够安全。英国物理学家、首相温斯顿·丘吉尔的首席科学顾问弗雷德里克·林德曼,安排了一趟航班来接玻尔到苏格兰。临行前,玻尔已确保将保存在哥本哈根研究所的诺贝尔金质奖章溶解在"王水"中,即盐酸和硝酸的混合物中,以免它们落入德国人手中。战争结束后,黄金将从溶液中被回收,以便重新铸造奖章。

尼尔斯·玻尔乘坐的是挪威的一架蚊式战斗轰炸机,这种飞机飞得又快又高,德国的高射炮几乎打不到它。他必须坐在配有氧气面罩的炸弹舱里,戴上耳机,这样他就可以和飞行员交谈了。但耳机对玻尔的头骨来说太小了,他没有听到飞行员让他戴上氧气面罩的指示,于是晕倒了。飞行员怀疑出了问题,于是在北海上空降低了飞行高度,救了玻尔的命。玻尔在英国接受了问询,然后乘坐一架更舒适的飞机飞往美国,以"尼古拉斯·贝克"之名配备了假证件。爱德华·特勒带他参观了位于新墨西哥州沙漠中的洛斯阿拉莫斯的曼哈顿工程实验室,玻尔印象深刻:"你记得吧,我告诉过你们,如果不把整个国家变成一个工厂,它就不会成功。你们刚好就做到了。"由于害怕德国人会抢先一步,人们有充足的动力推进这项工程,很快就有 12.5 万人为它工作了。其中也包括尼尔斯·玻尔。

玻尔带来了一张反应堆的图纸,正是两年前在哥本哈根海森伯交给他的那张。曼哈顿工程的科学主管罗伯特·奥本海默认为它对于建造武器毫无价值。奥本海默指出，海森伯之前不是去透露他所知道的东西的，而是去打探玻尔是否知道一些他不知道的东西。

在柏林，海森伯被接纳为"星期三协会"的成员，这是一个由知识分子组成的精英圈子，自称"学术娱乐界的自由社团"：科学家、哲学家、作家、律师、外交官、医生，总是只有 16 人，全部是男性。每隔一个周三的晚上，他们都会在其中一个人的家里聚会，此人会就自己的专业领域发表演说，随后大家进行讨论。1943 年 6 月，海森伯就"精确科学中现实概念的变化以及由此变化可得出的结论"发表了演讲。海森伯说，在早期，人们对世界的描述就好像他们自己不在其中一样。而在现代，随着量子力学的发展，世界只能被理解为一个被人类观察，从而被人类影响的世界。海森伯说，人在这两个世界之间徘徊。他不禁暗暗想到自己：他注定要改变他生活的世界。

1943 年 11 月，英国空军轰炸机司令部宣布发动"柏林战役"。很快，盟军的轰炸机开始对德国首都进行全天候的空袭，皇家空军的"兰开斯特"轰炸机在夜间执行任务，美国航空兵的"空中堡垒"则在白天出击。1943 年 11 月 23 日晚上的袭击使象征着德意志民族自豪感的威廉皇帝纪念教堂起了火。屋顶结构倒塌，主塔的顶部折断。一枚炸弹炸毁了普朗克家在格吕讷瓦尔德的房子。马克斯和玛格丽特·普朗克搬到了乡下的朋友那里。在巴黎，恩斯特·荣格尔上尉在他的日记中说，德国人已经失去了抱怨的权利。

1944 年 7 月 12 日，一个明亮的夏日，维尔纳·海森伯再次在"星期三协会"发言，这次是"论星体"。他谈到了自己的研究，又是以讳莫如深的方式：他谈的是星体中的"核火"，而不是他自己在不远处的威廉皇帝研究所试图引发的那种火。下午，他在研究所的花园里采摘覆盆子来招待他的客人。"心情很压抑。"一位参与者回忆说。这是星期三协会的第 1 055 次会议，也是倒数第二次会议。1944 年 7 月 20 日，德国国防军军官克劳斯·申克·冯·施陶芬贝格伯爵试图用炸弹杀死阿道夫·希特勒。星期三协会的四名成员因参与暗杀而被捕并被处决。前总参谋长路德维希·贝克曾在八天前听过海森伯"论星体"的演讲，当他在本德勒街区被捕时，他请求允许他保留手枪"供私人使用"。弗里德里希·弗罗姆将军回答说："请吧，请这样做，但要立即行动！"他在暗杀前同情策划者，但现在又试图站在政权的一边——这是徒劳的。他将被人民法院以"临敌怯懦"为由定罪并判处枪决。盖世太保解散了星期三协会。

随着红军向柏林挺进，铀项目被移出被炸毁的德国首都，分配到更安全的地区。库尔特·迪布纳的实验室搬到了图林根州的施塔特伊尔姆。一台用于浓缩裂变铀的超级离心机装在了弗赖堡。有着维尔纳·海森伯和马克斯·冯·劳厄的威廉皇帝物理学研究所设在士瓦本汝拉山黑兴根的一家旧纺织厂的大楼里。奥托·哈恩与威廉皇帝化学研究所迁至邻近的泰尔芬根。铀矿项目的核心——科研用反应堆，由装满重水且涂有石墨的铝制容器中的 664 个手指长的铀立方体组成，被重新安置在海格洛赫的天鹅旅馆的岩窖中，那里以前存放着啤酒和马铃薯。海森伯平时骑自行车在这里和 15 千米外的黑兴根之间往返。他在森林里采摘蘑菇，欣赏开花的果树，为黑兴根的居民举办钢琴演奏会，"可以连续几天忘记过去和未来"。伊丽莎白·海森伯如今已是六个孩子的母亲，她和孩子们要在瓦尔兴湖岩岸边的木屋里等待。她羡慕丈夫的士瓦本田园生活。

然而，海森伯知道这种田园生活是多么短暂。德国即将输掉战争。1944 年 12 月，他开始了第三帝国崩溃前的最后一次海外旅行。他在苏黎世联邦理工学院做了一场讲座，不是关于核研究，而是关于他的散射矩阵理论。一些同行认为他走偏了路，类似于爱因斯坦寻找统一场论。此时在普林斯顿大学任教的沃尔夫冈·泡利称其理论为一个"空洞的概念框架"。

在演讲结束后的晚宴上，维尔纳·海森伯的同行格雷戈尔·文策尔挑衅他，要求他承认德国的失败。"要是我们能赢得战争就好了。"海森伯说。这句话传到了盖世太保的耳朵里。党卫军因为海森伯对"最后的胜利"没有信心而启动了对他的调查，而他也险些被捕。

他再次回到他在士瓦本汝拉山的地窖实验室，在帝国崩溃的同时，继续努力让他的反应堆运转起来。他写给苏黎世的一封信最后落到了美国特工的手里。邮戳表明，海森伯在黑兴根工作。

逐渐平和的爱因斯坦

阿尔伯特·爱因斯坦已在他的"命运之岛"普林斯顿安家。与他一起散步的还有一位"近乎于神的人物"——奥地利逻辑学家库尔特·哥德尔，他在 1940 年来到了高等研究所。在德奥"合并"之后，哥德尔冒险经西伯利亚和日本逃到了美国。每周，库尔特·哥德尔、沃尔夫冈·泡利和伯特兰·罗素都会在爱因斯坦的房子里会面一个下午，讨论哲学。泡利自 1940 年以来一直在高等研究所，因为他在苏黎世的时候离希特勒太近而感到不适。罗素在普林斯顿没有工作，他只是个访客，偶尔做个讲座，也是个自由撰稿人。他们在爱因斯坦位于默瑟街 112 号的家中齐聚一堂时，可能是科学史上最杰出的绅士群体。

爱因斯坦现在也接受了量子力学的观点。然而，这并不是说他现在已经对它深信不疑，从来没有。但他已经放弃了试图反驳它的努力。在写给现居爱丁堡的马克斯·玻恩的信中，他写道："你相信上帝玩骰子，而我相信一个由客观存在的事物构成的世界是完全遵循法则的。我希望有人能找到比我所想象的更现实的道路。量子

演讲中的沃尔夫冈·泡利，摄于 1929 年

理论在初期的巨大成功终究不能使我相信骰子游戏，尽管我很清楚年轻的同行将此解释为我思维僵化的结果。"

　　偶尔，尼尔斯·玻尔会到高等研究所拜访爱因斯坦，这两位老人会就量子力学进行争论——就像当年一样，但又有所不同。它不再是过去的斗争，而是一种被珍视的仪式，是爱因斯坦在孤独时期的慰藉。他在寻找超越相对论和量子力学的理论时是孤身一人的。他的朋友圈已经缩小到只剩哥德尔和其他零星几人，他的两次婚姻都失败了。他与一个儿子不和，另一个儿子患有精神病，而他的女儿早已失踪。当阿尔伯特·爱因斯坦在 1955 年 4 月去世时，他研究所办公室的黑板上写满了不知所云的公式。

爆炸的威力

1945 年 3 月，盟军越过莱茵河。与他们同行的还有美国特勤局执行"阿尔索斯"（Alsos）任务的特工，他们自 1943 年以来一直在监视德国的核能项目。他们的任务是抓捕和审讯德国的铀科学家。时间很紧迫。苏联人和法国人也在追踪德国物理学家。

"Alsos"是古希腊语，在德语中是"Hain"，英语对应的词"grove"意指树林。这个任务是由曼哈顿工程的军事负责人莱斯利·格罗夫斯准将批准的。他在听说这个任务代号时，对暗指他的姓氏感到很恼火。代号本应是用来掩盖身份的。但格罗夫斯还是把这个名字留了下来，因为改变它将会更加引人注意。

"阿尔索斯"的特工们搜查了一个又一个废弃的实验室，取得了证据，扣押了文件，逮捕了科学家。

1945 年 3 月 16 日，还差几周战争就要结束了，海森伯的出生地维尔茨堡被英国的皇家空军轰炸。在几分钟内，"兰开斯特"和蚊式轰炸机用它们的炸弹和燃烧弹在城市里点燃了超过 1 000 摄氏度的烈焰风暴。许多人从地窖里跑出来，试图逃过美因河。消防队向逃生路线上喷水，试图帮助他们，但是水在高温中快速蒸发了，最终数千人死亡。

在海格洛赫的岩窖里，维尔纳·海森伯坐在他的铀机旁计算着。他的中子计数器跳动得比以往任何时候都频繁。他在反应堆旁边放了一块镉，以便在链式反应失去控制时扔进容器。他只需再有多一点的铀、多一点的重水和更大的容器——他是如此接近成功。但奥尔公司的铀厂和法本公司的重水厂被炸毁了。4月，最后的德军部队从士瓦本汝拉山地区撤出。

4月的一个下午，海森伯听到法国坦克驶来的引擎声，决定逃离。他确保最后的食品供应被带到纺织厂的地下室后，与他的同事们告别。1945年4月20日，凌晨3点，他骑上了自行车，这是唯一的交通工具。到乌尔费尔德有260千米的路程。海森伯已经为自己签发了通行证。他又拿了一包波迈（Pall Mall）牌香烟作为贿赂品，以防万一。他骑了三个晚上的自行车，白天则躲避低空飞行的盟军飞机和四处抢掠的德国士兵。他目睹了梅明根遭到的轰炸，经过了燃烧的魏尔海姆。在这些寒冷的春天里，他又饿又冷。他遇到过穿着宽大的国防军制服的孩子。在一个检查站，一名士兵不认可海森伯自己签发的通行证，要拘留他。海森伯从口袋里掏出烟盒，士兵便将他放行了。4月23日，法国的军队跨过边境一个小时后，"阿尔索斯"任务的特工追踪到了海森伯在黑兴根的研究小组，但是没有看到他们任务的"头号目标"维尔纳·海森伯本人。在岩窖里，他们发现了从未运行的反应堆的悲惨遗迹。铀方块被埋在田地里，研究笔记被装在一个焊接罐中沉入了化粪池。"阿尔索斯"任务的指挥官鲍里斯·帕什上校炸毁了铝制容器。所以，这就是让曼哈顿工程匆忙发展的可怕铀机？这看起来近乎荒谬。

精疲力竭、面容憔悴、衣衫褴褛的海森伯来到了乌尔费尔德。他拥抱了伊丽莎白和他的孩子们，着手储备食物和木柴，并用沙袋固定房子的窗户，防止枪弹射入屋内。在美国第 7 集团军的追击下不断撤退的武装党卫军仍有零散的士兵在该地区肆虐。1945 年 5 月 1 日，维尔纳和伊丽莎白·海森伯取出地窖中的最后一瓶酒，为希特勒的死亡干杯。维尔纳·海森伯对纳粹主义的态度从来不明确，如今它终于走到了尽头。

现在，海森伯的世界清晰起来。1945 年 5 月 4 日，帕什上校踏上木屋的门廊，他的“头号目标”正静静地坐在那里，眺望湖面。帕什向来以敢于冒险著称。甚至在第 7 集团军开进乌尔费尔德之前，他和两名士兵就来到村里亲自带走了海森伯。一整个营的德军都向他投降了。

海森伯请帕什和他的警卫进入木屋，向他们介绍了伊丽莎白和孩子们。他问对方是否喜欢这个地方。美国人看着瓦尔兴湖周围的山脉，看着那里的新雪在春天的阳光下闪闪发光，然后他说，这是他在地球上见过的最美丽的地方。海森伯松了一口气。他的命运已不再由他自己掌握。两天后，德国国防军投降了。

维尔纳·海森伯在九个月内不会再见到他刚刚团聚的家人。帕什用一辆吉普车把他带走了。他被带到了海德堡，这是“阿尔索斯”任务的基地。当海森伯进入审讯室时，那里坐着一位身穿美国陆军制服的老熟人：塞缪尔·古兹密特。这位荷兰物理学家上一次见到海森伯是在六年前，当时他正在美国密歇根州巡回演讲。1943 年 1 月，古兹密特的犹太父亲和盲人母亲被德国占领者从他们在海牙的家中带走，用牛车运往奥斯维辛集中营。古兹密特向海森伯寻求帮助，但他直到一个月后才回信，海森伯在信中称赞了古兹密特对德国科学家的盛情款待，并表示了他对古兹密特父母安全的担忧。仅此而已。同年，古兹密特成了"阿尔索斯"任务的科学主管。他是追捕海森伯的猎手。

现在，海森伯的命运掌握在古兹密特的手中。他审问海森伯，海森伯仍然认为他是在进行友好的对话，并像以前一样，认为自己是更加了解情况的一方。他向"亲爱的古兹密特"伸出手表示问候，但古兹密特拒绝了。"海森伯在审讯中的态度极为固执，因为他认为他在铀问题上的工作领先于我们，以为这正是我们对他感兴趣的原因，"古兹密特在审讯后报告说，"当然，我们没有纠正他的这种错误观点。"

最后，海森伯被带到了巴黎，和其他九名来自铀矿协会的研究人员一起被关押在勒谢奈的破旧城堡中。在那里，他再次见到了他的学生弗里德里希·冯·魏茨泽克，以及他的老同事马克斯·冯·劳厄和瓦尔特·格拉赫，还有他讨厌的库尔特·迪布纳和沉默寡言的奥托·哈恩。美国人恰如其分地称这个营地为"垃圾桶"。这里的门从铰链上脱落下来，墙纸从墙上剥落，除了睡觉用的铁床，没有任何其他家具。

如何处理聚集在这里的头脑力量？胜利的大国还没有做出决定。一位将军建议处决德国的研究人员，但他们太有价值了。他们经比利时被带到英国，来到亨廷登郡的一个农场，进入一栋名为农场大厅的红砖建筑，该建筑已被英国情报部门军情六处接管。海森伯熟悉这个地区，从剑桥骑车到这里只要一个半小时。

在英国亨廷登郡，德国研究人员在战后的日子里比绝大多数人享有更舒适的条件：农场大厅配备了体育器材、黑板、台球桌和收音机。食物也是应有尽有。"我想知道这里是否安装了窃听器。"

迪布纳思索道。"安装了窃听器？"海森伯嘲笑道，"哦，不，他们没有那么聪明。我认为你并不了解真正的盖世太保的方法。在这方面，他们有点老派。"其他被拘留者都相信了他。他们自由地谈论物理学、政治和当时的事件。但盟国的情报部门并不是那么老派。他们特意为这些人配备了一台收音机来播报时事，并通过特快专递寄送报纸来勾起他们的对话，而窃听器则藏在墙壁里。军情六处听到了海森伯等人说的每一句话，并以速记的方式记录了一切。

物理学家们讨论并思索着为什么他们会被关在这个豪华的监狱里这么久。当他们询问看守时，看守只是说他们要"等候女王陛下发落"——这是英国刑法中的一个术语，指的是不确定监禁的时间。

日子一天天过去了，德国物理学家们在消磨时间。他们向彼此肯定，他们必然是世界核物理学的领导者，并认为美国的核物理学注定是个失败的反例，核弹项目不可能成功。当然，德国的物理学是更优越的。

物理学家们开始制订突围计划。也许他们可以将自己的困境告知媒体？也许他们可以逃到剑桥的同行那里，这些同行肯定急切地想知道他们的核物理知识？他们甚至认真地认为，目前正在波茨坦开会的"三巨头"哈里·杜鲁门、温斯顿·丘吉尔和约瑟夫·斯大林，除了讨论他们这些人的命运，没有其他更好的事情可做。他们中的一些人相信，他们与纳粹的合作不会给他们带来麻烦，毕竟他们是世界上最好的物理学家，而物理学是高于政治的，不是吗？他们会去阿根廷，开始新的生活，是的。

1945 年 8 月 6 日的清晨，太阳正照耀着广岛。8 点时，这座城市的 25 万名居民正吃着早餐、看着报纸或在去上学、上班的路上。

一道粉红色的闪光照亮了天空。8万人被当场炸死。两分钟后，在广岛投下原子弹的美国飞行员从10千米的高度向下看："以前这里是一座城市，有建筑物和其他的一切，现在你只能看到黑色的、冒着热气的废墟。"数以万计的人后来死于爆炸的后遗症。

1945年8月6日的晚上，这十位德国物理学家正在农场大厅的草坪上玩着橄榄球。他们追着橄榄球跑，跌跌撞撞，笑声不断。你可以从他们的脸上看出，英国的这种球类运动对他们来说是新鲜的、陌生的。很快就到了吃晚餐的时间。

在下午6点前不久，负责看管德国囚犯的情报部门军官托马斯·里特纳少校将奥托·哈恩带到一边，告诉他美国人在日本的一座城市投下了一颗巨大的原子弹。哈恩在第一次世界大战中已经参与了使用氯气作为武器的工作，他"完全被这个消息震惊了"，里特纳写道。哈恩认识到原子弹会缩短战争的论调不可信——他自己在前一次世界大战中也用这种论调来为他参与化学武器的发展辩护。里特纳在他的报告中写道："他觉得自己对数十万人的死亡负有责任，因为最初是他的发现使原子弹成为可能。"

里特纳不得不给哈恩喝了几杯杜松子酒，让他冷静下来，然后他们才能一起在餐厅里告诉其他人这个消息。桌旁的人都觉得难以置信。"我一个字都不信，"海森伯说，"我不相信这与铀有任何关系。"哈恩冷笑道："如果美国人有铀弹，那你们都是二流的了。可怜的老海森伯。"晚餐后，他们收听了英国广播公司的新闻。这已经是无可否认的事实了，美国人已经引爆了一颗原子弹。格拉赫丧失了理智，大喊大叫，把自己锁在房间里，直到第二天才出来。他甚至像一个战败的将军一样考虑自杀。

维尔纳·海森伯作为一名科学家的自尊心遭受了重创。在随后的日子里，他疯狂地计算，并试图找出原因来解释美国人如何能够成功地做到他——伟大的海森伯——都没能做到的事情。他被迫承认，他从来没有真正理解过究竟如何制造原子弹。他只是以为他明白了。他甚至没有成功计算出铀的临界质量。

德国物理学家们在农场大厅做着他们在德国经常做的事情：争吵，抱怨，挑衅。他们在窃听器前向"阿尔索斯"的特工表明了为什么纳粹的原子弹计划比不上曼哈顿工程：它混乱得一团糟。没有任何计划。维尔纳·海森伯和卡尔·弗里德里希·冯·魏茨泽克试图改写他们战时活动的历史，浑然不知自己的话已被记录下来。他们想让世界相信，他们有意避免给希特勒提供如此可怕的武器，只限于开发原子反应堆，而美国人则毫无顾忌地制造和使用原子弹。魏茨泽克说："我们没有成功制造出原子弹，因为所有物理学家打心底里就不希望它成功。如果我们希望德国赢得战争，我们就能成功。""我不这么认为，"奥托·哈恩回应道，"但我很庆幸我们没有成功。"

1945 年 8 月 14 日，维尔纳·海森伯在囚友面前做了一次演讲。他计算出，炸弹的临界半径在 6.2 厘米到 13.7 厘米之间。当它爆炸时，球体的表面闪耀着比太阳还要亮 2 000 倍的光芒。"物体有没有可能被这种可见的辐射所产生的压力击倒，这是一个有意思的问题。"海森伯总结道。他回到了科学家的地盘，在那里他感到安全。很久以后，他在回忆录中承认："我不得不接受这样一个事实：25 年来，我所目睹的原子物理学的进步现在已经造成了超过十万人的死亡。"

结　语

　　你不能只观察世界而不改变它。这一见解将维尔纳·海森伯引向了量子力学，但也使他陷入两难境地。他只想探索这个世界，对改变这个世界不感兴趣。然而他还是改变了它，他不得不用他手中这个巨大的理论来改变它，因为他生活在一个剧烈动荡的时代，生活在纳粹统治的德国。其他物理学家也有同样的感受。即使是阿尔伯特·爱因斯坦，这位被称为和平主义者的巨人，也无法置身于世界历史之外。他推动了原子弹的制造，而后他也为此懊悔不已。从玛丽·居里指尖的裂纹到广岛的原子弹爆炸事件中，这是故事的阴暗面。

　　故事的光明一面是，所有这些聪明到令人赞叹且难以置信、探索欲又极为强烈的人，以及他们思维之间的碰撞。量子力学是一个如此陌生的理论，他们中没有人能够单独揭开它的面纱，他们必须合作、竞争，既是朋友又是对手，共同成就。他们在这个过程中写下的信件、笔记、研究报告、日记和回忆录赋予了这本书生命。

　　真实的故事是没有尽头的，但一本书却会在某个地方结束。本书中的物理学家们在 1945 年后继续发挥着他们的作用，但他们都没有能取得可与量子力学或相对论相提并论的那种进步。爱因斯坦在寻找一个大统一理论，海森伯也是如此。他们都没能找到。但是，他们在一百年前提出的理论至今仍然有效，这一点在我们的计算机芯片和医疗设备中可见一斑，而当时这些理论引发的争论至今仍没有得到解决。爱因斯坦对量子力学提出的反对意见，至今仍被持怀疑态度的物理学家提出。故事还远远没有结束。

附　录

延伸阅读

我将这些文献作为资料来源，推荐读者进一步阅读它们。

1903 年，巴黎　被照亮的裂纹

Barbara Goldsmith: *Marie Curie. Die erste Frau der Wissenschaft*. Piper Verlag, 2019.

1900 年，柏林　无奈之举

John L. Heilbron: *Max Planck. Ein Leben für die Wissenschaft 1858–1947*. S. Hirzel Verlag, 2006.

Dieter Hoffmann: *Max Planck. Die Entstehung der modernen Physik*. Verlag C. H. Beck, 2008.

1905 年，伯尔尼　专利技术员

Albrecht Fölsing: *Albert Einstein. Eine Biographie*. Suhrkamp Verlag, 1993.

Jürgen Neffe: *Einstein. Eine Biographie*. Rowohlt Verlag, 2005.

Paul Arthur Schilpp (Hg.): *Albert Einstein. Philosopher-Scientist*. Open Court, 1949.

1911 年，剑桥　丹麦男孩初成年

Finn Aaserud, John L. Heilbron: *Love, Literature, and the Quantum Atom. Niels*

Bohr's 1913 Trilogy Revisited. Oxford University Press, 2013.

Jim Ottaviani, Leland Purvis: *Suspended in Language. Niels Bohr's Life, Discoveries, and the Century He Shaped*. G.T. Labs, 2009.

1913 年，慕尼黑　一位艺术家来到慕尼黑

Florian Ilies: *1913. Der Sommer des Jahrhunderts*. S. Fischer Verlag, 2012.

1914 年，慕尼黑　巡回演讲

Abraham Pais: *Niels Bohr's Times, in Physics, Philosophy and Polity*. Clarendon Press, 1991.

1920 年，柏林　最伟大的会面

Albert Einstein, Max Born: *Briefwechsel 1916–1955*. Nymphenburger Verlagshandlung, 1969.

Manjit Kumar: *Quantum. Einstein, Bohr and the Great Debate about the Nature of Reality*. Icon Books, 2008.

1924 年，哥本哈根　最后一次尝试

David Lindley: *Uncertainty. Einstein, Heisenberg, Bohr, and the Struggle for the Soul of Science*. Anchor Books, 2008.

1925 年，黑尔戈兰岛　大海的浩瀚和原子的渺小

Wolfgang Pauli: *Wissenschaftlicher Briefwechsel mit Bohr, Einstein, Heisenberg u.a. Band I: 1919–1929*. Springer-Verlag, 1979.

1925 年，阿罗萨　多情时期的杰作

Walter J. Moore: *Erwin Schrödinger. Eine Biographie*. Theiss Verlag, 2015.

1926 年，柏林　拜访爱因斯坦

Werner Heisenberg: *Der Teil und das Ganze. Gespräche im Umkreis der Atomphysik*. Piper Verlag, 1969.

1926 年，柏林　普朗克家的聚会

Paul Halpern: *Einstein's Dice & Schrödinger's Cat. How Two Great Minds Battled Quantum Randomness to Create a Unified Theory of Physics*. Basic Books, 2015.

1926 年，哥廷根　诠释现实

Nancy T. Greenspan: *Max Born. Baumeister der Quantenwelt*.

Spektrum Akademischer Verlag, 2006.

1927 年，布鲁塞尔　大辩论

Louisa Gilder: *The Age of Entanglement. When Quantum Physics Was Reborn.* Alfred A. Knopf, 2008.

Carsten Held: *Die Bohr-Einstein-Debatte. Quantenmechanik und physikalische Wirklichkeit.* Schöningh, 1998.

Erhard Scheibe: *Die Philosophie der Physiker.* Verlag C. H. Beck, 2006.

1928 年，柏林　德国蓬勃发展，爱因斯坦病倒

Julia Boyd: *Travellers in the Third Reich. The Rise of Fascism through the Eyes of Everyday People.* Elliot and Thompson, 2017.

1930 年，布鲁塞尔　绝地反击

Sigmund Freud, Arnold Zweig: *Briefwechsel.* S. Fischer Verlag, 1968.

Abraham Pais: *»Raffiniert ist der Herrgott...« Albert Einstein. Eine wissenschaftliche Biographie.* Spektrum Akademischer Verlag, 2000.

1931 年，苏黎世　泡利的梦

Arthur I. Miller: *137. C. G. Jung, Wolfgang Pauli und die Suche nach der kosmischen Zahl.* Deutsche Verlags-Anstalt, 2009.

1932 年，哥本哈根　哥本哈根的浮士德

Gino Segrè: *Faust in Copenhagen. The Struggle for the Soul of Physics and the Birth of the Nuclear Age.* Jonathan Cape, 2007.

1935 年，牛津　那只不存在的猫

John Gribbin: *Erwin Schrödinger and the Quantum Revolution.* Bantam Press, 2012.

1935 年，普林斯顿　晴天霹雳

Adam Becker: *What Is Real? The Unfinished Quest for the Meaning of Quantum Physics.* Basic Books, 2018.

Rosine De Dijn: *Albert Einstein & Elisabeth von Berlin. Eine Freundschaft in bewegter Zeit.* Verlag Friedrich Pustet, 2016.

Arthur Fine: *The Shaky Game. Einstein, Realism and the Quantum Theory.* The University of Chicago Press, 1996.

1936 年，加米施　肮脏的雪

Ernst Peter Fischer: *Werner Heisenberg–ein Wanderer zwischen zwei Welten.* Springer Verlag, 2015.

Werner Heisenberg, Elisabeth Heisenberg: *»Meine liebe Li!« Der Briefwechsel 1937–1946.* Residenz Verlag, 2011.

1937 年，莫斯科　在另一边

Graham Farmelo: *Der seltsamste Mensch. Das verborgene Leben des Quantengenies Paul Dirac.* Springer Verlag, 2016.

1938 年，柏林　爆裂的核

David Rennert, Tanja Traxler: *Lise Meitner. Pionierin des Atomzeitalters.* Residenz Verlag, 2018.

1939 年，大西洋　可怕的消息

Richard von Schirach: *Die Nacht der Physiker. Heisenberg, Hahn, Weizsäcker und die deutsche Bombe.* Rowohlt Taschenbuch Verlag, 2014.

1941 年，哥本哈根　形同陌路

David C. Cassidy: *Beyond Uncertainty. Heisenberg, Quantum Physics and the Bomb.* Bellevue Literary Press, 2009.

Ernst Peter Fischer: *Niels Bohr. Physiker und Philosoph des Atomzeitalters.* Siedler Verlag, 2012.

1943 年，斯德哥尔摩　逃亡

Joachim Fest: *Staatsstreich. Der lange Weg zum 20. Juli.* Siedler Verlag, 1994.

1943 年，普林斯顿　逐渐平和的爱因斯坦

Jim Holt: *When Einstein Walked with Gödel. Excursions to the Edge of Thought.* Farrar, Straus and Giroux, 2018.

1945 年，英国　爆炸的威力

Martijn van Calmthout: *Sam Goudsmit and the Hunt for Hitler's Atom Bomb.* Prometheus Books, 2018.